新塑性加工技術シリーズ　8

接 合 ・ 複 合

—— ものづくりを革新する接合技術のすべて ——

日本塑性加工学会　編

コロナ社

■ 新塑性加工技術シリーズ出版部会

部 会 長	浅 川 基 男	（早稲田大学名誉教授）
副部会長	石 川 孝 司	（名古屋大学名誉教授，中部大学）
副部会長	小 川 茂	（新日鉄住金エンジニアリング株式会社顧問）
幹 事	瀧 澤 英 男	（日本工業大学）
幹 事	鳥 塚 史 郎	（兵庫県立大学）
顧 問	真 鍋 健 一	（首都大学東京）
委 員	宇都宮 裕	（大阪大学）
委 員	高 橋 進	（日本大学）
委 員	中 哲 夫	（徳島工業短期大学）
委 員	村 田 良 美	（明治大学）

（所属は 2016 年 5 月現在）

刊行のことば

　ものづくりの重要な基盤である塑性加工技術は，わが国ではいまや成熟し，新たな展開への時代を迎えている．

　当学会編の「塑性加工技術シリーズ」全19巻は1990年に刊行され，わが国で初めて塑性加工の全分野を網羅し体系立てられたシリーズの専門書として，好評を博してきた．しかし，塑性加工の基礎は変わらないまでも，この四半世紀の間，周辺技術の発展に伴い塑性加工技術も進歩を遂げ，内容の見直しが必要となってきた．そこで，当学会では2014年より新塑性加工技術シリーズ出版部会を立ち上げ，本学会の会員を中心とした各分野の専門家からなる専門出版部会で本シリーズの改編に取り組むことになった．改編にあたって，各巻とも基本的には旧シリーズの特長を引き継ぎ，その後の発展と最新データを盛り込む方針としている．

　新シリーズが，塑性加工とその関連分野に携わる技術者・研究者に，旧シリーズにも増して有益な技術書として活用されることを念じている．

2016 年 4 月

日本塑性加工学会　第 51 期会長　真　鍋　健　一

（首都大学東京教授　工博）

■「接合・複合」専門部会

部 会 長 山 崎 栄 一（新潟県工業技術総合研究所）

副部会長 川 森 重 弘（玉川大学）

■ 執筆者

町 田 輝 史（葉月温心・材料加工ミッション主宰（元 玉川大学教授））
　　　　　　　　　　　1.1 〜 1.4, 2.5 節

豊 田 裕 介*（株式会社本田技術研究所）　1.5.1 項, 8 章

奥 田 晃 久（三菱重工業株式会社）　1.5.2 項

須 賀 唯 知（東京大学）　1.5.3 項

森 　 敏 彦（名古屋大学名誉教授）　1.6.1, 1.6.2 項

板 橋 雅 巳（大成プラス株式会社）　1.6.3 項

川 森 重 弘*（玉川大学）　2.1, 4.1 節

成 田 敏 夫（北海道大学名誉教授）　4.2 節

吉 田 一 也（東海大学）　2.2 節

村 上 碩 哉（元 東京工業大学教授）　2.3 節

星 野 倫 彦（日本大学）　2.4 節

大 塚 誠 彦（旭化成株式会社）　2.6 節

岡 川 啓 悟（東京都立産業技術高等専門学校名誉教授）　2.7 節

山 崎 栄 一*（新潟県工業技術総合研究所）　2.8.1 項

神 　 雅 彦（日本工業大学）　2.8.2 項, 4.6 節

杉 山 澄 雄（元 東京大学生産技術研究所）　2.8.3, 2.8.4 項

長谷川 　 収*（東京都立産業技術高等専門学校）　3 章

浅 香 一 夫（浅香技術士事務所）　4.3 節

川 上 博 士（三重大学）　4.4 節

加 藤 数 良*（元 日本大学教授）　4.5 節, 11 章

中 田 一 博（大阪大学名誉教授）　5 章

片山 聖二（大阪大学名誉教授）　6章

有賀 正（東海大学名誉教授）　7章

杉井 新治（元 住友スリーエム株式会社）　9章

今村 健吾（スリーエム ジャパン株式会社）　9章

大橋 修（WELLBOND 代表（東京理科大学客員教授））　10章

前田 将克（日本大学）　11章

木村 南*（東京工業高等専門学校名誉教授）　12章

小林 具実（東洋製罐グループホールディングス株式会社）　13.1節

川東 宏至（豊田通商株式会社）　13.2.1, 13.2.2項

大瀧 光弘（一般社団法人日本アルミニウム協会（執筆当時 株式会社 UACJ））

　　　　　13.2.3項

石川 雅之（三菱マテリアル株式会社）　13.3節

原田 泰典（兵庫県立大学大学院）　13.4節

池田 毅*（三菱電線工業株式会社）

（＊：専門部会委員）（2018 年 2 月現在，執筆順）

荒谷　　雄	久保田　彰	中村　　保
有賀　　正	小松　　勇	蓮井　　淳
池見　恒夫	坂木　修次	福島　貞夫
乾　　恒夫	佐野　利男	藤倉　潮三
今井　邦典	佐野村幸夫	真崎　才次
大平　　洋	城田　　透	町田　輝史
岡井　紀彦	杉井　新治	松岡　信一
樺沢　真事	征矢　達也	松下　富春
木内　　学	田頭　　扶	横井　秀俊
木村　　南	時末　　光	（五十音順）
朽木　輝道	中村　雅勇	

ま　え　が　き

　日本塑性加工学会編の塑性加工技術シリーズ（全19巻）が発刊されてしばらくになることから，これからの20年を見据え，技術者育成に寄与することを目指し，また若手技術者の教科書・手引書となるよう，2014年度より塑性加工技術シリーズの改編に着手した．その流れを受け，接合・複合分科会を中心に，『接合』（1990年）の改編に取り組んだ．

　『接合』が発刊されてから現在まで，太陽光，風力などの自然エネルギーの利用推進，自動車はもとより医療，航空機産業をつぎの成長産業と捉えた取り組み，昨今のAI・IoTの潮流など，技術革新が次々と起こっている．そのような中，内容の陳腐化に伴う見直しをベースとしつつ，新しい技術を盛り込む形で今回の改編にあたった．

　接合技術は，当初は建造物や構築物を得るための技術であったが，今では日常使用している身の回りの製品から航空・宇宙産業の先端技術分野まで幅広く用いられ，付加価値の高い部品や製品を生む効率的な技術のひとつとして認識されている．反面，あらゆるものに利用されるため，分野を問わず数えきれないほど多種多様な技術となっている．これらを1冊の本にまとめ上げるというたいへんな作業と努力の賜として刊行されたのが『接合』である．

　その流れをしっかり受け継ぎ，新しい技術やことがらを取り入れつつ，議論を重ね進めてきた．それぞれの接合技術を深耕するというよりは，企画設計や加工といったものづくりに関わる際に活用されるよう，どんな接合技術があってどのように使われているのか，生産技術の観点から紹介するよう努めた．

　また書籍名については，ものづくりを考えた場合，必ずといってよいほど

種々の接合の組合せにより形づくられるが，接合体は基本的には複合（機能体）であり，個々の機能の重ね合わせにより新たな機能も生まれるとの分科会創始者の考えを受け継ぎ，『接合・複合』と題して分科会の思いを込めた．

今回の執筆に際しては，塑性加工学会や接合・複合分科会の方々はもちろんのこと，他の分野の方々にも広くお声掛けし，大学の先生や企業の研究者・技術者の方々より快くご協力をいただいた．執筆者の方々には，普段であれば本1冊に匹敵するような内容を数ページ以内で語るよう，無理難題を承知でお願いした．その結果，コンパクトにそのエキスをまとめていただいた．平易な表現で最新技術を紹介するなど，たいへんご苦労された内容になっている．

一例を挙げると，いまも産業界で用いられる基本的な技術については，装置や応用製品，応用技術をより新しいものになるよう努めた．一方，ここ10年あまりで大きく発展したレーザ溶接，注目のFSW（摩擦撹拌接合）や拡散接合，AM（アディティブマニュファクチャリング）など，本格的に実用化に至った技術も新たに盛り込んでいる．新しいものを取り上げるにあたり，『接合』に比べ塑性加工のトーンが若干薄くなったように感じられると思うが，ご容赦願いたい．

本書が，ものづくりに関わりのある技術者の方々はもとより，学生を含む若手技術者にも接合技術を身近なものとして捉えていただき，ものづくりを行う際の接合技術の選択，あるいは新しい技術を生み出す際の気づきやヒントの一助になれば幸いである．

最後に，お忙しい中，快く執筆をお引き受けいただいた方々や，ご協力いただいた接合・複合分科会の方々に感謝申し上げるとともに，このような機会をいただいた一般社団法人日本塑性加工学会，ならびに株式会社コロナ社に御礼申し上げる．

　2018年2月

「接合・複合」専門部会長　　山崎　栄一

目　　　次

1.　序　　　論

1.1　接合・複合の意義 ……………………………………………………………… 1

1.2　接合・複合の技術史 …………………………………………………………… 3

　1.2.1　古代の接合・複合 ………………………………………………………… 3

　1.2.2　工業における接合・複合 ………………………………………………… 5

1.3　接合・複合技術の応用 ………………………………………………………… 8

　1.3.1　接合と複合の概念と用法 ………………………………………………… 8

　1.3.2　技 術 の 分 類 法 …………………………………………………………… 9

　1.3.3　直接結合と間接結合による分類 …………………………………………10

1.4　技術の選択と展開 ………………………………………………………………14

　1.4.1　適用の目的意識 ……………………………………………………………14

　1.4.2　機能創製と接合・複合 ……………………………………………………14

　1.4.3　技術展開への新たな視点 …………………………………………………16

1.5　接合技術の主たる応用 …………………………………………………………17

　1.5.1　自動車の接合技術 …………………………………………………………17

　1.5.2　航空機の接合技術 …………………………………………………………23

　1.5.3　究極の接合技術—常温接合— ……………………………………………26

1.6　接合状態の評価法 ………………………………………………………………30

　1.6.1　機械的試験（接合強度試験） ……………………………………………31

　1.6.2　接合部の観察および検査 …………………………………………………33

1.6.3　異種材接合にみる特性評価法とその標準化……………………… 34

引用・参考文献……………………………………………………………………… 41

2.　変形・流動接合

2.1　概　　　　論……………………………………………………………… 43

　　2.1.1　変形・流動接合…………………………………………………… 43

　　2.1.2　変形・流動を用いる接合法の種類と特徴……………………… 44

　　2.1.3　接合条件と接合性………………………………………………… 48

2.2　圧 延 の 応 用………………………………………………………… 53

　　2.2.1　圧延接合の機構…………………………………………………… 53

　　2.2.2　接 合 面 率………………………………………………………… 56

　　2.2.3　接 合 強 度………………………………………………………… 56

　　2.2.4　接合強度に及ぼす因子…………………………………………… 58

　　2.2.5　応　　　　用……………………………………………………… 65

2.3　鍛造的手法の応用…………………………………………………… 68

　　2.3.1　押込み接合法……………………………………………………… 68

　　2.3.2　塑性流動結合法…………………………………………………… 72

2.4　押出しの応用………………………………………………………… 80

　　2.4.1　原 理 と 方 法……………………………………………………… 80

　　2.4.2　接 合 条 件………………………………………………………… 83

　　2.4.3　応　用　例………………………………………………………… 87

2.5　シェービング接合…………………………………………………… 89

　　2.5.1　接 合 原 理………………………………………………………… 89

　　2.5.2　接 合 方 法………………………………………………………… 90

　　2.5.3　接合強度の構成…………………………………………………… 91

　　2.5.4　接合条件と強度…………………………………………………… 92

　　2.5.5　特徴と適用可能性………………………………………………… 94

2.6　爆 発 圧 着…………………………………………………………… 95

　　2.6.1　原　　　　理……………………………………………………… 95

2.6.2 接 合 条 件	97
2.6.3 応 用 例	98

2.7 電磁力による高エネルギー接合 …………………………………… 100

2.7.1 電磁圧接の原理と衝突時間測定および電磁加工回路	100
2.7.2 電 磁 圧 接 実 験	103
2.7.3 電 磁 か し め	105

2.8 その他の変形流動接合 ………………………………………………… 106

2.8.1 超 塑 性 接 合	106
2.8.2 振 動 熱 接 合	109
2.8.3 半溶融バルジ接合	110
2.8.4 半 溶 融 圧 接	111

引用・参考文献 ……………………………………………………………… 112

3. 構造締結と弾性締結

3.1 構 造 締 結 ……………………………………………………………… 116

3.1.1 構造締結の特徴と分類	116
3.1.2 構造締結の応用と選択	120

3.2 各 種 構 造 締 結 ……………………………………………………… 121

3.2.1 折 曲 げ 締 結	121
3.2.2 かしめ継ぎ締結	125
3.2.3 より合せ締結	128
3.2.4 せ ん 断 接 合	130
3.2.5 張 出 し 接 合	131
3.2.6 その他の構造締結	133

3.3 弾 性 結 合 ……………………………………………………………… 134

3.3.1 は め あ い	134
3.3.2 弾性結合の力学	139

3.4 焼結部品の弾性接合 …………………………………………………… 144

3.4.1 焼 結 ば め	144

目　　次　　ix

　3.4.2　焼結部品の圧入 ……………………………………………… 145

引用・参考文献 …………………………………………………………… 146

4. 局 部 溶 着

4.1　概　　　　　論 …………………………………………………… 147

4.2　表　面　被　覆 …………………………………………………… 148

　4.2.1　表面被覆法の種類 ……………………………………………… 148

　4.2.2　溶　　　　　射 ……………………………………………… 149

　4.2.3　蒸　　　　　着 ……………………………………………… 155

4.3　焼　結　接　合 …………………………………………………… 162

　4.3.1　分　　　　　類 ……………………………………………… 162

　4.3.2　原理と特徴およびその適用例 ………………………………… 164

4.4　抵　抗　溶　接 …………………………………………………… 180

　4.4.1　概　　　　　要 ……………………………………………… 180

　4.4.2　抵抗溶接の原理 ………………………………………………… 181

　4.4.3　各種抵抗溶接 …………………………………………………… 182

　4.4.4　接合条件および評価 …………………………………………… 185

4.5　圧　　　　　接 …………………………………………………… 189

　4.5.1　圧接法の分類 …………………………………………………… 189

　4.5.2　圧接性に及ぼす諸要因 ………………………………………… 189

　4.5.3　各種圧接法とその応用例 ……………………………………… 191

4.6　超　音　波　接　合 ……………………………………………… 194

　4.6.1　超音波発生の原理と接合機 …………………………………… 194

　4.6.2　超音波接合の特徴と種類 ……………………………………… 196

　4.6.3　応　用　分　野 ……………………………………………… 200

引用・参考文献 …………………………………………………………… 202

5. アーク溶接およびガス溶接などの融接法

5.1 アーク溶接 ·· 206

  5.1.1 アーク溶接の特徴と種類 ···································· 206

  5.1.2 アーク放電とその制御 ······································ 209

5.2 各種アーク溶接法とその特徴 ·· 212

  5.2.1 ティグ溶接 ·· 212

  5.2.2 ミグ溶接およびマグ溶接 ···································· 214

  5.2.3 サブマージアーク溶接 ······································ 216

  5.2.4 被覆アーク溶接およびセルフシールドアーク溶接 ···· 216

  5.2.5 その他の関連する融接法 ···································· 217

5.3 アーク溶接継手の特徴 ·· 219

  5.3.1 溶接継手の形成組織 ·· 219

  5.3.2 溶接欠陥 ·· 221

  5.3.3 溶接変形と溶接残留応力 ···································· 223

5.4 ガス溶接 ·· 224

引用・参考文献 ·· 225

6. ビーム溶接

6.1 レーザ溶接 ·· 226

  6.1.1 レーザ溶接の特徴 ·· 227

  6.1.2 溶接用レーザの種類と特徴 ································· 228

  6.1.3 レーザ溶接現象と溶接部の溶込み形状 ··············· 230

  6.1.4 レーザ溶接条件とその溶接部の評価 ·················· 234

  6.1.5 レーザ溶接欠陥の生成および防止と溶接部の特性 ···· 237

  6.1.6 レーザ溶接・接合の適用例 ································· 241

6.2 電子ビーム溶接 ·· 242

  6.2.1 電子ビーム溶接装置 ·· 243

目　　　次　　　xi

6.2.2　電子ビーム溶接機構‥‥‥‥‥‥‥‥‥‥‥‥‥‥‥244

6.2.3　電子ビーム溶接の特徴‥‥‥‥‥‥‥‥‥‥‥‥‥‥244

引用・参考文献‥‥‥‥‥‥‥‥‥‥‥‥‥‥‥‥‥‥‥‥‥‥245

7.　ろ　　う　　接

7.1　概　　　　　論‥‥‥‥‥‥‥‥‥‥‥‥‥‥‥‥‥‥‥‥247

7.2　ろ　　う　　材‥‥‥‥‥‥‥‥‥‥‥‥‥‥‥‥‥‥‥‥248

7.2.1　はんだ（軟ろう）‥‥‥‥‥‥‥‥‥‥‥‥‥‥‥‥248

7.2.2　ろ　う（硬ろう）‥‥‥‥‥‥‥‥‥‥‥‥‥‥‥‥250

7.2.3　フ ラ ッ ク ス‥‥‥‥‥‥‥‥‥‥‥‥‥‥‥‥‥255

7.3　継手の形状と設計‥‥‥‥‥‥‥‥‥‥‥‥‥‥‥‥‥‥256

7.4　ろう接装置および接合作業‥‥‥‥‥‥‥‥‥‥‥‥‥‥258

7.5　ろ う 接 の 応 用‥‥‥‥‥‥‥‥‥‥‥‥‥‥‥‥‥‥260

7.5.1　継手の試験・検査‥‥‥‥‥‥‥‥‥‥‥‥‥‥‥‥260

7.5.2　実　用　　例‥‥‥‥‥‥‥‥‥‥‥‥‥‥‥‥‥‥260

引用・参考文献‥‥‥‥‥‥‥‥‥‥‥‥‥‥‥‥‥‥‥‥‥‥262

8.　要　素　結　合

8.1　概　　　　　論‥‥‥‥‥‥‥‥‥‥‥‥‥‥‥‥‥‥‥‥264

8.2　各種の要素結合‥‥‥‥‥‥‥‥‥‥‥‥‥‥‥‥‥‥‥‥264

8.2.1　ボルト・ナット結合‥‥‥‥‥‥‥‥‥‥‥‥‥‥‥264

8.2.2　リ ベ ッ ト 結 合‥‥‥‥‥‥‥‥‥‥‥‥‥‥‥‥267

8.2.3　公的規格外の要素結合‥‥‥‥‥‥‥‥‥‥‥‥‥‥269

8.2.4　キー・コッター結合‥‥‥‥‥‥‥‥‥‥‥‥‥‥‥271

8.2.5　ピ　ン　結　合‥‥‥‥‥‥‥‥‥‥‥‥‥‥‥‥‥273

8.3　簡　易　結　合‥‥‥‥‥‥‥‥‥‥‥‥‥‥‥‥‥‥‥‥274

引用・参考文献‥‥‥‥‥‥‥‥‥‥‥‥‥‥‥‥‥‥‥‥‥‥276

9. 接　　　着

9.1　概　　　論 ……………………………………………… 277

9.2　接着のメカニズム ……………………………………… 278

　9.2.1　表面でのぬれ ……………………………………… 278

　9.2.2　界面での相互作用 ………………………………… 279

　9.2.3　接着剤の固化 ……………………………………… 280

　9.2.4　接着強度の影響因子 ……………………………… 280

9.3　接着剤の種類と特徴 …………………………………… 283

9.4　接着強度と耐久性 ……………………………………… 285

9.5　接　着　の　応　用 …………………………………… 289

引用・参考文献 ………………………………………………… 292

10.　拡　散　接　合

10.1　概　　　論 ……………………………………………… 293

10.2　拡散接合の種類と特徴 ………………………………… 294

10.3　金属を接合するには …………………………………… 295

10.4　接合面積の増加過程 …………………………………… 296

10.5　接合表面皮膜の挙動 …………………………………… 298

10.6　異種金属の接合 ………………………………………… 299

10.7　拡　散　接　合　装　置 ……………………………… 300

10.8　拡散接合の適用例 ……………………………………… 301

引用・参考文献 ………………………………………………… 302

11. 摩擦攪拌接合（FSW）

11.1 概　　　　論 ……………………………………………………… 303

11.2 施工パラメータ ………………………………………………… 306

11.3 ツ　ー　ル ……………………………………………………… 307

11.4 接　合　装　置 ………………………………………………… 309

11.5 接合過程の現象 ………………………………………………… 310

11.6 FSW の組織と欠陥 …………………………………………… 313

11.7 応　用　事　例 ………………………………………………… 316

引用・参考文献 …………………………………………………… 318

12. アディティブマニュファクチャリング

12.1 概　　　　論 ……………………………………………………… 319

12.2 各種アディティブマニュファクチャリング技術 ……………… 319

　　12.2.1 液槽光重合法 …………………………………………… 320

　　12.2.2 材料押出し法 …………………………………………… 320

　　12.2.3 粉末床溶融結合法 ……………………………………… 321

　　12.2.4 その他の AM 技術 ……………………………………… 322

12.3 CAD データによる造形設計 ………………………………… 323

12.4 応　用　事　例 ………………………………………………… 324

　　12.4.1 企画設計の模型としての利用 ………………………… 324

　　12.4.2 鋳造への応用 …………………………………………… 324

　　12.4.3 金型への応用 …………………………………………… 325

　　12.4.4 医療への応用 …………………………………………… 326

12.5 今後のアディティブマニュファクチャリング ……………… 327

引用・参考文献 …………………………………………………… 328

13. 接合技術の変遷

13.1 金属缶に関わる接合技術 ……………………………………………… 329

    13.1.1 金属缶の分類 ………………………………………………… 329

    13.1.2 3ピース缶における接合技術 …………………………… 330

    13.1.3 複合材を素材とする2ピース缶 ……………………… 333

    13.1.4 缶蓋における接合技術 …………………………………… 335

    13.1.5 二 重 巻 締 法 ……………………………………………… 336

13.2 ク ラ ッ ド 材 ……………………………………………………… 337

    13.2.1 金属/樹脂複合材料 ………………………………………… 337

    13.2.2 金属/樹脂複合材料の接合法 …………………………… 346

    13.2.3 非鉄系クラッド複合板 …………………………………… 351

13.3 マイクロジョイニング ……………………………………………… 356

    13.3.1 微小部品の接合 …………………………………………… 356

    13.3.2 ワイヤボンディング ……………………………………… 357

    13.3.3 その他の結線方式 ………………………………………… 358

    13.3.4 フリップチップボンディング用はんだバンプ形成技術 ……… 359

    13.3.5 マイクロろう接 …………………………………………… 362

13.4 最近の接合技術の動向 ……………………………………………… 363

    13.4.1 近 年 の 動 き ……………………………………………… 363

    13.4.2 機能性接合要素 …………………………………………… 364

    13.4.3 材料の改質と特性開発 …………………………………… 366

引用・参考文献 ………………………………………………………………… 367

索　　引 ……………………………………………………………………… 372

1 序　論

1.1 接合・複合の意義

　接合・複合は新しいとは言えないが，つねに新しい役割を与えられてきた技術である．特に近年は，工場生産の場で期待が著しく増し，旧来の手法が深化・合理化され，また新たな手法も開発されて多様化し，高付加価値の創製に不可欠の要素技術と認識されている．図1.1は，時代とともに接合・複合に新しい要求が加わり，役割が増大しつつあることを模式的に表現したものである．[1),2)]†

　接合・複合技術は古来，短小部材のつなぎ合わせや部品類の組立を役割とし

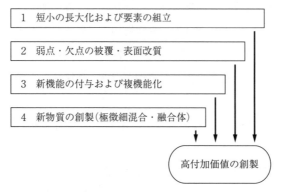

図1.1　接合・複合が果たす役割の変遷

---

†　肩付き数字は，章末の引用・参考文献番号を表す．

てきた．土木・建築構造の形成，造船，車両，軌道などで構成部材をつなぎ合わせる溶接や機械部品類を結合する締結などが典型例である．工場生産ライン中に技術を組み込み，さまざまの工業製品を低コストで大量生産することにも成功している．この系譜の成熟した姿は，現代の自動車や電子製品の組立ラインにみられる．

　ついで接合・複合技術は，材料や部品類の弱点・欠点を補う表面被覆の役割を担ってきた．鋼板製の建材や飲食料缶で耐食性を改善するための表面処理（めっき，塗装）や，耐熱・耐食性を改善するためのホーロー処理，機械部品の硬質化を図る溶射，潤滑性を付与するふっ素樹脂被覆，金属の表面特性を改善するためのアルクラッド法，金属板や紙のプラスチック被覆（ラミネート，塗装）などが代表的事例に挙げられる．

　さらに近年，新機能を持つ製品・部品を生産する役割も果たしてきている．この新機能創製技術としての見方あるいは期待の背景には，進歩・発展が著しい新素材，新合金，複合材料，その他の高性能材料などを安価に製品に組み込みたいとの強い要請もある．

　先進高性能材料は，一般に長さや厚みが小さく高価である．また，それぞれ比強度，電気・電子特性，耐熱性，耐食性などに優れた性能・特性を持っているが，硬脆性だったり，逆に粘弾性だったりして，成形加工性を保有しない難加工性材料である．たとえ機械加工や塑性加工で形状変更できたとしても，複雑な条件下で実用するために必要な他の特性を備えているか，疑わしい．むしろ成形過程で，せっかくの卓越した特性が損傷・破壊される懸念が大きいというべきである．

　したがって，難加工性高性能材料を活用して高付加価値を創製するためには，これを加工可能な材料と結合して製品・部品に取り込むのが合理的である．すなわち異種材を結合する接合・複合が最有力の手法になる．

　他方，用途の拡大に伴って，従来の製品性能に別の機能・特性を追加した複機能体が求められるようになった．この創製には，汎用基材に異種材を結合する形の接合・複合が効率よく用いられる．

例えばICなどエレクトロニクス部品の組立は高性能難加工性材料の活用であり，異種材と組み合わせた防音，制振，また撥油性を持たせた鋼板は複機能化とみることができる．

このように接合・複合は，短小の長大化，弱点・欠点の改善，そして新・複機能体の創製を，最も効率的に実現してきた．この伝統の上に立って，近い将来，微視的レベルでの混合・融合技術を用いて斬新な材料・製品・部品の創出にも意を注ぎたいものである．

1.2 接合・複合の技術史

1.2.1 古代の接合・複合

新たな展開を図ろうとするとき，その歴史を遡って現在の立ち位置を確認し視座を確保することも必要である．接合・複合の技術史を一望してみよう．ただし記述は，時代を遡るほど確実な資料・記録は存在しないため，断片的情報によるところが多く，その時期などは現時点での考古学上の出土・考証に基づくもので，将来変わる可能性もあることをお断りしておく．

人類は発祥からほどなく，身にまとう布を蔓、縄、紐で縫い，また蔓や紐で結んだ．さらに石材と木材を組み合わせた武器や農耕具（石斧、石鍬、石鋤など）を用いた．縫い・結いが編みに技術発展したであろうことは想像に難くなく，これは今日のFRP部品生産における強化繊維の織物技術と同類の発想である．

ほぼ同時に，豊富にある粘土を成形し日干し土器を作った．その際，壺などの深い容器類は，粘土を図1.2に示すような輪積み成形する手法[3]もとった．輪積みは今日の積層成形方式や3Dプリンター付加成形方式（additive manufacturing），日干しは今日の金属の焼結法

図1.2 輪積み式による土器の製作[3]

や陶磁器の窯焼きと同類である.

　古代エジプトではナイル流域の粘土を日干し煉瓦にする際, 土に短い藁を混入して強度を出した. この手法は, 日本でも古くから土壁・土蔵や煉瓦積み構造に見られる. またかなり後になるが, 15世紀末にコロンブスが南米に達したころ, 先住民が藁に天然ゴム樹液を染み込ませて作った雨合羽や長靴を身に着けていたと伝えられる. これらの製法は今日の繊維強化複合材料（fiber reinforced composites）の概念と同類である.

　自然銅がBC 30世紀ごろメソポタミアで発見され, ついで美麗で強度に優れる青銅も発明され, 祭器, 武器, 馬具, 装身具, また生活道具に用いられた. BC 3世紀ごろから, リベット, 鍛接, 溶接（鋳掛け）で金属部品を接合した. 同じころ, 金, 銀などを器具の溝にはめ込む象眼（象嵌）細工も始まっている.

　ヒッタイトはBC 15世紀ごろ, 銅合金よりも強度のある鉄の製法を発明し, 周囲を制圧し強大国になった. BC 12世紀初頭に滅亡した後に, その製鉄部品技術が周辺諸国に普及した. 鍛冶屋が鉄を赤熱して鍛造し鍛錬成形し, 武器をはじめ農機具, 生活道具などを製作した. このとき重ね合わせて打つ鍛接も行われている. はめ込みやろう付による銅合金での装飾[4]も見られた. 釘職人は, 細く短い鉄棒の一端を尖らせ他端に頭をつけた金釘を作った. 古代エジプトでは, ファラオの木棺や副葬品箱の組立に利用された. 後世イエスが磔にされたとき（AD 33年）, 手足に打ちつけられた鉄釘（聖釘）もこの種のものだった.

　日本では, 渡来人が住みつき, 土製や木製の食器, 祭器, 装身具などを作り, これらの接着・装飾に漆を塗った[5]. 縄文人によりBC 70世紀ごろに埋められた装身具などの副葬品の中に, 漆を塗ったものが出土している[6]. 漆器作りは日本の伝統技術として今日まで伝承されており, 英語のjapanは漆器を意味する. 漆塗りは, 被覆による表面改質技術の始まりといえる.

　青銅製の武器や銅鐸もBC 2世紀ごろには製作されていて, これにはろう付や鋳掛けも行われた形跡があるという. 後世の大仏などの巨大青銅器の建立は, 鋳掛け技術を進歩させた鋳物師の業である. 鉄はBC 3世紀ごろから作ら

れ鉄製農具が普及した．BC 3 ～ BC 1 世紀（弥生時代）には，鉄製武器も鍛造され，そこでは心金と皮金の鍛接も行われた．刀剣類の組立には木製目釘が使われたが，AD 1 ～ 5 世紀（古墳時代）には，鉄製や青銅製で角形断面の和釘や鋲（リベット）が作られ，武具や棺の部品の止め具として用いられている．

武家勢力が現れた 10 世紀ごろから，鋭い切れ味と強靭（じん）な性質を兼ね備えた日本刀が求められ，刀工は軟鋼心と硬鋼刃を鍛接した刀身を鍛えることで応えた．刀鍛冶は伝統技術として今日に継承されている．鉄製武器の発達とともに，鍛造された短冊状鉄板を鋲止めした甲冑や鉄楯も出現した．さらに，鋳造による鉄斧や仏像が大陸から伝わると，鉄の鋳掛け技術が普及した．鋳掛けとは，鋳掛屋がひび割れや穴ができた金属製品を補修するため溶加材を流し込む接合技術で，今日でも行われている．

1.2.2 工業における接合・複合

近代になると製造技術は，職人あるいは家内手工業に頼った多種少量生産型から，機械力を活用した工場での標準製品の大量生産型に移行する．ここでは，その始まりを 18 世紀後半から 19 世紀前半に起こったイギリスの産業革命とおく．

大型構造物の建造などに必須のコンクリートやモルタルは，骨材の接合剤にセメント（cement）を用いた複合材料である．セメントは，イギリスの J. Aspdin が発明し，1824 年に英国特許を取得し，Portland Cement の工場生産を始めた．

鉄筋コンクリート（reinforced concrete）は，フランスで J.L.Lambot が鉄網埋込みコンクリート小船を作った 1850 年に始まる．その後 J. Monier が 1867 年に格子形鉄筋コンクリートの専売特許を得て，1887 年にドイツの M. Koenen が鉄筋コンクリートはりの力学的計算を発表して，今日の建築技術の基礎が固められた[7]．

木製ねじは，BC 1 世紀には金製のブレスレット，馬具，鎧などの止め具に使われている．円筒表面に作った螺旋の物体移動の仕組みじたいは BC 3 世紀

に，Archimedes が作った木製揚水機で利用されていた．ボルト，ナット，木ねじなど金属製のねじ類は16世紀初頭に製作され，馬車，荷車，家具の組立に用いられた．ルネサンス期の巨人の一人 Leonardo da Vinci は，歯車の各種組合せ[8]などとともにタップ・ダイスによるめねじ加工機やねじ切り盤[9]の素描（図1.3）を遺している．しかし，この機械の構造は木製だったので量産向きではなく，製品精度が悪く，例えばボルトとナットは現物合せで用いるしかなかった．

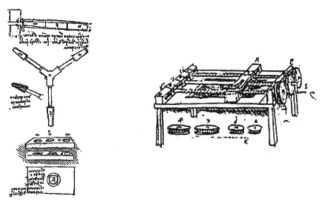

図1.3　Leonardo da Vinci の遺したタップ・ダイス（左）とねじ切り盤（右）の素描[9]

　寸法精度よく互換性のあるボルト・ナットの生産は1830年ごろ，イギリスのH. Maudslay が全体的に金属構造のねじ切り旋盤を製作することで可能になった．1841年に弟子のJ. Whitworth がねじ山の形状，外径，ピッチなどの標準化を提案し，標準品を大量生産し，産業革命に貢献した．その考えは今日のねじ規格に継承されている．また現在はメートルねじが主流であるが，インチ単位によるウイットねじは工業で長く用いられてきた．

　電気やガスをエネルギー源とするさまざまな溶接法が，1900年前後に開発された．先駆けはイギリスで，J. Joule が1856年に抵抗溶接の原理を発明し，Welde が1865年にアーク溶接の特許を取得したことである．アーク溶接は鋳掛けを代替した．抵抗溶接は1887年にアメリカで特許が申請され，おもに鋼

板の重ね合せ接合技術として，急速に鍛接やリベット止めを代替した．スポット溶接は自動車組立，シーム溶接は食品缶胴の接合などに使われた．

　日本では 1920 年に建造された「諏訪丸」から溶接構造がリベット構造を置換する動きが始まり，船舶や艦船の需要が増大するのに伴って溶接技術も発展した．1930 年から軍艦の建造にアーク溶接が用いられ，軽量化と工期短縮を実現した．

　溶接は熱や圧力を与えて接合局部を溶融し，一体化する．現在，レーザ溶接，電子ビーム溶接のような，液相の発生を極小に限定する方法，また固相拡散接合法のような，液相の発生を抑制する方法なども用いられている．また溶接品質を制御しつつ自動的に作業を進める溶接ロボットなども，開発されてきている．

　20 世紀に入り，材料技術に二つの特筆する動きがあった．高性能合成セラミックスとプラスチック系材料の登場である．そこでは接合・複合が大きな貢献をした．

　石材（旧セラミックス）は，文明の発祥期から天然の黒曜石などが武器や調理道具として活用されてきたが，1940 年代後半から，自然界の化合物を純粋な原子に分離したのち，化学反応により新たな固体化合物に合成する技術が開発された．SiC，Al_2O_3，Si_3N_4 など多彩な高性能セラミックスが，軽量，非導電性，耐熱性，化学的安定性などの特徴から，航空・宇宙，海洋，原子炉，新エネルギー，電子，化学などの先端技術分野で用いられている．その部材・部品の形状は，バインダー（低融点化合物）を混入した粉末の成形と焼結で付与されている．

　プラスチック（合成樹脂）は，L.H. Baekeland がアメリカで機械加工できるベークライト（フェノール・ホルムアルデヒド樹脂）を発明し，1910 年に工業化し市販したことに始まる．これは木粉，紙，布などの複合体である．その後，1942 年にアメリカで常温常圧硬化型樹脂（不飽和ポリエステル樹脂）が開発され，強度を高めるためにガラス繊維を含有させ繊維強化プラスチック（FRP）が誕生した．今日，ガラスのほか炭素，ケブラー，アルミナなど各種

の補強繊維（強化繊維）が短繊維，長繊維，連続繊維（糸状，織物）などの形で用いられている．

またマトリックス樹脂としてポリエステルのほか，エポキシ，ポリアミド，フェノールなどの熱硬化性樹脂だけでなく，ポリプロピレンやナイロンなどの熱可塑性樹脂も用いられている．なお，ほとんどのプラスチック（高分子）は固化する前は接着能を持っている．FRPは当初，比強度の大きさが注目され航空機関係部品で重用されたが，表面美麗さ，着色性，一体成形性から，一般車両部品，家電品など民生用にも大量に利用されている．この技術は，繊維強化アルミニウムなどの繊維強化金属（FRM）にも応用されてきている．

1.3 接合・複合技術の応用

1.3.1 接合と複合の概念と用法

一般に技術の分野によって，同じ意味でも異なる専門用語が用いられることが少なくない．接合・複合は幅広い分野に用いられる技術であり，概念を統一することで，応用性がいっそう広がるであろう．

ここでは，二つの物体を結合（合体）し最終形態が一つの物体となる一体化動作（unification）を接合（joining），その接合を解除する動作を分離（separation）と定義する．また接合を用いていくつかの部品で構造体を形成する動作を組立（assembly），その構造を解除し単一部品に戻す動作を解体（disassembly）と定義する．

また，紛らわしい場合もあるが，製品を構成する主部材（基材）に機能付与あるいは単純一体化しようとする副部材（接合材）の関係を，接合材/基材のように表現することにする．例えば，プラスチック被覆鋼板における接合（接着）はプラスチック/鋼板という表現をする．

接合には接合材料間が同種の場合と異種の場合とがある．異種材を複合（composition）したものを複合材料（composites），これを構造としてみる場合には複合体（complex）と表すことにする．構造体の力学的特性や物理的特

性などは，おもに複合則で記述される．これは，微細粒子や繊維などを混合（blend, mixing）して作られる混合体（mixture）の場合には混合則と呼ばれる．混合体の中で接合が原子レベルで行われる複合に対しては，融合（fusion）と表すことにする．

なお，製鉄など金属工業が栄えた近代は，溶接（welding）を接合（一体化動作）の代名詞としてきた面がある．しかし，工業材料も多様化し技術も多岐にわたる現在，例えばボルト・ナット形式の接合や接着剤を用いる接合などを溶接の用語で一括するのには無理があり，科学的知識を混乱させるおそれがある．また製品設計では機能を充足するための異種材結合にはどの手法でもよいことで，選びやすい，誤解を招かない厳密な用語にしておくべきである．それゆえ，ここでは溶接を接合の一種として限定的に用いる．

1.3.2　技術の分類法

これまで述べたように，接合・複合の技術は多種多様である．これらは，① 接合の方式，② 接合材の組合せ，③ 接合部の恒久性，④ その他の視点によって分類できる．製品（複合体・接合体）の機能を創製する，または充足するために適した技術を選択するという観点からは，これらのうち接合の方式による分類が用いやすい（後述）．

被接合材が同種か異種かの分類では，前者はたいてい小さな部品をつなぎ合わせて大寸法にしたり，一体成形できない場合に部材または要素を組み合わせたりする．後者は，製品の性能を改善・開発することを目的として異種の部材を組み合わせるもので，近年この事例が急増している．

例えば，強度特性を改善したい，耐食性を持たせたい，耐熱性を付与したいなどの性質改善の要請を満たすために，また軽量かつ高耐熱性，美麗表面かつ高強度，被加工性を持ちかつ耐摩耗性，軽量かつ導電性などの複合特性を備えた複機能製品を得る要請に応えるために行われている．そのため母材（基材）と結合すべき部材（接合材）との区別が明確で，接合材は異種材として認識できるものである．

10   1. 序   論

　接合の恒久性からの分類では，その接合体の寿命がつきるまで半永久的に結合機能を失わない場合が恒久的接合である．例えば各種の建築，橋梁，船舶など大型のものから，ホーロー鍋やふっ素樹脂被覆フライパンのような厨房用品などまである．これに対して，接合強度に関わらず，用済み後に元の物体に解体あるいは分離できる解体分離可能型接合が一時的接合である．ボルトやねじによる機械要素締結からファスナー，スナップフィット，ゼムクリップなどの簡易締結まで，その種類は多い．

　そのほか，接合時の相，接合時の材料挙動，接合原理・機構，接合作業条件，接合加工エネルギー，材料種，接合対象部品などによって分類することもできる．

1.3.3　直接結合と間接結合による分類

　接合の成立に第3材料の接合助材（bonding agent）が介在する必要がない場合を直接結合方式，介在しなければ成り立たない場合を間接結合方式（結合助材方式）と呼ぶことにする．本書の構成はおもにこの分類法[10]による．この分類で各種の接合方法（慣用呼称）を整理した一覧を**表1.1**に示す．

　（A）　直接結合方式　　接合機構からさらに4群に細分できる．

　局部溶着法（A-a）は，両部材のうち少なくとも一方の接合界面（一表面あるいは一部分）が溶融状態またはそれに近い高温に達して合体する方式である．溶接（融接）の中で，鋼板どうしのスポット溶接や突合せなどの抵抗溶接，摩擦圧接やクラッド圧延などの圧接，溶加材を用いない電子ビーム溶接やレーザビーム溶接などが含まれる．

　そのほかの手法として，粉末成形体の焼結，セラミックスの溶射や耐摩耗性金属の肉盛りなどの表面被覆，硬質金属粉末の積層焼結，熱間圧延あるいは溶着クラッド，長時間加熱保持する拡散溶接，熱可塑性プラスチックを融点以上に加熱し圧力を加えて結合する超音波溶着などが挙げられる．

　流動結合法（A-b）は，接合部材を永久変形あるいは流動させることにより他方と合体する方式である．基材が溶融状態（液相）で行う手法として，金

1.3 接合・複合技術の応用　　11

表 1.1 代表的接合方法

	大分類	小分類	手 法 例
接合	(A) 直接結合方式	(a) 局部溶着法	被覆（溶射・肉盛り・CVD・DVD），粉末成形，積層焼結，拡散溶接，抵抗溶接（スポット，シーム），レーザ溶接・電子ビーム溶接，超音波接着，圧接（鍛接，摩擦，圧延，爆接，電磁力）
		(b) 流動結合法	溶融体接合（鋳ぐるみ，キャストバルジング），FRP 製造，コンクリート製造，塑性かみ合わせ接合，圧延接合，複合押出し，重ね板接合（半抜き・せん断・切り起し・クリンチ・かしめ），シェービング接合，振動・超音波流動接合，超塑性拡散接合，摩擦攪拌接合，メカニカルアロイング
		(c) 弾性結合法	熱応力（焼ばめ，冷しばめ），力ばめ，ボトルキャップ・栓，スナップジョイント
		(d) 構造締結法	折曲げ（シーミング，ヘミング，スナップロック，包み込み），かしめ継ぎ（曲げ，張出し，押出し，バーリング），撚り合せ，コーキング
	(B) 間接結合方式（結合助材方式）	(a) 溶接助材法	ガス溶接，アーク溶接，テルミット溶接，レーザ溶接・電子ビーム溶接，エレクトロスラグ溶接
		(b) ろう付法	直接ろう付（硬ろう付，軟ろう付），メタライズ処理ろう付
		(c) 要素締結法	釘・木ねじ，ボルト・ナット締結，キー・コッタ締結，鋲接（リベット，ブラインドリベット，タッピンねじ，セルフピアスリベット，シェービングねじ継ぎ），生活簡易締結（ゼムクリップ，ボタン，バックル，マジックテープ，ファスナー，蝶番），工業簡易締結（プラスチックリベット，ボタンクリップ，リテーナー，バイス，ばね板ナット，スナップフィット）
		(d) 接着剤法	天然接着剤（にかわ，でんぷん糊，ゴム糊），粘着テープ，合成高分子系接着剤（フェノール，ポリアミド，ポリイミド，エポキシ，ビニール），積層用半硬化接着剤，無機物系接着剤（セメント水和型，ホットメルト，化学反応ほか）

属やセラミックスの部材を包み込むアルミニウム合金ダイカスト（鋳ぐるみ接合），FRP の製造，コンクリートの製造などがある．

　少なくとも一方の接合部材の変形能や塑性流動を利用する手法として，超塑性接合，かみ合わせ接合，鍛接，爆発圧接，重ね板のせん断・張出し（クリンチ）・かしめ接合，超塑性を用いる金属接合，振動エネルギーや超音波付加による流動圧着，軽切削によるかみ合わせを用いる異種材シェービング接合など

がある．また軽金属板材の突き合わせ摩擦攪拌接合[11),12)]もこのグループに含まれる．

弾性結合法（A-c）は，接合材の弾性変形能を利用するもので，焼きばめや力ばめの例がある．古くから車輪，大型組合せ円筒，合せ金型などの製作に用いられてきた．プラスチックのスナップジョイントやペットボトルの蓋締めは，力ばめの比較的新しい例である．

構造締結法（A-d）は，塑性流動を利用するかみ合わせ接合の一部と位置付けることもできるが，おもに接合部材間で局部の差し込みや絡み合いで接合が成り立つものである．典型例に建築における木組み，食料缶や自動車外板などに広く用いられている折曲げ（ヘミング）や，かしめなどの手法がある．ICなどのエレクトロニクス部品生産ラインにおける組立は，この高度に発展した形態とみることができる．

（B）　間接結合方式（結合助材方式）　接合助材の種類によって，さらに4群に細分できる．

溶接助材法（B-a）は，基本的に接合部材と同種の溶加材が必要で，同種の金属間で溶接される．接合部材および溶加材の溶融のために，さまざまのエネルギー供給方式がある．ガス溶接，アーク溶接，エレクトロスラグ溶接などの種類があり，鉄鋼などの金属材料に広く適用されている．

ろう付法（B-b）は，基本的に両部材間で結合助材のろうを加熱溶融して界面を濡らしたのち，そのまま固化して結合する手法である．硬ろうや軟ろうは接合部材より低融点を持つ．その供給形態には，ワイヤ供給法のほか，例えばセラミックスの接合面をメタライズするなど，あらかじめ接合面にろうを付着する手法もある．接合強度はろうの強度に支配される．古代から物体間の隙間封じや異種金属間接合に用いられてきた．

要素締結法（B-c）は，①接合部材の局部に接合穴をあけて機械要素などの結合助材を通して締め付け固定する形式，②接合部材に直接釘などの結合助材を打ち込む形式，③クリップなどの結合助材で，単に部材を挟んだり引っ掛けたりして固定する形式で行われる．この群の最大の特徴は，一度接合した

ものを比較的容易に解除できることである.

予穴あけ形式では,ボルト・ナット締結,キー・コッタ締結などがその典型である.リベットやブラインドリベットを用いる鋲接は,接合に結合助材の塑性変形能を利用する.打込み形式では釘・木ねじによる木材の固定,タッピンねじによる金属の固定などがある.セルフピアスリベットの打込み鋲接は,重ね合わせる金属板の塑性変形能を利用したものである.これらの手法は古くから,各種建造物,機械構造物,輸送機,その他一般機器類の組立に多用されている.

また挟込み・引っ掛け形式には,ボタン,バックル,マジックテープ,ファスナーなどがあり,着衣類などに用いられている.バインダー・クリップ,スナップフィット,バイスなどは,事務用品から機械工具まで締付けや引っ掛け固定に用いられている.これらの着脱が容易な一時的結合は,一般に簡易締結と総称されている.近年,簡便のうえ固定強度も向上したことで,各種製品の生産ラインでの採用事例が増している.このほかに,蝶番や滑節のように関節機能を持たせるための接合もあり,建築分野で多用されている.

接着剤法(B-d)は,清浄かつ平滑にした接合界面に液状の有機物系接着剤を薄く塗布して圧着する簡便な手法である.各種の接着剤が市販されており,接合材との相性はあるものの異種材料間の接合にも対応できる.接合(剥離)強度は基本的に接着面積に依存するが,求められる強度しだいでは局部にスポット接着してもよい.

近年,接着強度とともに耐熱性,固化・硬化速度,信頼性を改善した構造用高分子系接着剤への需要が高まっている[13].航空機部品や機械構造物などの組立に用いられる例が,著しく増している.

接着剤は一般に液状であるが,粘着性接着剤を塗布した粘着テープも,段ボール梱包,封筒閉じ,破損部補修などに簡便に用いられている.また半硬化した極薄板状接着剤も,ハニカム構造の組立,大型構造物の補修・補強に用いられている.特殊な例に,連続繊維強化プラスチックのプリプレグがあり,このテープは基材プラスチックそのものが半硬化接着剤になっているものであ

14 　　　　　　　　　　1. 序　　　論

り，FRP 積層板の製作に用いられている．また特殊例に接着機能を活用して立体を形作る試みがあり，積層曲げ[14]や積層容器成形[15]は，いわば積層方式による付加成形である．

1.4　技術の選択と展開

1.4.1　適用の目的意識

接合・複合は，すでに数多くの方式が示され，同一原理であっても多様な手法を抱えている．それぞれ自動化やコンピューター支援などが進められて合理化し，また新たな手法も考案されるので，単に接続するあるいは組み立てるだけであれば，ほぼ満足できる状況にある．製造業の中で今後もさらに重用されることであろう．

最適な接合・複合の設計は，① 結合の目的と仕様を明確にし，② 分類を参照し，多様な手法から目的に適うものを選び出す作業になる．このとき，あまり専門にこだわらず，なるべく簡単でわずか改善する程度で現場に導入しやすい手法をまず考えたい．そして，最も容易に所望の結合を具体化する最適接合・複合プロセスを大胆に設定・構築すべきである．

1.4.2　機能創製と接合・複合

近年の生産技術は，つねに付加価値を求める．製品には新機能付加や複機能化が要求され，その効率的実現手段として異種材結合が注目されている．これを後押しするつぎのような事情もある．

1）　開発される高性能・難加工性材料を活用するためには，汎用材料と結合して製品にすると効率がよい．

2）　接合・複合の技術は，使用環境の拡大や用途の多様化に応え得る高機能ハイブリッド部品（複機能部品）を実現しやすい．

3）　顧客の好みが多様化し，それに応える変種変量生産方式に，接合・複合は本質的に適している．

1.4　技術の選択と展開　　　　15

　異種材接合による高性能複機能体の生産には，二つの面で要件を満たさなければならない．まず機能設計（製品特性）では，使用環境下で要求される性能を果たす複機能または複特性製品のイメージを描き，基材に組み合わせる異種材を設定することである．つぎに接合設計（加工方式）では，なるべく簡単なプロセスで結合する．接合時に欠陥を導入したり・優れた特性が変質・劣化したりしないことが条件になる．また残留応力などの変化も極力抑える．このような観点から接合技術を比較してみよう．

　間接結合（結合助材方式）では，接合部材とは性質の異なる第3材料が必要であり，安定した加工をすることが難しく，製品特性が設定どおりに付加されるか否かの監視に注意を払う必要がある．例えば溶接では溶加材，溶接不良，熱影響など，ろう付では仕上げ加工，耐食性など，要素締結では要素の特性，接合穴の応力集中など，接着剤法ではその強度・耐熱性などを十分考慮しなければならない．

　したがって，包括的に言えば，異種材接合には直接結合方式，すなわち局部溶着法，流動結合法，弾性結合法，構造締結法などの手法が優るといえる．例えば，変形流動結合法（流動結合法，弾性結合法，構造締結法）は比較的高強度の直接接合方式であり，部材の両方または片方の弾性，塑性，破断に係わる応力とひずみ，ならびにその温度変化を利用すると付加価値を実現しやすい簡明な技術である．そのおもな特徴を**表1.2**に掲げる．

表1.2　変形流動接合法のおもな特徴

接合加工性	製品の機能・特性
・一般に簡便で経済的な方法	・異種材を組み合わせた部品，すなわち複特性・複機能体の精確な実現
・比較的簡単な装置	
・接合加工が安定	・材料の組合せが比較的自由
・高生産性	・接合加工欠陥，特性変質・劣化防止
・良作業性	・界面およびその近傍の変質が小
・予および後処理が省略	・残留応力など有害変化が比較的少
・第3材料の煩瑣からの解放	・比較的高強度を実現できる
・熱（温度上昇）を必須としない	・基材流動法で異種材損傷を抑制
・検査が簡単	・気・水密性にもなる
・成形と接合が同時に可能	・分解/分離性（再利用・再生が容易）
・複合材料の接合にも対応	

まず直接結合方式の中から，異種材の変質・損傷が抑えられること，良作業性，簡単な接合設備，予・後処理の省略，高生産性などを考えて，最適手法を選択して活用すべきである．

1.4.3 技術展開への新たな視点

これからの接合・複合設計では，1）特性設計と異種材接合（ハイブリッド製品・複機能体）を低コストで得る，2）製品設計概念を拡張し，メンテナンスフリーの"完全製品"から分離・解体性やリターン性を備えた"優良製品"にするという視点を欠かせない．すなわち，① 複合体性能，ⅱ 簡便な接合方法，ⅲ 高接合強度，ⅳ 解体・分離可能性の要件が，つねに求められる．

現在の課題ならびに技術的また科学的視点をいくつか挙げて，今後の展開を期待したい．

① **技術評価システム**　材料開発—接合・複合設計—接合・複合体の製作—製品の使用環境—廃品処分の，全ライフサイクルを考慮した技術評価システムを確立すべきである．接合科学面では，特に接合界面での原子オーダにおける綿密な解析とそのデータベース化や信頼性評価（余寿命評価）法の普遍化が求められる．

② **結合の組合せ**　金属–金属系では接続や組立，プラスチック–金属系では被覆や組立，セラミックス–金属系およびセラミックス–プラスチック系では繊維強化複合や組立に用いられている．さらに組合せを多様化するために，多くの試みまたそれに合う技術改善が望まれる．

③ **一体化レベル**　鉄鋼構造部材の接続溶接では完全融合が必要であるが，異種材接合の場合には単なる配置的なものから完全融合まで，さまざまの段階を用意したほうがよい．定食には，お刺身（配置型）もカレー（融合型）も用意され，それぞれのレベルもさまざまあり，そのときの好みで選ばれることを想起すべきである．

④ **分離・解体性**　同種材接合の場合は，おそらく高強度が優れている．しかし，異種材接合の場合は，複合体が元の単一物体に戻せたほうが，再利

用，再生，省資源の観点から好ましい．鍵と錠や家電品と電源プラグの関係のように，必要時のみ接合すればよいという考えを取るべきである．

⑤ **自然現象の応用**　アルミニウム合金，ステンレス鋼，チタン合金などの金属は，誕生と同時に表面に極薄の酸化被膜が形成されて不動態化する．省資源型接合・複合の開発に，このような化学結合メカニズムを活用したい．

⑥ **成長による結合**　セラミックス質の歯や骨，高分子質の皮膚や髪など生体材料は多様であるが，飲食物を消化して成長し生体を形作る．また植物は水と二酸化炭素と光で成長する．無機物質が成長することはないとしても，形状記憶性を示す材料もある．生体の成長メカニズムは新たな接合・複合の開発に参照できるかもしれない．

⑦ **高度研磨による密着**　金属に限らず，高度に研磨し不純物のない平滑表面どうしは分子・原子間力で引き合う性質があるので，圧力や熱の支援がなくても結合できる．接着剤はこれを応用したものともいえるが，より直接的に高度研磨表面の性質を利用する方式があってもよいかと思われる．

⑧ **接触しない接合**　天体の配置と運行には未だ謎が多い．同様に原子の構成と結合力も容易に理解できないものがある．ただ超大であろうと極微であろうと，結びつけている紐は実体のない引力というものである．謎は解けずとも，その仕組みを活用した斬新な接合・複合が成り立たないものだろうか．

1.5　接合技術の主たる応用

1.5.1　自動車の接合技術

自動車は3万点以上の部品から構成され，工業的に生産され始めたときから多くの接合・複合技術が使われてきた．その接合・複合手法は多種多様なものが適用され，車両の性能向上はもとより，生産効率，易解体性等を目的として進化している．自動車に応用されている各種接合手法には長所短所があり，完璧な技術は存在しない．よって，適材適所と継ぎ手構造の工夫，さらなる接合効率の向上，既存技術の組合せによる相乗効果，まったく新しい接合など，継

続的な研究開発が重要となる．

本項では，ボデーやシャシーなど大物構造部材に適用されている接合技術を中心に，求められる技術要素と動向を紹介する．

〔1〕 **ボデー骨格の接合**

自動車は，鋼板のプレス成形部材をスポット溶接とアーク溶接で組み立てた，モノコック構造（図1.4）のスチールボデーが主流である．スポット溶接は高い生産性と自動車の性能を両立する接合手法として構造進化とともに，技術向上が図られている．ここで述べている自動車性能とは，以下に示す機能が付与される．

（a）モノコック例　　　　（b）スペースフレーム例

図1.4　自動車のボデー構造[18]

（ⅰ）「走る」「曲がる」「止まる」といった車両運動性能を決定づけ，音振動性能にも寄与する車体剛性
（ⅱ）乗員を守る衝突安全性
（ⅲ）スペース効率およびレイアウト自由度からくる居住性

ボデーの軽量化と衝突安全性能の高まりにより鋼板の高強度化が進められ，高張力鋼板（ハイテン）やホットスタンプ等の高強度部材の使用比率が増加している．これらの難接合部材に対応したスポット溶接技術や設備が確立されている．さらに軽量化や車体剛性向上を狙い，スポット溶接による点接合から，レーザ溶接や構造用接着剤などによる連続接合との併用が増加している．これはスポット溶接が打点間隔を狭めることに限界があることへの対応技術と位置づけられる．

従来からスポット溶接とアーク溶接との併用は一般的であるが，近年では接合代が小さくレイアウト性に優れるレーザ溶接との組合せが見受けられる．

レーザ溶接は，その技術とレーザ源の設備性能進化により投資負荷が低減したことで，応用範囲が拡大している．テーラードブランクを活用した板厚の異なる差厚鋼板部品をはじめ，ロボットによる3次元レーザ溶接で片側アクセスが可能となったことで，スポット溶接では不可能な構造にも応用されている．ただし，スポット溶接においても，接合箇所によっては片側アクセスできる技術が導入されている．

また，生産性向上からリモートレーザ溶接が活用され，ルーフとサイドパネル間などの外板意匠面にも使えるレーザブレージングが実用化されている．これらのレーザ溶接技術は，接合面のクリアランス管理が重要であるため，高い部品精度や設備冶具精度など関連する生産技術の向上が不可欠である．

（a） 軽量素材向けの接合　軽量素材であるアルミニウムやマグネシウムなどの軽合金，CFRP（carbon fiber reinforced plastics）やGFRP（glass fiber reinforced plastics）などの繊維強化樹脂，これらを鋼板と組み合わせたマルチマテリアル構造など，多様な材料の組合せに適合する接合・複合技術も展開されている．

板成形によるプレス部品を主体に構成されるスチールボデーと異なり，アルミニウムボデーの場合，押出しによる形材と鋳造継ぎ手による組合せ構造が，重量やコストに対して有利である．よって，性能を担保する基本骨格に外板を配置した構造であるスペースフレーム（図1.4（b））が適用される．アルミニウムの材料特性（熱伝導性，電気抵抗など）から，スポット溶接は難しく，MIG溶接やリベットなどの機械的締結が多用される傾向にある．同様に，アルミニウム部材を中心に組み合わせたマルチマテリアル骨格でも，機械的締結が主流となる．

機械的締結はボルト，ナット，リベット等のファスナーに代表されるなか，SPR（self piercing rivet），FDS®（flow drill screw），RIVTAC®，FEW（friction element welding）など，比較的新しい技術も台頭している．一方，アルミニ

ウムどうしやアルミニウムと異種材間の機械的締結には，高靭（じん）性接着剤やシーラー類接着剤が併用される．これは，接合部の剛性向上と異種材間での電食を防止する観点から適用される．

接着剤は**表1.3**に示すように，さまざまな箇所で各種仕様のタイプが用いられる．ボデー製造工程における溶接区にて他の接合と同時に施工される接着と，ウインドウガラスの接着のように組立区にて個別に施工される部品に大別される．傾向として，エポキシ樹脂を主成分とする高じん性タイプの構造接着剤が増えている．先述した剛性および静粛性の向上を目的とし，ボデーサイドやエンジンルームに適用される[16].

表1.3 自動車に使われる接着剤

種　類	主成分	適用箇所	接着工程
マスチックシーラー	合成ゴム	ドア，フード，ルーフ/アウターパネルとインナーパネルの補強	溶接区
ヘミング接着剤	エポキシ樹脂	ドア，フード，トランクなどヘミング部の防錆および補強	溶接区
ウインドウガラス接着剤	ウレタン樹脂	ボデーとウインドウガラスの接着（専用プライマー併用）	組立区
構造用接着剤	エポキシ樹脂	ボデーサイドフレーム，エンジンルームパネル	溶接区

特に，スポーツカーなどに適用されるCFRPボデーは，その基材が樹脂であることから入熱を伴う溶接が不向きであり，このため接着剤の使用量が多い．この場合，もちろん機械的締結も併用される．接着剤使用時の重要課題は，経年劣化を耐久保証するための材料や構造の選択，および界面シール技術と異種材間で使用する場合の熱応力緩和である．この熱応力は，接合箇所の使用環境温度，および焼付き塗装など製造上の入熱による異種材間の熱膨張差に起因する．また，他の接合方法と組み合わせて用いることが大半であるため，その組合せに適合する構造と生産性を考慮することが重要である．

（**b**） **接合の使用量と使用比率の比較法**　　自動車に用いられる接合工法の使用量と使用比率を比較する手法として，スポット溶接換算打点（weld spot equivalents，WSE）がある．

これはドイツの ACI（Automotive Circle International）が設定した手法で，接合特性（接合強度・剛性効率など）を考慮して各種接合法をスポット溶接 1 打点当たりに換算する方法である[17]．点接合に対しては同じく点接合であるスポット溶接との性能比で表し，線接合に対してはスポット溶接 1 打点と等価になる接合長で表現されている．各種接合工法は，点接合や連続接合，接合代など形態が異なり，接合技術の採用割合および接合量を車種ごとに比較するうえで便利な換算方法となっている．

　表 1.4 に各溶接手法の換算値，**図 1.5** にボデー種類ごとの WSE 例を示す．これまでに述べたボデー向け接合技術の特徴がよく表現されている．

〔2〕 **シャシー構造部品の接合**

　シャシー部品は「走る」「曲がる」「止まる」という重要機能を持ち，高負荷な路面入力を受け止め，泥水がかかるなど劣悪な環境に配置されることから，強度耐久性と高い防錆能力が求められる．よって，安全性と信頼性の高い接合技術が選定される．

　その構成部材もプレス・鋳造・鍛造・切削などさまざまな加工法があるため，適材適所の接合・複合技術が用いられる．**図 1.6** にシャシー部品ごとの接合工法例を示す[18]．

表 1.4 WSE による各溶接手法の換算値

	溶接手法	換　算〔joints/WSE〕		溶接手法	換　算〔mm/WSE〕
点接合	スポット溶接（スチール）	1.00	線接合	MAG 溶接（スチール）	25
	スポット溶接（アルミ）	0.67		MIG/TIG 溶接（アルミ）	20
	スタッド溶接（スチール）	0.67		MIG ブレージング	25
	スタッド溶接（アルミ）	0.50		レーザ溶接（スチール）	33
	プロジェクション溶接（板/板）	0.67		レーザ溶接（アルミ）	20
	プロジェクション溶接（板/部材）	0.33		レーザブレージング（スチール）	33
	リベット/SPR	0.50		ヘミング	71
	クリンチ	0.67		接着剤類	333
	FDS	0.50			
	スクリュー/ナット類/スタッド	0.33			

22   1．序　　論

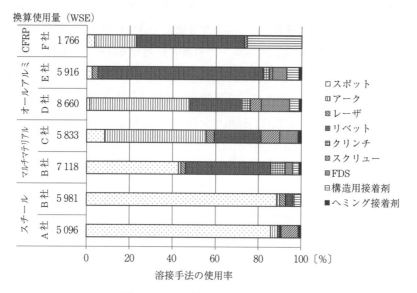

図 1.5　ボデー種類ごとの WSE 比較

	溶接手法	被溶接材	代表シャシー部品例
①	MAG 溶接	鉄/鉄	サブフレーム，サスペンション類
②	MIG 溶接	アルミ/アルミ	サブフレーム，サスペンション類
③	レーザ溶接	ステンレス/ステンレス	消音器
④	摩擦圧接	鉄/鉄	ステアリングラック，プロペラシャフト
⑤	シーム溶接	鉄/鉄	燃料タンク
⑥	FSW（Friction Stir Welding）	鉄/アルミ アルミ/アルミ	サブフレーム
⑦	SPOT 溶接	鉄/鉄	サブフレーム
⑧	バット溶接	鉄/鉄	スチールホイール
⑨	プロジェクション溶接	鉄/鉄	ナット，ボールジョイント
⑩	溶　着	樹脂/樹脂	燃料タンク，フィラーパイプ

図 1.6　シャシー部品での接合工法例[18]

一般的に，サブフレームやサスペンション部品はプレス板材をアーク溶接した構造が多い．アーク溶接のビードや周辺スパッタは塗装の密着性能が低下するため，溶接部の水たまり防止など，防錆観点での設計的考慮が必要となる．

1.5.2　航空機の接合技術

航空機の機体は多くの部品から構成され，代表的な中・大型民間航空機では約300万点の部品が使用されている．

〔1〕　部 品 材 料

航空機に使用される材料は，金属材料・非金属材料・複合材料に分類され，要求される強度・弾性率・耐熱性・耐食性・加工性・コストなどを考慮して選定される．

（a）　金属材料　　アルミニウム合金・マグネシウム合金・チタン合金・鉄鋼・耐熱合金などがある．アルミニウム合金は，航空機主翼・尾翼・胴体等の主要構造に多用されている．マグネシウム合金は，軽量であるが，耐食性に乏しいため，一部の舵面やギヤボックスに使われているのみである．チタン合金は，従来鉄鋼製であった部品の置換や，ボルト材料として使用されるとともに，近年適用拡大している炭素繊維強化プラスチック（carbon fiber reinforced plastics，CFRP）との熱膨張差が小さく，接触させても異種材料間の電食が発生しにくいという相性の良い材料として，CFRPとともに適用が拡大してきている．鉄鋼は，ボルト，脚，エンジン部品などに使用されている．耐熱合金はニッケル基，コバルト基の合金がジェットエンジンの高温部などに使用されている．

（b）　非金属材料　　プラスチック・ガラス繊維・合成ゴムなどがある．プラスチックは窓ガラス・内装材・装備品に多用されている．客室外板の防音・断熱材としてガラス繊維が使用されている．合成ゴムはタイヤ・ホース・パッキン等に使用されている．

（c）　複合材料　　炭素繊維・ガラス繊維・アラミド繊維等を，エポキシ・ビスマレイミド等の熱硬化性樹脂や，ナイロン・PEI・PEEK等の熱可塑

性樹脂で固めた繊維強化プラスチックが使用されている．特に，Boeing 787 や Airbus A350 では機体重量の約 50％に複合材料が使用されるなど，急激に適用が拡大している．

〔2〕 組　　　立

航空機部品は，サブ組立やメジャー組立などの複数段階の構造組立・艤装工程を経て，主翼・尾翼・前胴・中胴・後胴等の中間組立体となり，最終組立工場でこれらがすべて結合される．航空機部品の接合には，溶接接合，ファスナー接合，接着接合等が用いられる．

（a）溶 接 接 合　　溶接接合は金属部品どうしの接合に用いられる．TIG 溶接や MIG 溶接などの不活性ガスシールドアーク溶接はエアマニホールド等，電子ビーム溶接はエンジン部品等，スポット溶接・シーム溶接はドア・ダクト・胴体外板等の板金構造部品，ろう付は熱交換器等の組立に適用されている[19]が，大型主構造の組立にはほとんど使用されていない．一方，アルミニウム合金の摩擦攪拌接合（FSW）は，ロケット燃料タンク（**図 1.7**）をはじめ，Eclipse 500 小型ビジネスジェットの主翼組立，Boeing 747 Freighter のカーゴバリアビーム等に適用されている．

（b）ファスナー接合　　ファスナー接合は航空機部品接合方法の主流であり，代表的な中・大型民間航空機では数十万本に及ぶファスナーが使用されている（**図 1.8**）．

ファスナーはリベット，ブラインドファスナー，ボルト・ナットに大別さ

図 1.7　H-II B ロケット推進薬タンクへの FSW の適用例

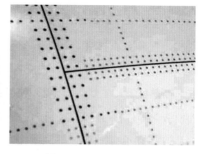

図 1.8　ファスナー接合

れ，強度，機体の保守性，組立作業性などを考慮して選定される．ファスナー接合の工程では，複数部品どうしを強固にクランプした状態で共穴あけ後，クランプを外して穴周囲のバリ取り・清掃をしたうえで，必要に応じて合せ面シールを適用したうえでファスナー締結することが一般的である．これは，バリや粉塵によって部品間に隙間が発生すると，ファスナー接合強度が低下するためであるが，組立コスト悪化の原因であるため，バリを抑制する工法開発および強度低下を見込んだ設計も取り組まれている．

（c） **接着接合**　　接着接合は，第二次世界大戦中に金属接着を航空機に適用するために開発が開始され，金属どうしの接着や，金属とハニカムコアのサンドイッチ構造の接着組立に適用されてきた．また，近年適用拡大している複合材料は，厚さ約 0.2 mm のシートを複数枚積層・硬化して一体化することから，複合材料製部品自体が接着組立部品（bond assembly）と称されることもある．（図 1.9）

図 1.9　接着接合

接着接合は溶接に比べて熱影響が少なく，ファスナー接合に比べて穴がないため応力が均一で，耐疲労強度に優れ，また，接合面積が広いためスキン・スティフナ構造での剛性増大効果が大きく，軽量に設計できるなどの利点がある．ただし，せん断荷重に強い一方，ピール等の面外引張荷重に弱いという特徴もあるため，適切な設計が重要である[20]．

接着剤の材料には，エポキシ，フェノリック，アクリル，ウレタン系などがある．また，形態としてはフィルムとペーストがあるが，フィルム接着剤のほうが接着剤の厚さを制御しやすい．高強度の接着が必要な部位にはエポキシ系フィルム接着剤が使用されることが多く，オートクレーブ等で加圧した状態で 120 ℃ または 180 ℃ で加熱硬化される．

適切に施工すれば高い強度が得られやすい接着接合であるが，材料管理，表面処理，加熱，加圧等のプロセス管理が不適切な場合には，接着強度が想定以上に低下するリスクが高く，信頼性の確保が非常に困難である．このため，米

国航空局 FAA のガイドライン[21]では，航空機の壊滅的損失を引き起こす可能性のある接着継手は，以下のいずれかの方法で，設計荷重に耐荷することを実証しなければならないと規定されている．

（ⅰ）接着剝離発生時にも設計荷重に耐荷することを試験・解析で証明する．
（ⅱ）全製造部品に対して設計荷重に耐荷することを試験証明する．
（ⅲ）信頼性の高い非破壊検査方法で各接着継手の強度を保証する．

ここで（ⅱ）はコスト的に非現実的であり，（ⅲ）は剝離・空洞欠陥は検出できるが弱接着（weak bond）の検出手法が確立されていない．したがって，現在は接着接合に剝離進展防止用ファスナー接合を併用することが一般的に行われており，接着の利点が十分に発揮されていないため，今後の技術確立が望まれている．

1.5.3 究極の接合技術─常温接合─

〔1〕常 温 接 合

常温接合は，文字どおり常温でさまざまな物質を接触のみにより接合する手法である．一般には，接触だけでは凝着力は小さいので，まずは表面を活性化する．そのため，常温接合は，より一般的には「表面活性化接合」と称される．

表面活性化は，図 1.10 に示すように表面の酸化層や吸着層を取り除き，ダングリングボンドなどを生じさせることを意味する．したがって，表面活性化手法としては，通常，アルゴン（Ar）などの不活性ガスのイオン衝撃などの

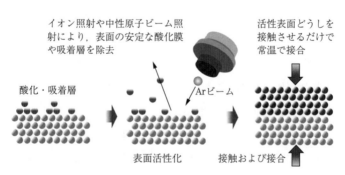

図 1.10 表面活性化接合の原理

物理的手段が採用される[22]．須賀ら[23]は，"表面活性化，Surface Activation"を，"Energetic particle bombardment to obtain atomically clean surfaces" と定義している．また一旦，表面を活性化しても再び安定な表面に戻ることを避けるため，接合の雰囲気は超高真空環境が好ましい[24]．ただし，酸化しにくい金などを対象とする場合は，大気中での接合も可能である．

　これまで，金属どうし，金属と半導体，ガラス，セラミックス，同種・異種の半導体などが接合されてきた．特に半導体ウエハの接合については，ウエハ接合として，接合プロセス・接合装置が確立しつつある．シリコンやガラスのウエハ接合については，親水化処理したウエハ表面どうしを仮貼り合わせ，これを加熱して界面のシラノール基 Si-OH を分解，水素を離脱させて Si-O-Si の結合を作る，いわゆる親水化接合が一般的である．しかしこの方法では，接合がガラス酸化物に限定される，水素がバブルとして界面に残留する，350 ℃以上の加熱が必要といった問題がある．表面活性化接合では，これらの課題は存在せず，Si-Si の直接接合が常温で実現される[25]．

　常温接合界面には，多くの場合，イオン衝撃によって数ナノメートルの厚さのアモルファス層とわずかのアルゴンが残留する．これらは加熱によって結晶化したり拡散したりする．これらのディフェクト層は接合性に影響を及ぼすことは少ないが，界面の電気的なバリヤになることはあり得る．

　表面活性化接合の難点の一つは，接合には非常に平坦な面が必要とされることである．溶接，ろう接・はんだ付，接着のように液相を介在させず，熱による拡散や変形によらない接合のため，接触しなければ接合することはできない．もちろん，柔らかい金属やシート状の材料の接合では，大きな圧接荷重により平坦性は必ずしも必須の要件ではないが，厚さ/面積のアスペクト比の大きな材料や硬い材料では，その弾性率や表面エネルギーによる凝着エネルギーの大きさにもよるが，1 nm を切る表面粗さが要求される場合が多い．

〔2〕　拡張表面活性化接合

　イオン衝撃による表面活性化接合では，ガラスや一部の酸化物結晶では接合が難しい．これらの材料ではダングリングボンドができにくい，あるいは，イ

オン的な欠陥が表面に不均一に形成され，接触のみでは表面エネルギーが低下しないと考えられる．このような組合せに対しては，図1.11に示すとおり10ナノメータ以下の薄い金属やSiの層をあらかじめスパッタなどにより表面に形成しておき，これを介在させて常温接合することが行われている[26]．

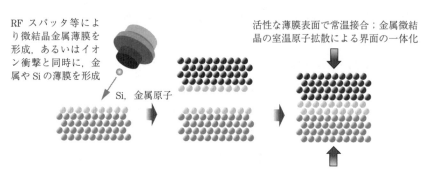

図1.11　表面活性化接合の拡張

　金属薄膜を超高真空中で形成し，そのまま接合する場合には，金属薄膜の拡散が室温でも急速に起こり，界面が消失する場合もある．そのためこの手法を「原子拡散接合」と呼んでいる[27]．また，この金属薄膜の活性表面は一旦大気に暴露すると不活性になるため，これを接合する場合はイオン衝撃により再活性化する必要がある．そこでこの方法を「拡張表面活性化接合」とも称している．

　この方法によれば，接合材料に対する限定はほとんどなくなり，図1.12のようにSi中間層を介在させ，ポリイミドなどの高分子フィルムどうしや，フィルムとガラスの接合などが実現されている．この方法のポリマーフィルムへの適用の利点は，接着剤を使わず，ガスや水などを透過しない緻密な界面層によって接合されているため，非常に良好な封止接合として使えることである[28]．

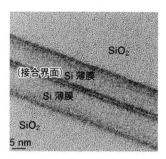

図1.12　Si薄膜を介在させたSiO$_2$の常温接合

〔3〕 接 合 と 分 離

接合に対して，分離はそれ以上に困難な課題である．接合は界面のエネルギーを下げるという自然界の法則に従う操作であるのに対し，分離はその逆操作であるため，なんらかの自然に逆らう技が必要である[29]．現在，工業的に使われている分離手法は，ほとんど有機接着剤を用いる方法である．しかし最近の製造プロセスで使われる基板ウエハの転写においては，耐熱性の高い接合とその分離が必要とされ，有機接着剤を使う接着と分離では対応できない．例えば，50 μm 厚の超薄板ガラスをガラス基板に接合し，500℃を超えるような高温 TFT 薄膜トランジスタ（thin film transistor，TFT）形成プロセス後に，超薄型ガラスを剥離するような場合である．この工程は薄型ディスプレイなどの製造工程にも利用可能と期待される．

このような高温での加熱処理後も剥離可能な接合に，上述の Si を介在層とした表面活性化接合が適用可能である[30]．このためには，(1) 片側のガラス表面にのみ Si 薄膜を形成，(2) 水を含む窒素雰囲気中でガラス表面を暴露，(3) 窒素雰囲気中で常温接合，という工程をとる．この方法によって，500℃で 90 分の加熱処理を行っても強度が増加することなく，**図 1.13** に示すように，高温加熱処理後であっても機械的な剥離が可能となった．

すなわち，接合過程では，まず，ガラス表面に形成した Si ナノ密着層が窒素中の水分と反応して水酸基を形成し，これが接着剤の役割を果たす．また，

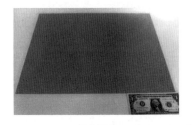

50 μm の超薄板ガラスをキャリアガラス基板に接合し，550℃ 90 分での熱処理に耐え，かつその後，常温で剥離する技術．片側に 10 nm 厚の Si 薄膜を形成し，表面化活性化後，窒素雰囲気で接合する．

図 1.13 剥離の容易なフィルムへの応用

高温加熱処理によって，この水酸基が分解して水素が発生し，これが接合界面に微細なボイド（泡状の空隙）を多数形成する．分離の際には，このボイドのため，接合界面が弱くなって機械的な剥離が可能となるのである．この剥離は，Si ナノ密着層とガラスの界面で生じるので，キャリアガラス側に Si ナノ密着層を形成しておけば，薄板ガラス側に Si が残ることはない．

1.6 接合状態の評価法

接合の各技術は，つねに新しい役割を与えられてきており，技術・製品の優秀性を普及させるためには，評価の（国際）標準化を新しく確立しなければならない．ただし，接合された層はきわめて薄く，さらに多層，特性の非一様で，その状態を評価することは一般にきわめて難しい．また，接合時の温度，負荷により接合部の化学組成，組織が変化するのみならず，母材も変質し，残留応力が残る．したがって，それらを含めて接合材を総合的に評価する必要があり，**表1.5** に示す多くの方法で接合状態が評価されている．

表1.5 接合状態の評価法（表中の（a）〜（e）は，図1.14に対応）

破壊試験	機械的試験	静 的：引張り（a），曲げ（b），せん断（c），硬さ 動 的：衝撃，疲労 その他：剥離（d），成形性（e）
	化学的試験 材料学的観察	化学分析，腐食 肉眼，光学顕微鏡，EPMA, SEM, AES, SIMS, X線回折，STEM-ADF, EDX
非破壊試験	外表面 内　部 放射線透過	外観，浸透，磁気，渦電流 漏れ（リーク），超音波，熱伝導，AE X 線，γ 線，X 線 CT

所望の接合性能が達成されているかを知る基本は，対象接合材の使用状況を考慮した機械的試験法である．さらに，化学組成，組織の変化，接合部の欠陥を調べるには，材料学的観察，物性分析，検査が欠かせない．これらは複数以上の方法で評価し，かつ，有限要素法による解析などを組み合わせることにより接合状況が把握できる．

1.6.1 機械的試験（接合強度試験）

図1.14におもな接合強度試験法を示す．接合材の形状，寸法によっても可能な試験法が決まってくる．せん断試験は試験片の形状，寸法に制限が少なく，多くの接合材に適用可能であるが，端面どうしを圧接した棒材の評価には，引張試験，曲げ試験が適する．一方，広い面どうしを接合したクラッド材等を引張試験，曲げ試験で評価することは不可能であり，せん断試験，剥離試験で評価する．なお，成形に使用されるクラッド材は成形性試験を行うことで，目的の加工が可能かを判定する．

なお，どの試験においても接合面に同一，一様な応力状態で負荷されているとはいい難い．例えば，接合された両母材の弾性・塑性変形挙動が異なる場

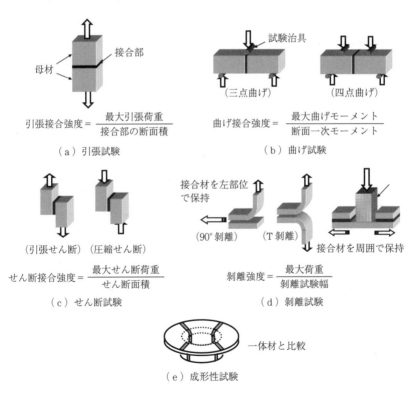

図1.14 接合強度試験法

合，引張試験では接合界面にせん断応力が発生，せん断試験では負荷軸が一致しないため曲げ応力が作用する．また，曲げ試験では塑性変形が生じると下面の引張応力の評価が困難になる．したがって，各試験で破断後の破面を観察し，負荷状況をも併せて推察することが重要である．

引張り，曲げ，せん断の各試験の評価値は図1.14中に示したように一体材に対するものと同様であるが，上述の理由で一応の目安と考えたい．ここで，剥離試験の評価値は応力の単位ではなく，単位長さ当たりの荷重であるN/mmとなる．なお，引張強度では接合部の強度水準，健全度を表す接合効率が用いられる．

　　　接合効率＝接合強度/母材強度

各種接合試験を比較すると引張試験が一般的であるが，試験片作製はせん断試験や剥離試験のほうが容易な場合が多い．これら三者の接合強度間の関係は**図1.15**に示される．試験される接合材はCuの間にAlを冷間圧接（圧縮率50〜70%），焼鈍（300℃以下）したものである．引張強さが増すにつれて，せん断強度，剥離強度とも増加する．ただし，不完全な接合で引張強さ，剥離強度が低い場合でも，せん断強度は高い値を示す．

接合界面に直交する縦断面または横切る断面を，研磨，エッチングした鏡面上でナノインデンテーション（超微小押込み硬さ試験）により，微小硬さ分布

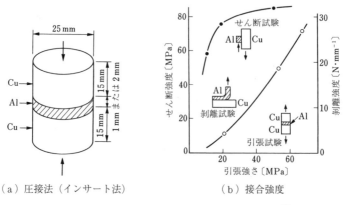

（a）圧接法（インサート法）　　　（b）接合強度

図1.15 せん断強度，剥離強度と引張強さの関係[31]

を求めて評価することもできる.

1.6.2 接合部の観察および検査

接合部の健全性確認および接合過程の考察のためには,材料学的観察,物性分析,非破壊検査が必要である.接合部および母材の変質の様相,接合界面の酸化物,亀裂の観察,拡散,金属間化合物の観察など,光学顕微鏡によりある程度のことは把握できる.なお,組織を表出させたいときには,研磨,バフ技術と,対象となる物質のエッチング液に対する知識が必要となる.さらに,精密,正確,詳細な組成,組織の変化を知りたい場合には,各種物性分析が必要である.光電子分光分析のXPS,ESCAおよび電子励起電子分光分析のEPMAで原子の面分布を知ることができ,オージェ電子分光分析(AES)で原子の深さ方向分布を知ることができる.X線回折で結晶面の方位および格子定数の変化を知ることができる.

非破壊検査とは,各種プローブ(音波,電磁波など)を接合部に向けて入射し,接合材中を伝播中にそれらを接合部物質,構造と相互作用させ,その出力で材内部の状況を知ろうとするものである.X線,γ線を照射した場合,通過する過程で試料に吸収され,経路中の物質量に応じて出力量は減少する.接合部にボイド,亀裂が存在すれば,その箇所の経路物質は周囲に比べ減少し,像として現れてくる.

X線CTでは高精度X線走査とコンピューター制御,像合成を組み合わせ,試料内接合界面近傍の物質量3次元分布を得ることができる.超音波パルス(0.5〜1.8 MHz)を入射させた場合,欠陥が存在するとそこで超音波が反射し,それを受信することにより欠陥の位置,大きさを知ることができる.アコースティックエミッションの場合も,原理的には超音波探傷に似る.変動磁界を金属中に侵入させれば,金属内に渦電流が発生する.金属内に欠陥が存在すればこの電流の障害となり,電流回路は迂回しなければならない.すなわち抵抗が変化し,これを検出すれば欠陥の存在を知ることができる.

接合界面を直交する原子オーダの超薄膜断面に対するSTEM-EDX(走査透

過型電子顕微鏡-エネルギー分散型X線分析）により，接合部における原子オーダの超微細構造および原子拡散を知ることができる．

1.6.3 異種材接合にみる特性評価法とその標準化

近年，スマートフォンをはじめとするモバイル機器では，薄型化・軽量化が強く求められている．また，自動車分野でも，環境負荷に配慮した燃費向上の要求がさらに厳しくなってきており，各自動車メーカーではHEV，PHV（PHEV），EVの開発・生産が拡大していることを背景に，軽量化への取組みが加速されている．

そのような中で，金属の，剛性・熱伝導性・電磁波特性が優れるが重いという特性と，樹脂の持つ形状の自由度・軽量という特性を補完し合う，ハイブリッド異種材料接合工法の開発が期待されている．

このことを背景に，近年国内メーカーを中心に，金属とプラスチックの一体化成形の革新技術が開発され，従来の接着，溶着などに比べきわめて高い接合強度が得られるようになってきている．

ここでは，NMT技術（金属/プラスチックの接合技術）の概説と応用例を紹介するとともに，評価試験の国際標準化に向けた取組みを記述する．

〔1〕 **NMT**（ナノモールディングテクノジー）

NMT技術とは，金属に特殊表面処理を施し，表面に微細な凹凸をあけ，この孔に射出成型により溶融樹脂を流し込み，冷却固化させることによるアンカー効果で，強固な接合力・気密性をも得られる技術である[32]．

NMTには，Al合金種に対してのNMT処理と，それ以外の金属に対しての新NMT処理とがある．

（**a**） **NMT処理**　NMT処理は，具体的にはAl合金を，脱脂槽，酸・塩基によるエッチング槽，中和槽ならびにNMT槽の順で水洗を挟みながら浸漬し，温風乾燥させる薬品処理工程（**図1.16**）を施し，Al合金表面に10～80 nm周期，深さ70～100 nmの凹凸を形成する（**図1.17**）．これらの工程のうち，脱脂槽から中和槽の処理は，供給された金属材の表面から加工油や指

図 1.16 NMT 薬品処理工程

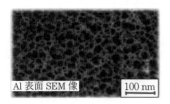
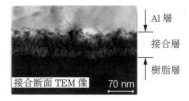

図 1.17 アルミニウム合金の表面状態と接合断面[34),35)]
（上面：Al，下面：樹脂層の観察）

油，および付着汚れ等を取り除いてきれいな金属表面にするのが意図であって，重要なのは，水溶性アミン系化合物を溶解した水溶液を入れた NMT 処理槽での浸漬処理である．

Al には 1 000 ～ 7 000 系および鋳造用 Al があるが，材質によりそれぞれの薬品濃度，浸漬時間を調整することですべての材質に適応することができる．

（b）新 NMT 処理 各種金属材を全面腐食させる水溶液をうまく使用することが必要だが，これは金属種ごとに全く異なる．新 NMT 処理法として全金属合金種に共通する基本的な工程を述べる．① 化学エッチング工程，② 微細エッチング工程，③ 表面硬化工程，と進めるのが基本的な処理方法である．

化学エッチング工程の目的は，ミクロンオーダの粗面を金属合金表面に掘り込むことであり，実際には，処理する金属合金を全面腐食できる水溶液を入れた化学エッチング槽に浸漬し，水洗する工程である．微細エッチング工程の目的は，数十 nm 周期の微細凹凸を前記で得た粗面上に作ることである．表面硬化工程の目的は，表面層を安定な金属酸化物や金属リン酸化物で覆われているようにすることである．

〔2〕 **接合可能な金属／プラスチック**

NMT で接合可能な金属種およびプラスチック種を**図 1.18** に示す．

金属種は Al・Mg・Ti・Cu・Fe・ステンレス鋼と非常に広範囲に使用可能で

あり，プラスチックは，PPS・PBT・PEEK・PA系の結晶性高強度樹脂が接合可能である（PPも開発されている）．金属とプラスチックの組合せは自由であり，目的とするスペックに適合する最適な組合せが可能である．

Al以外の新NMT処理済み金属の表面状態を**図1.19**に示す．

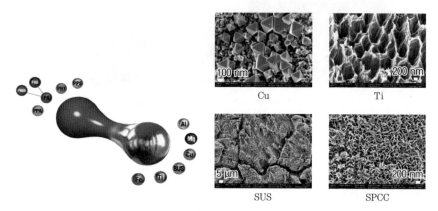

図1.18 NMTで接合可能な金属/樹脂[34]　　**図1.19** NMT各種金属の表面状態SEM像[33],[35]

〔3〕 **NMT接合界面の解析および国際標準化**

平成21年度『中小企業等製品評価事業（折り紙つき）』に続き，平成24年度『国際標準共同研究開発事業』トップスタンダード制度事業（経済産業省施策）により，樹脂/金属接合界面の公的機関での解析，および接合品の特性評価試験方法の国際標準化が進んだ．ここでは，同事業で得られた接合界面の観察データおよび国際標準化について紹介する．

（**a**）**接合界面の観察**　　Al（A5052）とPPS樹脂接合品における接合界面のSTEM-ADF像およびSTEM-EDXによるAl，S，Oの元素マッピング像を，**図1.20**に示す．SマップはPPS樹脂の分布に対応しており，Al表面の超微細凹部にPPS樹脂が奥深くまで侵入していることがわかる．

（**b**）**樹脂/金属異種材料複合体の特性評価試験方法（国際標準化）**

2000年に入り，NMT以外にも国内メーカーを中心に，金属/樹脂の複合化のための革新的技術が開発され，自動車部品や電気電子部品への応用が期待さ

1.6 接合状態の評価法

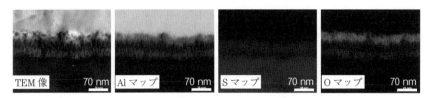

図 1.20 PPS とアルミニウム接合界面の STEM（走査透過型電子顕微鏡）ADF（環状暗視野）および STEM（走査透過型電子顕微鏡）EDX（エネルギー分散型 X 線分光分析器）によるマップ像（提供 国立研究開発法人産業技術総合研究所）[33],[35]

れていたが，産業界への普及は進んでいなかった．その理由の一つとして，接合特性および耐久性の定量的かつ客観的な評価方法が確立されていないことがあった．

接着剤向けの接着特性の評価規格はすでにあり，例えば ISO 4587（せん断接着強度測定方法）では**図 1.21** に示すよう接合面積が大きく，金属/樹脂の接合において従来の接着剤による接合強度を大きく上回る接合力が発現した場合，相対的に弱い樹脂部が破壊し，接合強度を定量化することができなかった．ここでは国際標準化活動の詳細報告は省くが，規格としては下記 4 部構成（2015 年 8 月登録）にまとめられた．

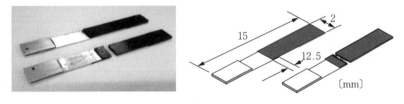

図 1.21 ISO 4587 の試験片形状と寸法

ISO 19095-1 樹脂/金属複合体の接合特性の評価方法：通則
ISO 19095-2 樹脂/金属複合体の接合特性の評価方法：試験片
ISO 19095-3 樹脂/金属複合体の接合特性の評価方法：試験方法
ISO 19095-4 樹脂/金属複合体の接合特性の評価方法：耐久性評価方法

（**c**）**NMT 各種接合特性**　ここでは，上記活動で策定された規格（ISO 19095）に準拠した代表的な接合試験データを示す．

① **せん断試験データ**　各種金属とPPS樹脂接合体のせん断試験片形状を図1.22に，せん断強度を表1.6に示す．NMT処理による適正化された微細凹凸を形成後，樹脂成形を実施することで40〜43 MPaのせん断強度が確保される．

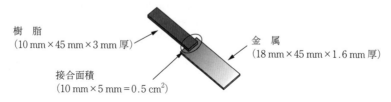

図1.22　金属/樹脂接合体のせん断試験片形状[34),35)]

表1.6　各種金属/PPS樹脂接合体のせん断強度[34),35)]

金属	記号	樹脂	せん断強度〔MPa〕	金属	記号	樹脂	せん断強度〔MPa〕
Al	A1050	PPS	43	Mg	AZ31B	PPS	43
	A1100	PPS	43		AZ91D	PPS	41
	A2017	PPS	42	Cu	C1100	PPS	42
	A3003	PPS	41	Ti	Ti (KA40)	PPS	42
	A5052	PPS	43		TKSTi-9	PPS	41
	A5182	PPS	41	SUS	SUS304	PPS	40
	A6061	PPS	40		SUS316	PPS	40
	A6063	PPS	41	Fe	SPCC	PPS	41
	A7075	PPS	42		SPHC	PPS	41
	GM55	PPS	40		SAPH440	PPS	40

② **引張試験データ**　AlおよびCuとPPS樹脂接合体の引張試験片形状を図1.23に，引張強さを表1.7に示す．ここでは，NMT以外の接合技術の金属

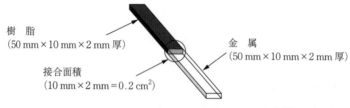

図1.23　金属/樹脂接合体の引張試験片形状[34),35)]

1.6 接合状態の評価法

表 1.7 金属/樹脂接合引張試験[34),35)]
(Al, Cu/樹脂接合体の引張強さについて，接合法の比較ならびに試験機関によるばらつき)

〔単位：MPa〕

金属処理メーカー		大成プラス NMT		A 社		B 社	
金 属 種		アルミ	銅	アルミ	銅	アルミ	銅
樹 脂 種		PPS	PPS	PPS	PPS	PPS	PPS
試験機関	東ソー	44.7	29.8	38.4	28.7	31.9	30.2
	東レ	44.0	30.1	33.8	30.7	26.3	21.7
	三井化学	44.9	27.9	34.2	29.9	30.1	26.0
	産業技術総合研究所	44.8	30.8	35.6	26.5	27.8	25.2
平　　均		44.6	29.7	35.9	29.0	29.0	25.8

処理を施し，樹脂接合された試験片も用意し，四つの試験機関で測定をした結果をまとめた．NMT 接合の引張強さは，Al/PPS 樹脂接合体で平均 44.6 MPa，Cu/PPS 樹脂接合体で平均 29.7 MPa と，ばらつきも少なく高い強度が得られる．

③ 長期信頼性試験データ　せん断試験片での高温高湿特性を**図 1.24** に示す．代表的なアルミニウム合金 3 種（A7075, A5052, A6061）および SUS304 と PPS 樹脂の NMT 接合体は，85℃ × 85％湿度という過酷な環境条件下，8 000 時間を経過しても，その接合力は変化しないことが報告されている．

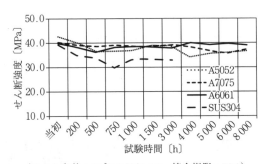

（テスト条件：85℃ × 85％ RH，接合樹脂：PPS）
図 1.24 高温高湿試験後のせん断強度[35)]

〔4〕 **NMT 技術の応用**

（a）**NMT 技術採用製品例**　NMT 技術の量産事例を紹介する．薄型化，高機能化が進む携帯情報端末の分野では，非常に多くの採用実績が出てきてい

る．特に，スマートフォンでは大画面化・薄型化に対応するべく，筐体強度確保ならびにデザイン性の向上を目的に，アルミニウム筐体の採用が多くなっている．

筐体を金属化した場合の問題として，金属の電波シールド特性がある．そこで絶縁を目的として樹脂を接合させるわけだが，その接合信頼性もさることながら，意匠的に金属と樹脂が一体化したきれいな曲面を要求されるため，その工法としてNMT技術が使われている（図1.25）．

（a）メタル筐体のスマートフォン　　　　（b）HTC社製スマートフォン

図1.25　NMT技術によって製造されたスマートフォン[34]

（b）今後期待される分野　　環境負荷に配慮した燃費向上の要求により，軽量化への取組みが国内外で加速している自動車分野において，異種材料を適材適所に組み合わせたマルチマテリアル化の検討が進んでいる．

例えば，ステアリングメンバー（図1.26）は，鋼管にプレス成形された鋼

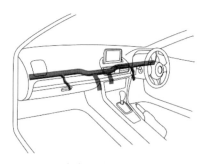
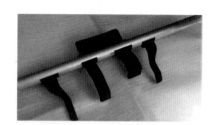

（a）取付け位置　　　　　　　（b）アルミニウムと樹脂の接合部（試作品）

図1.26　ステアリングメンバー[34]

製部品を溶接にて構成し，軽自動車の場合でも 6 kg ほどの重量がある．それ
を NMT 技術により，アルミニウムと樹脂の組合せで重量を半減できるなど，
軽量化技術の一つとして注目されている．

引用・参考文献

1) 日本塑性加工学会編：接合―技術の全容と可能性―，塑性加工技術シリーズ 19，(1990)，1，コロナ社．
2) 町田輝史：塑性と加工，**34**-391 (1993)，856．
3) 図解科学技術辞典，(1977)，7，弘文堂．
4) 世界の博物館，エジプト，(1984)，講談社．
5) 伊東清三：日本の漆，(1979)，東京文庫出版部．
6) よみがえる漆文化，(1) 九千年前副葬品に痕跡，デイリー東北新聞，(2003 年 9 月 2 日)，ならびに函館市縄文文化交流センター案内．
7) 吉田徳次郎：鉄筋コンクリート設計方法，(1958)，養賢堂．
8) H・アンナ・スー 著・森田義之 編：レオナルド・ダ・ビンチ，天才の素描と手稿，(2012)，西村書店．
9) 日本機械学会編：新・機械技術史，(2010)，218，丸善．
10) 町田輝史：塑性と加工，**34**-391 (1993)，856，ならびに町田輝史・三木武司：塑性と加工，**43**-500 (2002)，56．
11) 時末光：FSW の基礎と応用，(2006)，日刊工業新聞．
12) 佐藤裕：まてりあ，**55**-2 (2016) 53．
13) 例えば，若林一民：工業材料，**63**-6 (2015) 18．
14) 町田輝史・N. R. ショット・神田橋博之：塑性と加工，**32**-367 (1991)，1013-1018．
15) 町田輝史：工業材料，**55**-8 (2007)，92，〜 **55**-11 (2007)，103．(連載)
16) 長島隆：車体軽量化に向けた異種材用接着剤の検討，接着の技術，**35**-3 (2015) 52-56．
17) Euro Car Body, Automotive Circle International (2014/2015/2016)
18) 種植隆浩・藤田浩史・佐藤英資・大浜彰介・後藤昌毅：溶接接合教室―実践編―第 9 回 「自動車（設計編）」，溶接学会，(2013)．
19) 半田邦夫：航空機生産工学，オフィス HANS，(2002)．
20) Redux Bonding Technology, http://www.hexcel.com, (2003)．
21) AC20-107B Composite Aircraft Structure, http://www.faa.gov, (2009)．
22) Suga, T., Miyazawa K. & Yamagata, Y.：Direct bonding of ceramics and metals by means of a surface activation method in ultrahigh vacuum, MRS Int. Mtg. on Advanced Materials, **8**, (1989) 257-262.

23) Ohuchi, F.S., Suga, T. : Electronic structure of metal/ceramic interfaces fabricated by "Surface Activated Bonding", Transactions of the Material Research Society of Japan, **16B**, (1994) 1195–1199.

24) Suga, T., Takahashi, Y., Takagi, H., Gibbesch, B. & Elssner, G. : Structure of Al-Al and Al-Si$_3$N$_4$ interfaces bonded at room temperature by means of the surface activation method, Acta metall. mater. **40**, S133–S137 (1992).

25) Takagi, H., Kikuchi, K., Maeda, R., Chung, T.R. & Suga, T. : Surface activated bonding of silicon wafers at room temperature, Applied Physics Letters, **68**–16, (1996), 2222–2224.

26) Kondou, R. & Suga, T. : Si nano adhesion layer for enhanced SiO$_2$-SiN wafer bonding, Scripta Materialia, **65**–4, (2011), 320–322.

27) Shimatsua, T. & Uomoto, M. : Atomic diffusion bonding of wafers with thin nanocrystalline metal films, J. Vac. Sci. Technol. B, **28**–4, (2010), 706–714.

28) Matsumae, T., Fujino, M., & Suga, T. : Room-temperature bonding method for polymer substrate of flexible electronics by surface activation using nano-adhesion layers, Jap. J. Appl. Phrs., **54**–10, (2015), 101602–1–101602–7.

29) Hosoda, N., Suga, T., Obara, S. & Imagawa, K. : UHV-Bonding and Reversible Interconnection, Transactions of the Japan Society for Aeronautical and Space Sciences, **49**–166, (2007), 197–202.

30) Takeuchi, K., Suga, T., Fujino, M., Someya, T. & Koizumi, M. : Room Temperature Direct Bonding and Debonding of Polymer Film on Glass Wafer for Fabrication of Flexible Electronic Devices, Electronic Components and Technology Conference (ECTC) 2015, (May 2015), San Diego, CA.

31) 中村雅勇ほか：第 38 回塑加連講論，(1987)，181.

32) 例えば，特許 第 3954379，第 4452220.

33) 平成 26 年度エネルギー使用合理化国際標準化推進事業委託費（省エネルギー等国際標準共同研究開発事業：異種材料複合体の特性評価試験方法に関する国際標準化）成果報告.

34) 板橋雅巳・富永高広：計測と制御 **54**–10 (2015)，771–772.

35) 板橋雅巳：工業材料 **65**–12 (2017)，71–75.

2 変形・流動接合

2.1 概　　　論

2.1.1 変形・流動接合

近年生産性の向上や機能付加のために，塑性加工に接合機能を持たせたいという要請が強い．そのため温度・ひずみ速度・材料組織を制御し，装置に工夫を凝らして材料に変形・流動を生じさせて接合しようとする．塑性加工を利用する接合法としてはリベット接合，かしめ，圧入，シーミングの部分変形に基づく構造締結法がなじみ深いものであるが，材料の広い範囲に塑性変形あるいは材料流動を生じさせる接合も広く用いられている．

融接などの溶融状態を利用する接合でもインサート材を適切にすれば一部の金属/セラミックスの接合は可能であった．しかし，一般には金属/プラスチック，プラスチック/セラミックスなどの異種材料の接合は困難である．塑性流動を利用する接合は，まったく界面反応しないセラミックスと金属でも単に幾何学的にかみ合わせることによって，溶接並の接合強度が期待できる[1].

表 2.1 に変形・流動接合法の特徴をほかの接合方法と比較して示す．変形・流動接合法は金型などの工具を必要とするので，溶接や接着に比べて簡便性は劣る．しかし，組み合わせる材料の選択の幅が広く異種材料間の接合が可能である．また，成形と接合を同時もしくは連続的に行い高い生産性で製品を得ることができる．

接合における変形・流動の役割はつぎのように大別できる．

2. 変 形・流 動 接 合

表2.1 変形・流動接合法とほかの接合法の比較

項　目	変形・流動接合	構造締結	弾性結合	局部溶着	溶接助材	ろう付	要素結合	接　着
接合強度	○	△	△	○	◎	○	△	△
簡便性	△	○	△	○	◎	◎	◎	◎
材料組合せ	◎	○	△	△	△	△	◎	○
前処理	○	○	○	○	○	○	◎	○
量産性	○	○	○	○	○	○	◎	○
仕上げ	○	○	○	△	○	△	○	△
成形＋接合	◎	△	×	×	×	×	×	×
分　離	×	○	○	△	△	○	◎	○

◎：優，○：良，△：可，×：不可

（1）　相手部材の溝などに材料を充てんし幾何学的な接合を可能にする．

（2）　部材相互の原子面間に引力が作用するまでにきわめて接近させることができる．

（3）　接合面における表面酸素被膜や汚れなどを破壊する，表面の微細な凸部をつぶし部材間の接触面積を拡大する．新生面を形成できる，塑性変形で発熱する，などにより金属学的結合も可能にする．

（4）　曲げ，かしめなどの部分変形による構造締結を可能にする．

2.1.2　変形・流動を用いる接合法の種類と特徴

〔1〕　変形・流動接合法の特徴

変形・流動接合法は，つぎの特徴を持つ．

（1）　両方もしくは一方の部材の大きな変形・流動によって結合するので第3材料を用いない．

（2）　機械的，幾何学的な接合が可能．

（3）　硬質の部材を工具代わりに用いることが可能．

（4）　金属／セラミックスなどの異種材の接合が可能．

（5）　成形と接合の同時・連続加工が可能．

（6）　加工中の発熱や後工程における加熱により金属学的接合も可能．

（7）　接合処理時間が短い．

（8） 融接のように雰囲気を汚すことがない.

（9） 接合強度が高く信頼性に富む.

一方つぎのような問題もある.

（10） 接合に金型などの工具を必要とするので簡便性がない.

（11） 接合部の分解が困難である.

〔2〕 変形・流動接合の種類

表2.2は変形・流動接合を接合手段から分類したものである. 材料の流動

表2.2 変形・流動接合法の接合手段からの分類

要　　素	手　　段		条件		加工方法									
			温度	ひずみ速度	鍛造	圧延	押出し	バルジ加工	振動加工	シェービング	高エネルギー	切断	粉末成形	ブロー成形
材料の変形能の制御と向上	変形抵抗の差を利用する	材料の組合せ	冷	中			○							
		加熱による変形抵抗の低下	熱	中	○									
	伸びを増加させる	加熱による伸びの増加	熱	中		○								
		高速変形による粘性流動の発現	発	高							○	○		
	液相の利用	半溶融	半融	中	○	○	○							
		溶融状態の利用	融	低					○					
材料の組成・組織の選択と改良	超塑性の利用	変形抵抗の低下と伸びの増加, 固相複合性の向上	熱	低	○	○	○	○					○	○
装置, 工具の開発と改善	相手材を工具の一部として用いる	加熱による軟化	温	中						○				
		材料の組合せ	温	中						○				
	変形の分担率の制御	工具の工夫	冷	中	○									
		装置の工夫	熱	中	○									
	圧力媒体の工夫	溶融金属	融	低					○					
		ゴムの利用	冷	低					○					
	振動, 超音波の利用	振動発熱による流動性の向上	融	高					○					
		酸化被膜の破壊	半融	高					○					

注）冷：冷間, 熱：熱間, 発：発熱, 半融：半溶融, 融：溶融

性を向上させるための方針として，1）材料の変形能の制御と向上，2）装置，工具の開発と改善，3）材料の組成・組織の選択と改良に分類される．接合条件としては，温度・ひずみ速度の制御により流動性を向上させることが必要である．**図2.1**は温度とひずみ速度でおのおのの方法を位置づけてみたものである．

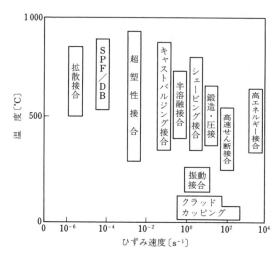

図2.1 変形・流動接合法の接合条件

つぎにおもな方法をあげる．変形・流動により物体を接合させるには両者をきわめて接近させることが基本となるが，接合させる固体の材質，その組合せにより接合方法，接合強度，信頼性，生産性が異なる．詳細は次節以降でのべる．

（**a**）**圧延の応用** ステンレスと鋼の積層板の製造ではワイヤブラッシングや種々の前処理を施し，重ね合わせて周囲を溶接し熱間圧延で接合する．材料の組合せによっては界面に脆い金属間化合物が形成され強度が低下するので，インサート材を用いてサンドイッチ構造にする場合もある．ロールに突起をつけて冷間圧延中に局部的に塑性流動を生じさせたり[2]，1パスで大きな圧下率を得るために遊星圧延機を用いたクラッド材の製造方法もある[3]．

（**b**）**鍛造的手法の応用** 薄板ではなく，棒や盤など塊状の材料（バル

ク材）を対象として，鍛造と同様に高いプレス加圧力を利用した接合である．剛性の高いプレス機で部材の端面を加圧して，他部材に押し込む結合法や，部材を位置決め後，部材の一部を加圧して相手材の溝部に充てんする方法がある．自動車部品などを対象として，小型化，軽量化，高い生産性，低コスト化などに活用されている．

（**c**）　**押出しの応用**　　超電導 Nb-Ti の製造では Cu を被覆した直径数 mm の Nb-Ti 棒を直径 250 mm の Cu 管に入れて押出しをして複合棒を作り，再度同様の加工を繰り返して極細多心線を得ている[5]．アルミニウムの外側に銅を被覆した電線が静水圧押出し法によって得られる[6]．

（**d**）　**超塑性接合**　　超塑性材料は変形抵抗が著しく低く，かつ著しく大きな伸びを示すので変形・流動接合に適している．ブロー成形後に加圧しつつ拡散接合（SPF/DB）をして航空機の機体などを製作している[7]．粉末押出し[8]や鍛造による圧入法[9]で，セラミックス粉末やホイスカーを接合する種々の複合部材の製造法が提案されている．

（**e**）　**シェービング接合**　　加熱で軟化かつ膨張した基材下穴に，セラミックスなどの硬質材を工具の一部として用い，シェービングしながら圧入することで接合する方法で，異種材の接合が可能である[10]．

（**f**）　**振動熱接合**　　プラスチック材料に局部的振動を与えて加熱溶融することにより，成形と接合を同時に行うことができる[11]．

（**g**）　**高エネルギー接合**　　爆薬，電磁力などの高エネルギーを与え，材料に粘性的な流動を発生させながら接合する．アモルファス粉末も結晶化することなく接合できる．

（**h**）　**固液共存状態の応用**　　中空金属体に低融点金属の溶湯を鍛造することでバルジ加工により接合するキャストバルジ法[12]がある．半溶融状態でセラミックス粒子を混合して，鍛造，押出し，圧延[13]などを行うことにより複合部材が得られる．

2.1.3 接合条件と接合性

圧接を例として，接合条件の接合過程に及ぼす影響をのべる．図2.2[14]) に工業用純アルミニウムの円柱端面圧接における圧下率と接合強度の関係を示す．接合強度は継手効率（η，同一圧下率の一体材の強さに対する比）で表してある．圧下初期には接合はまったく行われないが，ある圧下率から急激に接合強度が上昇する．その接合開始の圧下率は表面処理方法によって異なり，ワイヤブラッシングと無潤滑切削が最も小さくなっている．

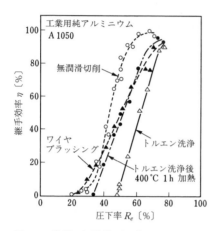

図2.2 常温の円柱端面圧接における継手効率に及ぼす圧下率と表面処理の影響（近藤ら[14])）

図2.3のモデルに示すように，接合開始までの過程では，(a)圧接面どうしのなじみ，(b)酸化膜などの表面被膜の破断による新生面露出，(c)新生面の押出しなどのために，ある値以上の面圧と表面積拡大量および表面被膜の破壊しやすさが要求される．さらに，(d)新生面どうしの結合による接合強度の増加のためにそれ以上の面圧と表面積拡大量が要求される．

したがって，常温圧接の接合条件は，面圧，表面積拡大量，酸化膜やその他

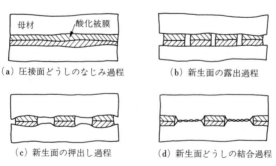

図2.3 冷間圧接における接合機構モデル（Bay[15])）

の表面被膜の割れやすさ，および相対すべり量などになる．

〔1〕 **一体材と同程度の接合強度を得るための圧接限界**

図 2.4[16)] は，密閉型穴内で工業用純アルミニウム円柱端面を圧接する場合に，表面積拡大比 Φ（接合後と接合前の面積比 A/A_0）と面圧 p を独立変数として継手効率 η の変化を示す．プロット円の黒塗り面積によって η の値の範囲を示してある．接合開始の面圧と表面積拡大比は比較的小さいが，一体材と同程度の接合強度（$\eta \geqq 90\%$）を得るための圧接限界は，破線で示されるように，低面圧では $\Phi=7$ 以上，高面圧でも $\Phi=4$ 以上と，かなりきびしくなっている．

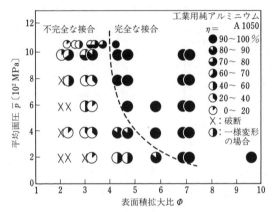

図 2.4 常温における円柱の型穴内端面圧接試験による圧接限界の一例（中村ら[16)]）

図 2.5[16)] は表面処理法による差異を示したもので，切削仕上げに比べて電解研磨やバフ仕上げが厳しい圧接限界条件になっている．

〔2〕 **表面被膜の割れやすさの影響**

表 2.3 に示すように，金属の種類によって，表面酸化膜と母材の硬度比

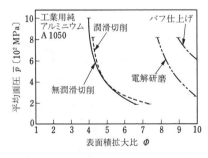

図 2.5 常温における円柱の端面圧接試験による圧接限界に及ぼす表面処理の影響（中村ら[16)]）

表2.3 突合せ圧接性に及ぼす酸化物と金属の硬度比の影響（常温）

金属	圧接に必要な圧下率〔％〕	酸化物の硬度と金属の硬度比
アルミニウム	60	4.5
カドミウム	84	1.5
鉛	84	1.33
銅	86	1.3
ニッケル	89	1.1

が異なり，硬度比が大きいほど小さな塑性変形量で接合が可能となる．これは表面酸化膜が割れやすく，新生面が露出しやすいためである．図2.6[17]に示すように，ある程度の相対すべり量は，接合強度を向上する．これは相対すべりによって表面被膜の破壊が助長されるためだと考えられる．

〔3〕 温度の影響

塑性変形がほとんど生じない程度の面圧下で，比較的長時間加圧すると拡散接合が起きる場合がある．図2.7[18]に示すように，拡散接合が可能となる下限の絶対温度（T_L）と融点（T_m）の比 T_L/T_m は，再結晶温度比にほぼ一致し，約 0.37～0.6

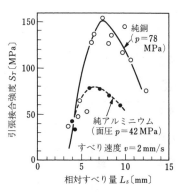

図2.6 円柱端面の圧縮・回転形圧接試験における接合強度に及ぼす相対すべり量の影響（Andreasen[17]）

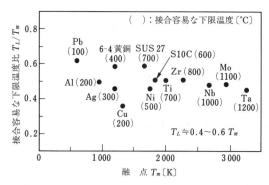

図2.7 各種金属の圧接容易な下限温度（橋本ら[18]）

となる．

図 2.8[18] に示すように，温度が上昇するのに伴い，接合に必要な圧下率 R_e は減少する．特に Fe や Al などの立方晶金属において顕著である．温度上昇に伴って原子が活性化することと接合面のなじみやすさが向上するためと考えられる．

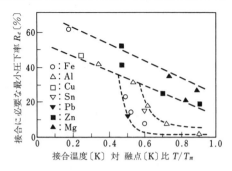

図 2.8 各種金属の圧接温度と接合に必要な圧縮変形量（橋本ら[18]）

図 2.9（a）〜（e）[16] に各種金属材料の常温から再結晶温度程度までの範囲

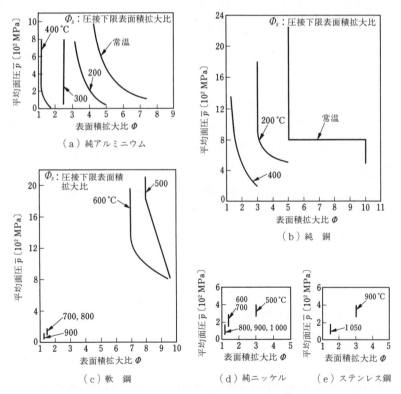

図 2.9 円柱端面の圧接試験による各種金属材料の圧接限界（中村ら[16]）

における圧接限界条件を示す.

　工業用純アルミニウムの場合には, 図 (a) に示されるように, 400℃まで
の温度上昇に伴って, 圧接限界線は顕著に低表面積拡大比側に寄る. 400℃で
の圧接下限表面積拡大比 Φ_s は 1.2 まで低下し, わずかな表面積拡大によって
ほぼ完全な接合が生じることがわかる. この場合の加圧時間は 10 ～ 20 秒程度
であり, 拡散接合に比べて比較的短時間でほぼ完全な接合が達成される点は加
工上有利となろう.

　図 (b) は銅の圧接限界条件を示す. 常温の圧接限界線は, 低面圧範囲で
は $\Phi_s = 10$ とアルミニウムに比べてかなり大きいが, 高面圧範囲では $\Phi_s = 5$ と
ほぼ一致している. また, 200 および 400℃の場合にも高面圧範囲で $\Phi_s = 3$ お
よび 1.3 となり, アルミニウムの場合と一致している. 銅のほうが融点が高い
にもかかわらず, 同程度の圧接限界条件となることがわかる.

　軟鋼の場合には常温から 300℃の範囲では, 表面積拡大比 $\Phi \fallingdotseq 13$, 面圧 $p \fallingdotseq$
2.5 GPa まで高めても, まったく接合が生じないが相対すべりが与えられるこ
とにより, ある程度の接合強度が得られる.

　図 (c) は 500℃以上の温度で得られた軟鋼の圧接限界条件を示す. 500℃
および 600℃の圧接条件はかなり厳しいが, 700℃以上では, $\bar{p} = 100$ MPa の
程度で $\Phi_s = 1.5$ から 1.3 まで緩和されることがわかる. 図 (d) はニッケル
の場合であるが, 500～800℃の範囲で, $\bar{p} = 375$ MPa から 100 MPa まで, $\Phi_s =$
3 から 1.2 まで低下している. 図 (e) に示すステンレス鋼の場合には,
900℃で $\bar{p} \fallingdotseq 350$ MPa, $\Phi_s \fallingdotseq 3$ であるが, 1 050℃では $\bar{p} \fallingdotseq 120$ MPa, $\Phi_s \fallingdotseq 1.5$ ま
で低下している.

　いずれの材料も面圧が高まるほど圧接の下限表面積拡大比は減少するが, あ
る程度以上の面圧ではほぼ一定となる. 図 2.10[16] は, この圧接下限表面積拡
大比 Φ_s の値を, 融点 T_m に対する絶対温度比 T/T_m に対して示したものであ
る. 各材料とも温度比の上昇に伴い圧接下限表面積拡大比 Φ_s は顕著に減少し,
ある温度比 T/T_m で $\Phi_s \fallingdotseq 1$ に近接している. この温度比は, 銅およびニッケ
ルで約 0.5, 軟鋼で約 0.55, アルミニウムで約 0.7, ステンレス鋼で約 0.8 以

上になる．常温ではアルミニウムが最も圧接性が優れているが，温・熱間加工の温度範囲では，銅，ニッケルおよび軟鋼のほうがよくなることがわかる．

異種材料の冷間圧接では，変形抵抗の差異により接合面での相対すべりが生じ，同種材料の圧接よりかえって接合性がよくなる場合がある．一方，再結晶温度以上での接合では，**図 2.11**[19)] に示すように，界面に脆い合金層が形成されて接合強度が極端に低下する場合があるので注意を要する．

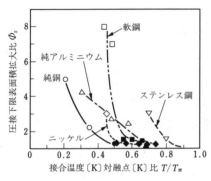

図 2.10 円柱端面の圧接試験における各種金属材料の圧接の下限表面積拡大比に及ぼす絶対温度比の影響（中村ら[16)]）

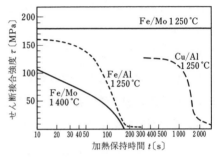

図 2.11 異種金属板の圧延接合における接合後の加熱保持時間に対する接合強さの変化（McEwanら[19)]）

2.2 圧延の応用

2.2.1 圧延接合の機構

圧延接合は加熱の有無から，冷間圧延接合と熱間圧延接合に分けられる．

冷間圧延接合では，接合条件が適当ならば母材に匹敵する接合強度が得られる．しかし，接合時に生じる大きな加工硬化のために二次加工性が低下すること，また接合面近傍の大きな不均一変形による残留応力のために機械的特性に対する信頼性が低いことなどの問題を含んでいる．そこで，接合後，熱処理によって加工ひずみの除去や拡散熱処理などを行うが，金属の組合せによっては接合面層に空孔，間隙，また金属間化合物が生成し，著しく接合強度を低下することがある．

熱間圧延接合では，接合材を加熱することで接合面で原子運動が活発化し拡散するため，ほぼ完全な接合が期待できる．しかし，加熱による接合面の酸化や異種金属間接合では，脆弱な金属間化合物の生成などの問題がある．

圧延接合は，ロール間隙で2枚の接合材を圧縮かつ圧延方向に伸ばして接合する．圧延では一般に板厚に対して板幅が大きいので平面ひずみ変形となり，圧下率の大きさで接合機構を考察できる．

接合強度を大きくするためには，接合面で多くの清浄な金属どうしの接触面を作ることが基本となる．そのために接合材表面の脱脂と酸化被膜を除去する必要がある．

脱脂と酸化被膜の除去には，ワイヤブラッシング法を用いることが多い．ワイヤブラッシングのもう一つの効果は，接合材の表面層に厳しい塑性変形を与えて，硬く脆い加工硬化層を作ることである．この加工硬化層は，圧延接合の成否に重要な役割を果たす．

圧延接合では，接合の開始に最低限必要な接合限界圧下率が存在し，その大きさは，金属の種類，接合条件と接合の環境によって異なる．例えば熱間圧延接合や真空中での圧延接合では，接合限界圧下率を低下させることができる．

接合機構に関しては，1959年にVaidyanathら[20]によって詳細に研究され，その後1973年にCaveとWilliams[21]によって修正され，さらに，1978年にWrightら[22]によって，接合限界圧下率を考慮した提案がなされている．いま図2.12のモデルで，接合材，接合材の表面性状とその変形について，つぎの仮定をする．

（1） 接合材は延性を持つ．

（2） 接合材の表面は十分脱脂され，硬く脆い表面層が存在する．

（3） 接合材がロール入口を通過して変形するとき，硬く脆い表面層は互いに相対運動することなく，密着した状態で伸ばされ破断する．

圧延接合は，つぎの4段階を経て完成する．

（1） 接合材がロール間隙に入ると，硬く脆い表面層は非常に小さい圧下率で伸びて破断し，表面層に小さなブロックを形成する．互いのブロック

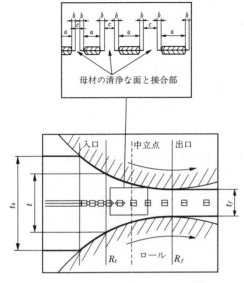

図 2.12 圧延接合機構のモデル[22]

の面は密着した状態である．接合材がロール間隙にさらに進むと隣接したブロックの間隔は広がり，ブロック端近傍の母材が押し出されて入る．

(2) 接合限界圧下率 R_t より小さい圧下率では，押し出された母材端面は吸着蒸気[23]などで汚れている部分（図 2.12 の b の部分）であり，接合の条件に達しない．また，ブロック表面は酸化被膜で覆われているので接合しない（図 2.12 の a の部分）．

(3) 隣接したブロックの間から押し出された母材は，接合限界圧下率より大きな圧下率になっても未接合のままである（図 2.12 の b の部分）．

(4) 接合限界圧下率より大きな圧下率では，隣接したブロックの間から押し出された母材（図 2.12 の b）の間から，さらに新しい清浄な母材が押し出され，ロールからの垂直応力によって接合する（図 2.12 の c の部分）．最終圧下率 R_f が大きくなるほど，図 2.12 の c の部分は伸ばされ，接合面率（接合面の割合）は大きくなり，接合材の接合強度は大きくなる．

2.2.2 接合面率

Vaidyanathら[20]は,平面ひずみを仮定して,接合面率 R_a は

$$R_a = (t_0 - t_f)/t_0 = 1 - (t_f/t_0) = R_f \qquad (2.1)$$

であるとしている.ここで t_0 はロール入口での接合材の板厚, t_f は出口での板厚である.すなわち,接合面率 R_a は最終圧下率 R_f に等しいとしている.

図2.12の接合機構では,接合限界圧下率 R_t までは,母材がブロックの間から押し出されるが,接合しない. R_t における接合材の伸びひずみ ε_t は

$$\varepsilon_t = R_t = (t_0 - t_f)/t_0 \qquad (2.2)$$

ここで, t は R_t での板厚である. R_t より大きな圧下率では,図2.12の c の部分で接合するので,接合面率 R_a は

$$R_a = (t - t_f)/t \qquad (2.3)$$

式(2.1)と式(2.2)から

$$t_f = t_0(1 - R_f), \quad t = t_0(1 - R_t)$$

となるので,これらを式(2.3)に代入すると R_a は

$$R_a = 1 - (1 - R_f)/(1 - R_t) \qquad (2.4)$$

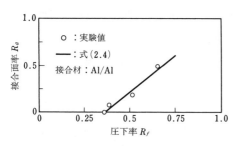

図2.13 接合限界圧下率を考慮したときの接合面率と圧下率との関係[22]

図2.13はアルミニウム/アルミニウムの接合で, $R_t = 0.35$ として式(2.4)による計算結果と実験結果を示しているが,両者にはよい一致がみられる.

2.2.3 接 合 強 度

接合強度は,接合強度比すなわち接合部材のせん断強度と接合材のそれの比

で評価される．接合面に分布するブロックが変形を拘束することを考慮して，Vaidyanathらは，接合強度比 S は接合面率×拘束係数であると考え次式で表している．

$$S = \tau_w/\tau_s = R_f(2-R_f) \tag{2.5}$$

ここで，τ_w と τ_s は，それぞれ接合部材と接合材のせん断強度である．また，拘束係数 $(2-R_f)$ は，接合面に介在するブロックが接合強度に及ぼす影響を示し，一種の切欠係数を意味している．R_f が大きくなるとブロック間隔は大きくなって小さく，R_f が小さいとブロック間隔が小さくなって大きくなる．

式 (2.5) では接合面率 R_a は最終圧下率 R_f に等しいとしている．しかし，R_f までの変形の中には，接合に関係しない変形 R_t が含まれているので Wright ら[22)]は式 (2.5) の R_f を式 (2.4) の R_a で置き換えて接合強度比 S を

$$S = \tau_w/\tau_s = 1-(1-R_f)^2/(1-R_t)^2 \tag{2.6}$$

と表している．アルミニウム/アルミニウムの接合で $R_t=0.35$ を用いて，式 (2.5) と式 (2.6) との関係を示すと，図2.14 のようになる．式 (2.5) は R_t を考慮していないので，圧下率が大きな範囲にしか適用できないが，式 (2.6) は R_t の大きさを考慮しているので，実験値とよく一致している．圧下率が0.6以上のところで，接合強度比 S が1より大きくなっている．これは，ワイヤブラッシングの効果が，適度に加工硬化した表面層の生成とブロック間近傍で押し出されて接合する母材の加工硬化にも寄与しているからである．この接合面近傍の母材の加工硬化の影響を考慮に入れると，式 (2.6) はつぎのように書き換えられる．

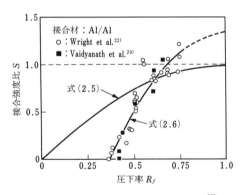

図2.14 接合強度比と圧下率との関係[22)]

$$S = H\{1-(1-R_f)^2/(1-R_t)^2\} \tag{2.7}$$

ここで H は接合面近傍での母材の加工硬化率を示す．この値は，式 (2.7) が実験データに最もよく一致するように決定される．Vaidyanath ら[20]によって得られた実験データを式 (2.7) の関係に適用すると，**図 2.15** のようになる．ここで，各金属の接合限界圧下率と加工硬化率は，**表 2.4** の値のように決定される．

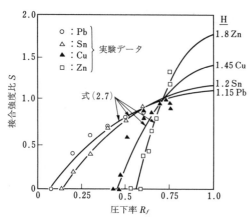

図 2.15 各種接合材の接合強度比，圧下率と式 (2.7) との関係[22]

表 2.4 式 (2.7) の関係から決定される各種接合材の接合限界圧下率 R_t と加工硬化率 H[22]

接合材	R_t	H
Al	0.35	1.35
Pb	0.08	1.15
Sn	0.13	1.2
Cu	0.44	1.45
Zn	0.55	1.8

表 2.4 から鉛の加工硬化率の大きさは 1.15 であり，また R_t は非常に小さく，0.08 である．いま圧延され押し出された母材の大部分が接合に寄与するとみなして $H=1$，$R_t=0$ と考えると，式 (2.7) は $S=R_f(2-R_f)$ となり，式 (2.5) に一致する．このことは，式 (2.5) の接合強度評価式は特別な場合には適用できるが，より一般的な表示は式 (2.7) であることをも示す．

2.2.4 接合強度に及ぼす因子

〔1〕 接合材の表面処理

接合を実施する前の接合材の表面処理は，接合面形成の機構を支配する重要な因子の一つである．表面処理の方法には，化学的・機械的清浄と，硬く脆い

2.2 圧延の応用

表面層の生成を目的とするものがある．これらの表面処理は，大気から母材を保護し，接合にあたって，清浄な新しい母材面を作る作用をするが，接合に最も効果的な表面処理は，硬く脆い表面層を生成することである．

硬く脆い表面層の生成には，つぎのようなものが試みられている．

（1） ワイヤブラッシング（スクラッチブラッシング）
（2） 電気・化学的ニッケルめっき
（3） 化学的ニッケルめっき
（4） 陽極化処理

これらの処理を施したときの接合強度と圧下率の関係[24]を図2.16に示す．図には参考のためにアセトンによる脱脂だけの場合も示している．また，ニッケルめっきの場合，表面に光沢のあるものと，ないものも示している．スクラッチブラッシングとニッケルめっきでは接合強度が大きく，さらに，接合限界圧下率R_tが小さくなっている．このようなことから，スクラッチブラッシ

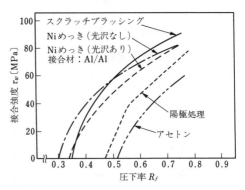

図2.16 接合強度，圧下率と表面処理法との関係[24]

ングは現在，最も広く利用されている表面処理方法である．

スクラッチブラッシングには回転する鋼ブラシが用いられ，アルミニウム/アルミニウムの接合の場合には，鋼ブラシの周速は1 700 m/min，ブラッシング荷重は20 N，鋼ブラシの剛性は中程度（直径0.3 mm，長さ45 mm）[24]がよいとされている．この条件で表面処理し，接合強度とスクラッチブラッシング後の保持時間との関係[24]を，圧下率R_fをパラメーターにして示すと図2.17のようになる．保持時間を長くすると，接合強度は低下する傾向があるので，保持時間は10分以内がよいとされている．図2.18は，光沢のないニッケルめっきをしたときの接合強度とめっきの膜厚との関係を示しているが，膜厚が1 μm

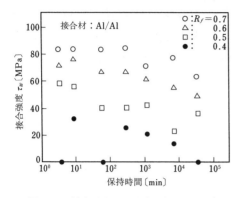
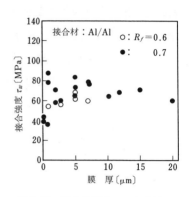

図2.17 接合強度，圧下率とスクラッチブラッシング後の保持時間との関係[24]

図2.18 接合強度とニッケルめっき（光沢なし）膜厚との関係[24]

以下では，接合強度の変動が大きいので，めっきの厚さは5μm程度がよい．

〔2〕 **同種金属の接合**

同種金属の圧延接合において，各因子が接合強度に及ぼす影響については，定性的につぎのように要約される．

(a) **変形量** 銅，アルミニウム，すずおよび鉛の接合で，接合強度比と圧下率との関係を示すと**図2.19**のようになる．圧下率が大きくなると，各金属の接合強度は大きくなる．

(b) **接合温度** 接合温度が高くなると，接合限界圧下率 R_t が小さくなる．

(c) **接合圧力** 接合限界圧下率 R_t より大きい変形で

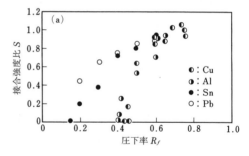
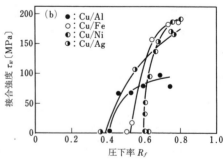

図2.19 （a）接合強度比と圧下率，（b）接合強度[20]と圧下率[25]との関係

は，接合圧力が大きくなるとともに，接合強度は大きくなる．

（**d**）　**接　合　時　間**　　圧延ロールの周速度は小さいほうが接合性はよい．

（**e**）　**金属の種類**　　図2.19から，すず，鉛はアルミニウム，銅より小さな接合限界圧下率で接合する．一般に，高融点で硬い金属，例えばニッケル，鉄などは，大きな接合限界圧下率となる．

（**f**）　**格　子　構　造**　　六方晶系（Mg，Znなど）は，立法晶系（Al，Cu，Fe，Pbなど）よりも接合性がかなり悪い．これは，六方晶のほうが接合限界圧下率が大きいためである．

（**g**）　**酸素溶解度**　　高温で酸化被膜が溶解する金属（Fe，Cu，Tiなど）は，その温度で接合すると接合強度が改善される．

（**h**）　**純　　　　度**　　高純度のアルミニウムでは，接合限界圧下率が0.25と小さくなる．市販のアルミニウムの純度では，R_t は0.35である．

（**i**）　**接合部材の後熱処理**　　熱処理の効果は，接合部材の金属の種類によって異なる．接合面率が小さい場合，熱処理によって接合強度は改善される．酸化被膜が金属中に溶ける場合，十分高い温度で熱処理をすると，接合面での境界層は消滅し，接合強度は向上する．

〔**3**〕　**異種金属の接合**

（**a**）　**接合材の強度差**　　異種金属の圧延接合では，二つの接合材に強度差があるので，接合面で相対すべりを生じる．二つの接合材の強度差が著しく大きい．例えば鉛/鉄の場合，強いほうの鉄はほとんど変形することがない．しかし，一般に界面で相対すべりを生じると，接合は容易になる．異周速圧延を利用し，相対すべりの増大，多くの新生面の表出により接合強度を向上させる加工法も提案されている[26]．

銅/アルミニウム，銅/鉄，銅/ニッケルおよび銅/銀の組合せ材の常温圧延接合における接合強度と圧下率との関係は，図2.19のようになる．同種金属の接合と同様に圧下率が大きくなると，接合強度が大きくなる．接合限界圧下率は，組み合わせた金属それぞれの接合限界圧下率の中間値になる．

銅/アルミニウムの組合せにおいて，相対すべりの大きさが接合強度に及ぼ

す影響は，**図 2.20** のようになる．硬い銅と軟らかいアルミニウムで大きな相対すべりを示すが，接合限界圧下率 R_t は最も小さくなっている．

（b） 金属学的因子の影響

1） 合金化しない金属の組合せ

カドミウム/鉄，鉄/鉛，銅/鉛を常温で圧延接合し，また銅/モリブデンを 600 ℃ と 900 ℃ で圧延接合したときの圧下率，接合条件と接合強度との関係を**表 2.5** に掲げる．

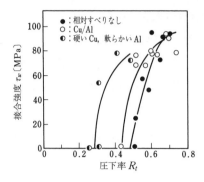

図 2.20 接合強度に及ぼす圧下率と接合面での相対すべりとの関係 [25]

接合強度は立方晶系の金属どうしの組合せの場合，圧下率とともに大きくなり，弱いほうの金属の強度に近づいている．一方，鉄と六方晶系のカドミウムの組合せの場合，接合強度は小さく，六方晶系の同種金属の接合の場合と同じ傾向になる．銅/鉛の組合せでは，290 ℃，1 時間の接合後の熱処理で接合強度は鉛の強度に達するが，

表 2.5 混和しない接合材の組合せでの接合強度 [25]

組合せ材	圧下率	接合条件	接合強度〔MPa〕
Cd/Fe	0.43	冷間圧延	25.8
	0.59	〃	28.9
Fe/Pb	0.41	〃	6.1
	0.46	〃	9.1
	0.59	〃	12.2
Cu/Pb	0.57	〃	11.2
	0.57	3 h　290 ℃	12.8
Cu/Mo	0.54	圧延 600 ℃	68.4
	0.65	〃	112.5
	0.69	〃	152.0
	0.65	圧延 600 ℃ 2 h　875 ℃	127.7
	0.58	圧延 900 ℃	121.6

銅/モリブデンの組合せでは，900 ℃ × 7 h の熱処理で銅の強度に達する．この接合強度と熱処理時間との関係を**図 2.21** に示す．

2） 合金化する金属の組合せ　全温度範囲で混和する銅/ニッケルと，限られた温度範囲でのみ合金化する鉄/ニッケルとマグネシウム/カドミウムについてはつぎのようである．

銅/ニッケル：R_f = 0.75 で冷間圧延すると，接合強度は 144 MPa になる．

その後，500℃，1時間の水素雰囲気で熱処理すると，銅の強度に達する．しかし，500℃以上の温度で熱処理を行うと低下し，1000℃，1時間の熱処理では銅の強度の1/2以下に低下する．この原因は，接合面層に拡散による空孔が生成されるためである．

鉄/ニッケル：$R_f = 0.56$，温度920℃で圧延すると，接合強度は

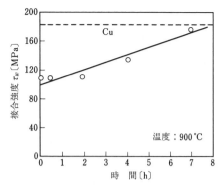

図2.21 銅とモリブデンの組合せ接合部材の接合強度と熱処理時間との関係[25]

鉄の強度に近い258 MPaに達する．その後，水素雰囲気で1250℃，3時間の熱処理をすると，接合面層に空孔が生成され，鉄の強度の約1/2に低下する．

マグネシウム/カドミウム：$R_f = 0.7$，温度280℃で圧延すると，接合強度はカドミウムの強度の1/2の39 MPaになる．これは，六方晶系金属どうしの接合と同じ傾向で，接合性はよくない．接合部材を300℃で長時間熱処理すると，内部拡散をするが接合強度は変化しない．

3) 部分的に合金化する組合せ 比較的合金化しにくい銅/鉄から部分的に混和する銅/銀，アルミニウム/亜鉛についてはつぎのようである．

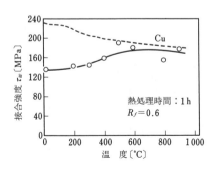

図2.22 銅と鉄の組合せ接合部材を各温度で1時間熱処理したときの接合強度の変化[25]

銅/鉄：$R_f = 0.6$で冷間圧延すると，接合強度は136 MPaに達する．その後，水素雰囲気で1時間，各温度で熱処理すると，**図2.22**のように変化する．800℃，1時間の熱処理で銅の強度に近づく．

銅/銀：$R_f = 0.75$で冷間圧延すると，接合強度は銀の強度に近い182 MPaに達する．その後，各温度で1時間熱処理すると，**図2.23**の

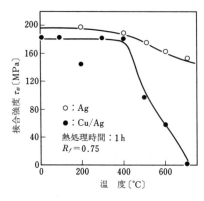

図2.23 銅と銀の組合せ接合部材を各温度で1時間熱処理したときの接合強度の変化[25]

ように400℃までほとんど変化しないが，400℃以上では極度に低下し，700℃ではほとんど零になる．これは，接合面に生成された空孔が合体して間隙に生長するためである．

アルミニウム／亜鉛：$R_f = 0.7$，350℃で熱間圧延すると，接合強度は56 MPaを示すが，この組合せは六方晶系を含むため，かなり低い．その後，350℃，1時間熱処理すると，1/2に低下する．

4） 金属間化合物を作る金属の組合せ　アルミニウム／銅，アルミニウム／鉄，鉄／モリブデンはだいたい同じ挙動を示し，冷間圧延接合を行うと接合強度は弱いほうの金属の強度になる．しかし，その後，金属間化合物を生成する温度で，数分から数十分熱処理を行うと接合強度はほとんど零まで低下する．530℃，30分の熱処理によるアルミニウム／銅の接合強度の変化を**図2.24**に示す．

5） 中間材の利用　中間材は両材料の密着を容易にすること，接合界面に脆化層を形成させないことや接合強度の向上に有効である．**表2.6**には圧延によるクラッド鋼製造において期待される中間材の役割と代表的な中間材を示す[27]．多くのクラッド鋼の製造では中間材としてニッケルがよく使われ，高い接合強度，浸炭防止，応力腐食割れ防止に有効となる．

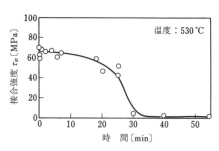

図2.24 アルミニウムと銅の組合せ接合部材を530℃で各時間だけ熱処理したときの接合強度の変化[25]

図2.25には，圧延によるクラッド鋼の製造工程[27]を示す．この方法により広幅，長尺の大板を容易かつ安定的に製造できる[27]．

表2.6 実用化されているおもな中間材とその役割

期待される役割	中間材の例					
	Ni	Fe	Cu	Mo	Fe+Ni	キュプロニッケル
密着を容易にする軟材料としての作用	○		○			○
接合予定面の酸化防止，軽減	○					
拡散抑制	○					
金属間化合物生成抑制	○	○	○	○	○	○
金属間化合物の排出			○			
溶接性向上	○		○			○
腐食等による亀裂の防止，停止機能	○					

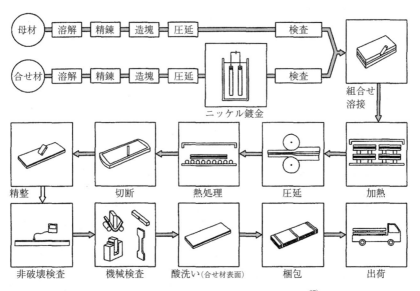

図2.25 圧延法によるクラッド鋼の製造工程[27]

2.2.5 応　　　用
〔1〕接　合　法

1パスで高圧下率が達成できる遊星圧延機による冷間クラッド圧延[27]がなされている．接合材にアルミニウムと銅を用いて，これらを図2.26（a）の

ように重ね合わせて，ロール入口から出口までの各接合材の変形を調べると，図2.26（b）のようになる．ここで，Kは板厚比で，総板厚t_0に対する銅の板厚の割合を示し，R_fは最終圧下率である．

図（a）の(1)の重ね合せでは，図（b）の(1)のように圧延の初期から二つの接合材の圧下率が異なり，圧延の進行とともに銅の圧下率に遅れが生じ，接合しない．図の(a)の(2)と(3)の重ね合せでは，圧延の初期にアルミニウムと銅の圧下率に差があり，銅側に圧下率の遅れがあるが，圧延の進行とともにその差はなくなり接合する．

貴金属の電気接点ばね[28]が，図2.27のような圧延接合で作られている．圧延直前に母材に望みの幅と深さの切欠きをつけ銀，金，白金を入れて圧延接合する．圧延ロールに突起をつけ，その突起によって接合材を部分的

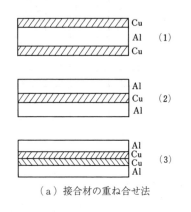

(a) 接合材の重ね合せ法

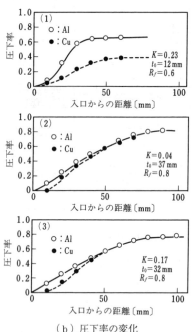

(b) 圧下率の変化

図2.26 遊星圧延機によって接合材の重ね合せ法（a）と重ね合せ接合をしたときの圧下率の変化（b）[3]

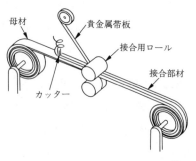

図2.27 貴金属電気接点の接合法[29]

2.2 圧 延 の 応 用　　　　67

圧延する圧延シーム接合[30]も行われている．ロールにつける突起の形状は円弧状[2]で，その配列を2列にすると幅方向の変形が拘束され，接合強度が大きくなる．接合材の表面で積極的に相対すべりを発生させて，接合を容易にする目的の異速圧延接合[31]がある．接合限界圧下率を低下させる目的で，真空圧延接合があり，3×10^{-5} Torr の真空中で表面処理と圧延[23]を行うと，アルミニウム，銅，カドミウムの金属で，接合限界圧下率が0.01以下まで低下する．

〔2〕 **製　　品　　例**[30),31)]

圧延接合は，2枚またはそれ以上の接合部材を大量に帯板状に生産できる特徴がある．接合材の組合せによっては，熱間圧延接合が行われる．耐食性を目的にしたニッケルクラッド鋼板は石油精製の化学工業用，貯蔵タンク，ダム・水門，淡水化装置，タンカーなどに広く利用されている．自動車，家電機器，電気機器の部品として，各種の金属の接合材が利用され，部品に機能を付加することも試みられている．最近では，アルミニウム/アルミニウム板，あるいは銅/銅板を，部分的に接合した冷凍機用の蒸発機などがある．代表的な製品例を**表2.7**にまとめる．

表2.7　接合材の組合せと製品例

接合材の組合せ	用　　途
アルミニウム/銅	台所用品，屋根，壁板，熱交換機，電力用ケーブルの結合器，分配器
アルミニウム/鋼	電熱器などの反射板 自動車用消音器（アルミニウムは耐食材）
アルミニウム/ステンレス鋼	自動車部品（ステンレス鋼は強度材，よい体裁，Alは耐電食）
アルミニウム/亜鉛	高速輪転機のプリントブート
銅/ステンレス鋼	整流子，電線の外装，台所用品
銅/鉄	銃弾のジャケット
銀/銅/銀，ニッケル/銅/ニッケル，ニッケル/鉄/ニッケル	貨幣（熱間が多い）
ニッケル/銅	石油化学機器（Ni/耐食材）
銅/銀，銅/金，銅/白金	精密電気機器のばね接点，コンピューター，自動車用定電圧接点
アルミニウム/アルミニウム（部分接合）	定電圧器の接点，熱交換器
銅/銅（部分接合）	太陽熱パネルの集熱器，熱交換器
ステンレス鋼/炭素鋼	一般化学反応容器，ケミカルタンカー，温水タンク

2.3 鍛造的手法の応用

ここでは，薄板ではなく棒や盤など塊状材（バルク材）部品を対象として，鍛造と同様にプレスの加圧力を利用して，少なくとも片方の部材に塑性変形を生じさせて組立・結合する方法について述べる．

2.3.1 押込み接合法

プレス機械などを用いて部材の端部を加圧し，他部材の穴に押し込み結合する方法である．硬質側部材に設けた凹凸部において，凸部を軟質部材に食い込ませ，同時に軟質部材を凹部に塑性流動させることにより，主としてアンカー効果で接合強度を得るものである．部材をあらかじめ加熱し，塑性変形に伴う新生面での拡散接合を狙う場合もあるため「押込み接合法」と総称することにする．ここでは三つの接合事例を紹介するが，その事例ごとの名称は基本的には研究者・開発者による呼称に従う．なお，同じ押込み方式であるが，軽切削機構を利用するシェービング接合法については，2.5節で述べる．

〔1〕 ねじり強度を重視した押込み接合法 [32)]

自動車を中心とした駆動伝達部品には軸にギヤやカップリングなどが付随した軸部品が多く，そこではねじり強度の確保が重要となる．その事例を以下に示す．

図 2.28 に示すように，歯形成形後に浸炭焼入れした軸材（S48C）を円盤材（S10C）に押し込み，円盤材のかみ合い部の材料を軸材の歯形形状に流動させている．図 2.28 には軸の歯形状も示しているが，ねじり強度重視ということで，歯形の1辺を周方向に直角に配置した 90°ごとに対称なのこぎり刃形状にしている．軸材の先端の押込み角度 α を 15°，30°，45°，90°と変化させ，また軟質材のかみ合い部における成形代 δ/h（δ：成形代，h：のこぎり刃高さ）に対する盛り上がりを充てん率 δ'/h とし，成形代を 0.25，0.5，0.75 と変化させ，それらが軸材のねじり強度に及ぼす影響を測定している．

2.3 鍛造的手法の応用　　69

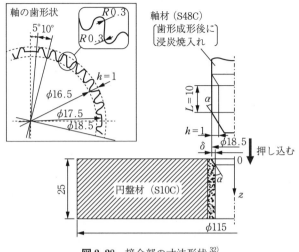

図 2.28　接合部の寸法形状 [32]

図 2.29 にその関係を示す．図（a）は，接触角 α が 30°と 90°における成形代と充てん率の関係である．30°の場合，充てん率は成形代よりも約 0.15～0.2 程度高い値になっており，材料流動による盛り上がりの効果である．一方，90°の場合は充てん率が成形代に等しい破線上にあり，軸部材による盛り上が

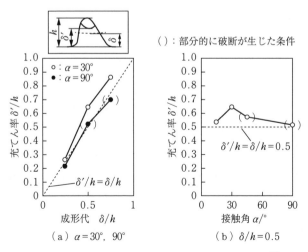

（a）$\alpha = 30°, 90°$　　　　（b）$\delta/h = 0.5$

図 2.29　成形代および接触角による充てん率の違い [32]

りは生じていない．軸部材の端面によるシェービング（切削）によってかみ合いが得られている．図（b）は，接触角 α の充てん率に及ぼす影響を示しており，接触角 α は30°程度が良好といえる．

図2.30は，充てん率 δ'/h と接合部のねじり強度の関係を示す．降伏トルクは充てん率が0.3程度でも約0.45 kN·m と比較的高い値を示し，一方，充てん率が0.8を超えても 0.55 kN·m 程度であり，大幅な向上を示していない．図2.31は成形代 δ/h をパラメータとして，接合時の押込み量（10 mm まで）と押込み荷重の関係を示す．成形代が0.5から0.75になると押込み荷重が大幅（約50％）に増大するが，一方，図2.30によれば，降伏トルク強度は10％程度の増加である．できるだけ低い軸押込み荷重で接合できることが工業的には望ましいことを考えると，多少の未充てんがあっても問題ないとしている．

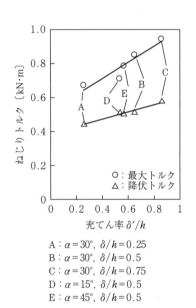

A : $\alpha=30°$, $\delta/h=0.25$
B : $\alpha=30°$, $\delta/h=0.5$
C : $\alpha=30°$, $\delta/h=0.75$
D : $\alpha=15°$, $\delta/h=0.5$
E : $\alpha=45°$, $\delta/h=0.5$

図2.30 充てん率と接合部のねじり強度の関係[32]

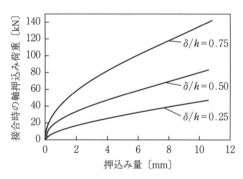

図2.31 接合時の加工力（$\alpha=30°$）[32]

〔2〕 複合カムシャフトにおけるシャフトとカムピースの接合技術[33]

図2.32に，自動車用複合カムシャフトにおける接合の模式図を示す．図2.33は，その結合部の断面とそのシャフトとカムインナーピースの断面写真である．シャフトにローレット成形されたセレーションの先端が，カムインナーピースの圧入により塑性変形を伴いかみ合っている．塑性加工的な手法に

2.3 鍛造的手法の応用　　71

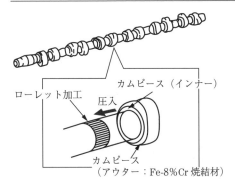

図 2.32　カムピースのローレット部への圧入模式図[33]

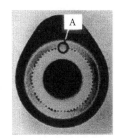

（a）カムピース断面

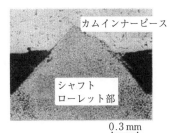

（b）A部詳細

図 2.33　カムピースとシャフト接合部断面写真[33]

よるアンカー効果で接合強度を得ているため，事例として示す．シャフトのセレーション部の接触角や切削くずの記載がなく，シェービングが発生しているかどうかは不明である．複合カムシャフトのカムピースとシャフトとの接合には焼結拡散接合も信頼性が高く有効であり，その使い分けは設計上の制約，経済性から選択すべきであるとしている．

〔3〕 **フランジ部品植込み接合法**[34]

図 2.34 に接合法の概要を示す．プレス等を用いて室温の棒材を高温の板材（鍛造直後の部材を想定）に押し込んだ後，板材を冷却して棒材を固定する塑性結合法である．板材の塑性変形により生じる部材間の新生面の凝着・焼き付きと，板材の冷却収縮により接合面に生じる圧縮残留応力を利用して接合する．ここでは，棒材を SCM435，直径 8 mm とし，板材を S45C，厚さ 8 mm，外径 48 mm，温度 $T_S = 700 \sim 1\,050$ ℃で実験を行っている．

図 2.35 は板材の温度 T_S と引抜きせん断応力 P_D（接合強度）を示す（図にはだれの板厚に対する比率も示している）．だれの増加により接触面積は 5 から 10% 程度小さくなっているが，板材の温度 T_S が高いほどせん断応力は高く

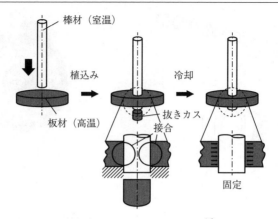

図 2.34 植込み鍛接法の概要[34]

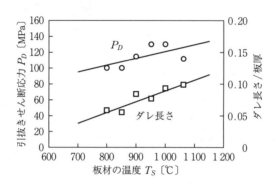

図 2.35 板材の温度が植込み棒材の
引抜きせん断応力に及ぼす影響[34]

なっている．接合力に寄与する接合面の新生面の凝着・焼付きと板材の冷却収縮の割合も測定しており，接合強度の約 80％は凝着・焼付きによるものと推定している．

2.3.2 塑性流動結合法
〔1〕 **塑性流動結合法の原理**[35]

塑性流動結合法は，1980 年代初めに開発された．その原理を**図 2.36** に示す．まず，図（a）の 2 部材を結合する場合，硬質側の部材 A には結合のための

2.3 鍛造的手法の応用

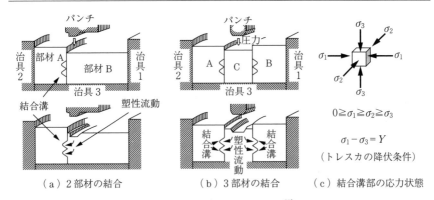

図2.36 塑性流動結合の原理[35]

溝(以下結合溝という)を加工しておく.部材Aと軟質側の部材Bを位置決め治具にセットし,部材Bの端面の一部をパンチで加圧することで部材Aの溝に塑性流動させて,機械的なかみ合いを得て結合する.図(b)の3部材を結合する場合,例えば部材A,部材Bとも硬質な際には,中間に軟質な部材Cを追加して,3部材を治具で位置決めした後,軟質部材Cを加圧して,硬質な部材A,Bの溝に塑性流動させて結合する.結合溝部の応力状態は図(c)に示すようになり,塑性流動する領域の静水圧応力 $(\sigma_1+\sigma_2+\sigma_3)/3$ は負となる.また,部材間,治具1,2,3による変形の拘束と摩擦のために,パンチによる加圧部の面圧 $(-\sigma_1)$ は変形抵抗 Y の $4\sim 6$ 倍になる.

本技術の特徴を以下に示す.① 異種材間や硬脆材の結合が容易であるなど材料の組合せの制約が少ない.② 部材間の嵌合(組立て)後に加圧して結合するために,部材間の相対的な移動がなく,軸方向の位置決め精度がよい.③ 部材間のはめあいは隙間ばめ,あるいは中間ばめのため生産性が高い.

〔2〕 **塑性流動結合の基本データ**

軸と円盤の塑性流動結合に関して,**図2.37**に示す基礎実験により基本的な特性を示す[36),37)].これは,厚さ10 mm外径50 mmの円盤に調質鋼(硬さ H_RC40 程度)を,また直径20 mmの軸にSKD11(硬さ H_RC60 程度)を用い,軟質の結合材にS30Cを用いている.

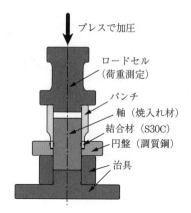

図 2.37　塑性流動結合の基礎実験概要[36),37)]

図 2.38 は加圧荷重によるパンチ面圧とパンチ押込み量，および結合溝への材料の流動状態を示す．塑性流動結合は部材間の嵌合を行った後に加圧して結合するために，パンチの押込み量（加圧ストローク）は小さく，通常の機構部品では 1 mm 程度以下である．パンチ面圧（荷重）の増加とともに 2 本溝への充てん率（溝部材料流入面積/溝部面積）は単調に増加して，パンチ面圧

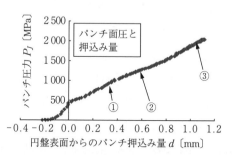

図 2.38　パンチ面圧とパンチ押込み量，結合溝部充てん状態[36)]

1 200 MPa において約 57%, 2 000 MPa において約 95% である. 結合材 S30C の引張強さが 500 MPa 程度であり, 塑性流動結合の場合は円盤と軸部材間の拘束によって, 非常に高いパンチ面圧下で結合が行われている.

図 2.39 に, 結合荷重（結合部パンチ面圧）が結合強度に及ぼす影響を示す[38]. 結合溝は 4 種類（溝のない場合も含めて）の結果である. ① 結合荷重が小さい（200 kN 以下）ときは, 結合溝の有無や形状によらず結合荷重に比例して結合強度は高くなっている. ② 結合強度は溝形状の有無によらず, 100～200 kN の結合荷重に対してその 20% 程度を得ることができる. ③ 結合溝がない場合は, 結合荷重が 200 kN 以上に増加しても結合強度は 50 kN とほぼ一定になっている. ④ 溝形状がある場合は, 結合荷重の増加（300 kN まで）とともに結合強度は 90 kN と高くなっている.

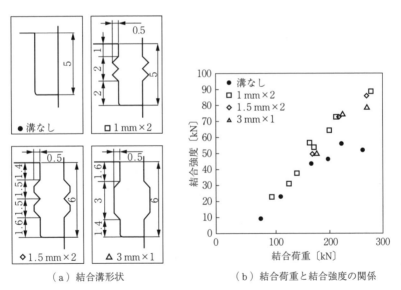

（a）結合溝形状　　（b）結合荷重と結合強度の関係

図 2.39　結合溝形状, 結合荷重が結合強度に及ぼす影響[36),37)]

〔3〕 **塑性流動結合技術の活用事例**

図 2.40 は船外機用フライホイール部品である[35). 従来（左図）は, 冷間鍛造したセンターピースとホイールをリベット 9 本で結合, また, ホイールとリ

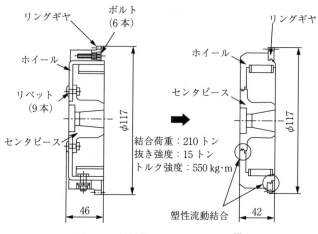

図 2.40 船外機用フライホイール[35]

ングギヤを6本のボルトで結合していたが，これらを塑性流動結合に転換して全長を 46 mm から 42 mm に短縮している（右図）．

図 2.41 は自動車用ガソリンインジェクタである[38]．コアとヨーク，コアとノズル，など合計4箇所に塑性流動結合が適用されている．これらは従来のレーザ溶接から工法転換されたものであり，高精度化と生産性の向上，また設

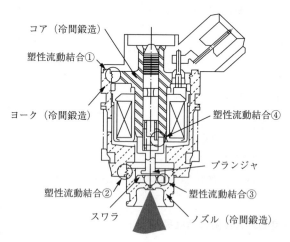

図 2.41 ガソリンインジェクタの塑性流動結合[38]

備投資の低減が可能になっている．

〔4〕 **アルミダイカスト薄肉管材への応用**

延性の乏しいアルミダイカストの薄肉管と鋼軸の塑性流動結合の適用事例として，自動車エンジンの可変バルブタイミング機構のアクチュエータハウジングを示す[39),40)]．

従来のアクチュエータハウジングは，**図2.42**に示すように鋼製の軸受ホルダをアルミダイカスト製ハウジングに3本のボルトで締結する構造であり，合計5部品で構成されていた．鋼製軸受けホルダが大きいのは，スプライン軸を保持するボルト締結のためのフランジを要するためである．そこで，スプライン軸を保持するための小形化したスプラインリングを鋼製部品として残し，その小形のスプラインリングとアルミダイカスト製ハウジングを塑性流動結合している（**図2.43**）．

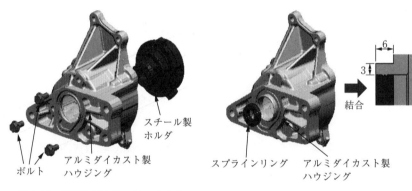

図2.42 従来のアクチュエータハウジング（ボルト結合）[39),40)]

図2.43 新形のアクチュエータハウジング（塑性流動結合）[39),40)]

図2.44に鋼製軸受けホルダとスプラインリングを比較して示す．スプラインリングには外径に結合溝が円周方向に2本，軸方向に81本加工されている．

図2.45に，万能試験機による塑性流動結合法のモデル実験の概要を示す．アルミダイカストリングの寸法は，内径20 mm，外径26 mm，厚さ6 mmとした．鋼軸をアルミダイカストリングの結合部の内径に挿入後，拘束リングで外径部の変形を抑止しながら，上端の一部をパンチで加圧する．その加圧力に

(a) 鋼製ホルダ

(b) スプライン
リング

図2.44　鋼製軸受けホルダ
　　　とスプラインリング[39),40)]

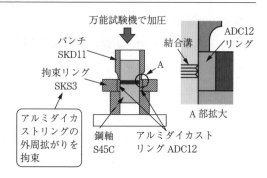

図2.45　薄肉リング塑性流動結合モデル
　　　実験装置[39)]

よりアルミダイカストの材料が鋼軸の結合溝に流動し，また除荷後には両部材の界面に高い圧縮応力が残留するため強固な結合を得ることができる．

図2.46は，実製品におけるスプラインリングの結合溝へのアルミダイカスト（ADC12）ハウジング材料の流入状態を示すX線写真である．結合溝深さ0.5 mmに対して，材料の流入量は上段溝に0.362 mm，下段溝に0.247 mmであり，溝には完全に充満していないが強度は十分である．

塑性流動結合では，アルミダイカストリング材を鋼軸の結合溝内に流動させるためのアルミダイカスト材料（ADC12）には5％程度の塑性変形能が必要である．しかし，アルミダイカスト品の伸びは通常2％程度しかない．そこで外周を拘束した圧縮試験を行った結果，クラックなど欠陥の発生なく18％のひずみが可能であることがわかった．高い静水圧下ではアルミダイカスト材でも延性

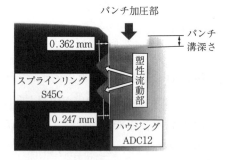

図2.46　塑性流動結合部の材料流動状態
　　　（X線による）[40)]

2.4 押出しの応用   81

好ましい方法といえる．熱間押出しを採用すると，接合界面の温度が高いので，相互に原子拡散が生じ強固な接合材が得られる．押出しによって接合を行い複合部材を形成する際に加工途上で界面には酸化物や異物が介在することがある．しかし押出し比を大きくとり変形量を大きくすると，これらは破壊され，新生面が出現するので接合性は向上する．また相互に固溶しやすい材料どうしでは接合も容易である．

良好な接合を得るために，つぎの項目に留意することが大切である．

（1）　構成材料の界面が清浄であること．

（2）　押出し比を大きくして新生面どうしの接触が生ずるようにすること．

（3）　押出し時の温度における変形抵抗差はできるだけ小さいこと．

（4）　押出し時に厚い金属間化合物ができる温度にならないこと．

熱間押出し接合で複合部材を成形する場合には特に（4）項に注意する必要があり，この場合，接合金属間に金属間化合物を生成しにくい中間材を介在させることがある．中間材は，接合しにくい材料どうしの接合を高めるために重要な役割をはたすこともある．

図 2.50 は各種の複合材料生産のための押出し方法を示す．

図（a）は最も一般的な直接押出しにより複合部材を得る方法である．無潤滑押出しでは外層材の材料流動が乱れるために，押出し材の長手方向に均一な複合比のものが得られにくい．コンテナとビレット間に潤滑材を介在させた潤滑押出しではこの問題は軽減される．

図（b）は流動性のある材料を中心に配する方法で，最もよく知られている応用例はフラックス入りはんだ線の押出しである．ダイス変形域近傍に心材供給用の工具が配置され，押出し材の中心部に心材が供給される．溶湯や粉末を供給することも原理的には可能である．

図（c）は心材の表面に外被材を被覆押出しし，心材と被覆材を接合する．アルミニウム被覆鋼線の製造に用いられる．心材の鋼線は脱脂し表面を清浄にしたのち通電加熱される．ダイス出口では鋼線に張力がかけられアルミニウムが鋼線に摩擦圧接されるようにして接合される．アルミニウムの厚みはめっき

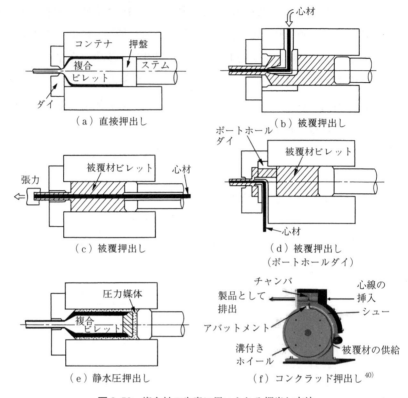

図2.50 複合材の生産に用いられる押出し方法

厚みに匹敵するものから数mmの厚みまである．外被材であるビレットと心材の間に相対すべりが生じて，心材が破断することもあるので注意を要する．

図(d)は心線の破断を防止できる押出し法の例で，ポートホールダイを利用している．中央のポートに心線を供給し，ポートホールダイで外被材を形成し，心材に外被材を被覆接合する方法である．

図(e)は静水圧押出しにより複合材を押し出す方法を示す．目標とする材料構成と複合比を有するビレットを，コンテナとビレット間に介在する液体の圧力によって押し出す．コンテナとビレット間の摩擦がないので，ビレットの複合比が保持されたままで製品が得られる．最近では室温から1 200 ℃強の高温域まで押出しが可能になっており，良好な接合状態が得られる．

図（f）はコンフォーム連続押出しにより被覆線を押し出す方法を示す．心線と被覆材は連続して供給することができるので，他の複合材の押出しと異なり，製品長さに制限がない．この方法により，銅被覆鋼線，アルミニウム被覆銅線などが製造され，鉄道の架線や送電線に利用されている．ただし，被覆材と工具との摩擦発熱のために温度上昇が大きく，安定した接合を得るためには適切な押出し条件が必要である．

2.4.2 接 合 条 件

〔1〕 複合部材の押出し接合条件

健全に接合された複合部材を押出しによって得るためには，心材や外被材の破損があってはならない．そのための因子には内外層材の変形抵抗比，構成材料の体積割合，構成材料間界面の清浄さ，押出し比，ダイス角などがある．

健全な押出し材を得るための必要条件を，エネルギー法[43]，上界法[44]~[46]で求めることができる．着眼点は，押出しの変形域において構成材料間界面のすべりの有無である．心材と外被材の2層からなる複合部材の場合，界面がすべって外層のみが押し出される場合の押出し圧 p_t，心材のみが押し出される場合の押出し圧 p_b，複合部材として一体で押し出される場合の押出し圧 p_c をそれぞれエネルギー法で求める．

健全な複合部材が p_t，p_b より p_c が小さい場合に得られると考えると，**図2.51** の結果が得られる．図（a）は外層材の変形抵抗が心材のそれより大きい場合（外硬内軟複合材），図（b）は外層材の変形抵抗が心材のそれより小さい場合（内硬外軟複合材）で，それぞれ健全に押出しができる最高押出し比を実線で示してある．破線は心材の圧縮降伏応力で欠陥が生じる場合の最高押出し比を示す．

これらの図から健全な複合材を得る条件はつぎのように要約できる．

（**a**） **外硬内軟の場合**　　外層の引張破断で押出し比が制約をうける．構成材料の変形抵抗比が大きくなるほど，押出しがむずかしくなる．健全な部材は構成材料間の摩擦が大きくかつダイスとビレット間のそれが小さい場合に得

84 2. 変形・流動接合

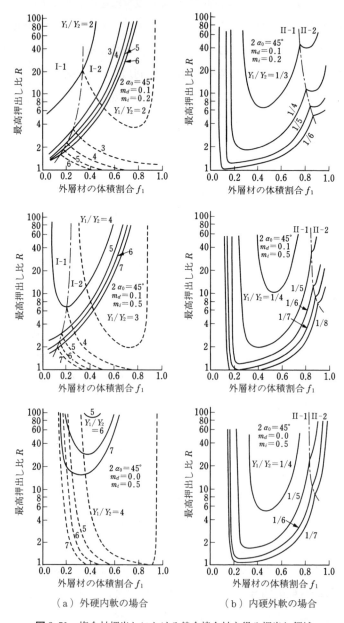

(a) 外硬内軟の場合　　(b) 内硬外軟の場合

図2.51　複合材押出しにおける健全接合材を得る押出し領域

られやすい.

図2.52(a)に外硬内軟の場合の外被材破損例を示す.

(**b**) **内硬外軟の場合** 外被材の圧縮降伏で制限を受ける領域（Ⅱ-1）と心材の引張降伏で制限を受ける領域（Ⅱ-2）がある.変形抵抗比が大きいほど押出しがむずかしい.ダイスとビレット間の摩擦を大きめにすること，構成材料界面の摩擦を大きくすることが健全材を得やすくする.図(b)は心材が引張破断した例で，心材の変形抵抗が大で，その面積比が小さい場合に柿種状になる.心材が破断する直前には周期的にくびれを起こす.また軟質外被材

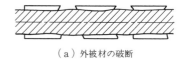
(a) 外被材の破断

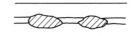
(b) 心材の柿種状破断

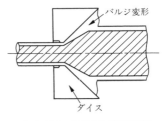
(c) ダイス入口の外被材の変形

図2.52 複合材押出しにおける欠陥の例

の厚みが大きい場合には外被材がダイス入口に滞留し図（c）のようになる.

〔2〕 **複合部材の押出し圧**

押出し接合における複合部材の押出し圧は，つぎの計算式で与えられる[43]．

$$p_c = \bar{Y} \ln R + \frac{2}{\sqrt{3}} \bar{Y}\left(\frac{\alpha}{\sin^2\alpha} - \cot\alpha\right) + \frac{1}{\sqrt{3}} m_d Y_1 \cot\alpha \ln R \quad (2.8)$$

$$\bar{Y} = f_1 Y_1 + f_2 Y_2$$

ここで，p_cは押出し圧，Y_1は外層材の降伏応力，Y_2は心材の降伏応力，f_1は外層材の体積割合，f_2は心材の体積割合，m_dはダイスとの摩擦せん断係数，αはダイス半角，Rは押出し比である.

図2.53に，複合部材の押出し圧と平均硬さの関係を示す.式(2.8)の平均変形抵抗と同様に平均硬さを$\overline{HV} = f_1 HV_1 + f_2 HV_2$で表示すると，押出し圧は次式で与えられることを示す.

$$p_c = a\overline{HV}\ln R + b = a(f_1 HV_1 + f_2 HV_2)\ln R + b \quad (2.9)$$

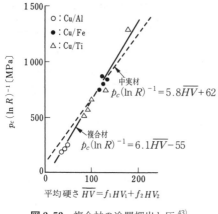

図 2.53 複合材の冷間押出し圧 [43]

ここで，HV_1，HV_2 はそれぞれ外層材，心材の硬さであり a，b はダイス角や潤滑の良否で決まる定数である．

〔3〕 押出し条件と接合状態

健全な押出しは健全な接合材を得るための必要条件ではあるが，好ましい接合になるための十分条件ではない．実用上は押出し条件を選定したうえで，接合強度を求める工夫が大切である．

図 2.54 は冷間静水圧押出しによって得た銅クラッドアルミニウム線の銅剝離面に付着したアルミニウムの状況を観察した結果[43]である．押出し比が大きくなるにしたがって，アルミニウムの付着が多くなっている．十分な接合を行うためには構成材料間の清浄度が重要で，押出し前に酸洗-中和による化学的処理や，ブラッシング，ショットブラストなどの機械的処理，さらには押出し後の拡散接合を促すための熱処理が行われることもある．

図 2.50（c）の方法で，銅被覆超電導線の表面に純アルミニウムを熱間押出し接合[47]した．大気中に放置した銅被覆超電導線をそのままアルミウム被

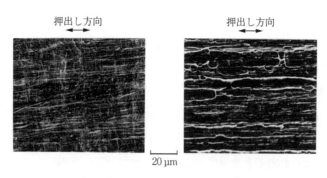

図 2.54 銅被覆アルミニウム複合材の銅剝離面のアルミニウム付着状況（走査電子顕微鏡写真）[43]

覆押出しした場合，界面接合強度は 15 MPa 以下であるが，押出し直前に銅表面をワイヤブラッシングすることで 35 MPa 以上になり，ワイヤブラッシング後放置すると放置時間とともに接合強度が低下する．また接合強度は押出し雰囲気の相対湿度が高いとき，アルミニウムの押出し温度が低いときに低下する．

高温の押出しでは拡散が過剰になって有害な金属間化合物が界面に生成され，接合強度が低下する場合もある．適正な押出し温度の選定が重要である．**図 2.55** はチタンと銅合金の熱間静水圧押出し材の断面である．押出し温度 800 ℃の場合に界面に厚い金属間化合物層が生成されている[48]．これを防止するには押出し温度を低くするか，界面に化合物を生成させない中間材を挿入する．

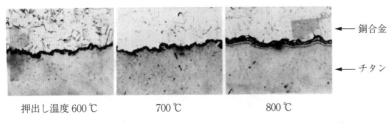

押出し温度 600 ℃　　　　700 ℃　　　　　800 ℃

図 2.55 銅合金/チタン複合材の界面に生成する金属間化合物 [48]

2.4.3 応 用 例

押出しで複合部材を生産する工程の一例として，**図 2.56** にチタンクラッド銅複合材の熱間静水圧押出しを示す[49]．チタン管の内面ならびに，銅表面を研磨することが重要な工程になる．また押出し温度を 700 ℃に選定し，押出し・冷間引抜き後の焼なましに際しては，金属間化合物の生成を抑えるために温度は 600 ℃程度にしている．得られた複合材のせん断接合強度は，120～150 MPa に達している．**図 2.57** にチタンクラッド銅棒の外観を示す．

銅被覆超電導線の製造にも押出しが利用される[50]．**図 2.58** に示すように Nb 心材の表面に銅を被覆押出しをした素線を数十本～数百本組み合わせてさらに熱間押出しを行う．黒鉛を用いた潤滑押出しや熱間静水圧押出しが利用さ

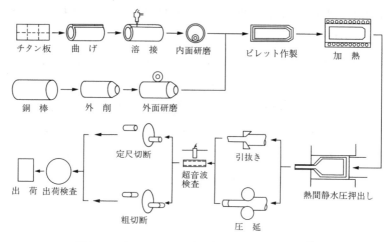

図 2.56 チタンクラッド銅電極棒の製造工程の例[49]

図 2.57 チタンクラッド銅複合材の外観

れるが，超電導線の特性上後者のほうがよいとされている．これは熱間静水圧押出しのほうが，構成材料間の接合が強固で，多心線の変形が横断面内，長手方向のいずれにおいても均一であり，押出し後の引抜きにおいてマルチプルネッキングやセントラルバーストなどの欠陥が生じないためである．

　最近の新素材の発展やニーズの多様化によって複合材も種々開発されている．Fe-Ni 合金/銅複合線や銅/低炭素鋼複合線は電子機器用複合線として，また金合金とチタンの複合線はめがね枠用線材や装飾品用に利用されている[48]．さらにアルミニウム合金型材に補強用鋼線を挿入する熱間押出しをして強化を図った例[51]．ステンレスやハステロイなどの耐食性高合金と炭素鋼の複合棒[52]，管材なども熱間ガラス潤滑押出しで製造される．

金属切削くずやスクラップを溶解せず素形材にリサイクルする方法として熱間押出しなどが用いられ、押出し中に固相接合が施されて線材を製造することが試みられている[53]。

本項では述べなかったが粉末を熱間押出しで固相接合し、溶製材以上の機械的性質を得ること[54]や粒子強化複合材の押出しで新しい機能を創出することなども実行されている。今後も接合の一手段として押出しの活用が期待される。

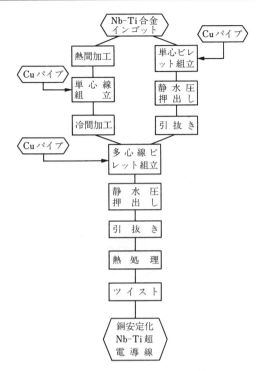

図2.58 超電導線の製造工程[50]

2.5 シェービング接合

2.5.1 接合原理

シェービング接合は異種材を接合するために開発された方法である。基材穴に異種材を押し込んで締結する。基材の下穴を異種材でシェービング（軽度の切削）する動作が基本となるところから、シェービング接合法（shave-joining process）と命名された[55]〜[57]。

シェービング接合の原理を模式化して**図2.59**に実例を、断面写真で**図2.60**に示す[58]。基材穴縁より硬質の異種材の角で、基材穴をシェービングすることで接合が成立する。図は異種材が硬質でまったく変形しないものとして描いている。

90 2. 変形・流動接合

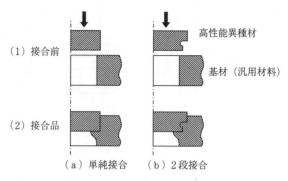

図2.59 単純シェービング接合と2段シェービング接合

（a）単純シェービング接合　　（b）2段シェービング接合

図2.60 異種材シェービング接合部の断面（硬鋼/アルミニウム管）

　図（a）は平坦な異種材プロフィル（側面）による単純シェービング接合で，異種材の角が基材の穴縁を軽切削して切削くずを先端に堆積する．図（b）は段差のある異種材側面の2段シェービング接合で，段差の角が軽切削された穴内面を再び軽切削して，切削くずを段差溝に閉じ込めている．

2.5.2 接合方法

　接合はプレスの一撃で簡単に成立するが，前後に若干の作業がいる．接合の基本手順をつぎに挙げる．
（1）　異種材の接合予定プロフィルを形作る．セラミックスなど機械加工が難しい材料は成形・焼結過程で形成しておく．
（2）　基材に通常の機械加工などで穿孔し下穴をあける．下穴寸法は異種材接合予定部よりシェービング代の分だけ小さくとる．

（3） 穴縁を，例えば高周波誘導加熱，火炎，赤外線などで加熱し軟化する．基材の加熱軟化は必須要件ではないが，多くの場合，接合荷重が下がり，また接合強度に熱収縮による側圧力効果を生じ有利である．

（4） 基材と異種材をプレス機にセットする．基材下穴と異種材突起部の中心合せが重要である．それぞれの周りを工具で拘束する．

（5） プレス機を用いて，パンチの一撃により異種材を穴内に押し込む．

（6） エジェクターでシェービング接合製品を型から抜き出し，適当な方法で冷却する．基材の組織調整が必要でないかぎりは放冷で差支えない．

2.5.3 接合強度の構成

シェービング接合は，基材が押し出されて塑性流動したかのように，軽切削くずの塊が基材内壁と一体化して形成される現象を利用している[59]．そのせん断接合強度（異種材の引抜き強度）P_b は，模式的に式（2.10）のように表される．

$$P_b = K_s(W \cdot L) + F_r + F_a \tag{2.10}$$

ここで，K_s は基材のせん断抵抗（加工硬化分が上積みされる），$W \cdot L$ は総溝幅×輪郭長，F_r は側圧力，F_a は凝着効果である．

各項のうち，第1項の $K_s(W \cdot L)$ 値はほぼ予測可能であるが，第2項と第3項の値は異種材の種類およびシェービング接合の条件で大きく変化する．すなわち接合強度は，つぎの複合要因で構成される．

① **側圧抵抗**　基材の弾性回復が締め付け力を与える．加熱を用いた場合には熱収縮で生じる熱応力もこれに加わる．単純接合では，おもにこれによって接合が成り立つ．接合部品の基材のみが昇温するような特別な使用条件を除けば，側圧抵抗は有効に働く．

② **摩擦抵抗**　異種材プロフィルの粗さが大きければ，接合面で無数の微小かみ合わせが生じて引抜き抵抗を増す．異種材プロフィルは平滑でないほうがよい．

③ **基材のせん断抵抗**　2段あるいは多段シェービング接合では，かみ合いで溝に流入した基材のせん断抵抗が引抜き強度を増す．

④ **界面溶着**　シェービングが創製した新生面は高反応性を持ち溶着（焼付き）を起こす．この効果は，両接合部材が類似する場合には再加熱すると増加できる．シェービングくずが穴内壁に堆積することによる接合界面積の増加も寄与する．

引抜き以外の外力に対する接合強度は，上記のほかに，シェービング輪郭や基材穴のプロフィルなどの形状効果が生じる．

⑤ **形状効果**　押込み強度は，シェービングで形成された穴内壁の段によって異種材が支持されるので，基材の圧縮強度などに依存する．ねじり強度は，接合輪郭を非回転対称にすれば基材のせん断強度などに依存する．いずれも基材強度に帰する．

2.5.4　接合条件と強度

異種材の角は，シェービング刃先として基材穴内面を軽切削するため鋭いほうがよい．刃先角は，穴内壁に堆積したシェービングくずとの接触が増すので基本的に直角がよい．

シェービングの程度（片側削り代）は，実験の結果，1 mm 程度が好ましい[56]．小さすぎると全輪郭で安定したシェービングが行われない．大きすぎるとシェービング力（プレス荷重）を無用に増すだけで，接合部では通常切削や打抜加工のように切削先端で基材に亀裂が発生し，切削くずが脱落したり内壁に残留したりして部材の密着度や接合強度を低下させてしまう．

接合温度がシェービング接合強度に及ぼす影響の例を**図 2.61** に示す[56]．室温の中炭素鋼ディスク（S45C）を，加熱軟化した機械構造用炭素鋼管（STKM13，内径 20.0 mm，外径 30.0 mm，肉厚 5.0 mm）に単純シェービング接合した場合である．シェービング代は 0.6 mm と 1.0 mm の 2 水準とり，電気抵抗炉 20 分保持の基材加熱および接合部品再加熱（接合温度で 20 分保持）で実験している．

2.5 シェービング接合

せん断接合強度は,基材の温度が高くなると徐々に増加し,シェービング代1.0 mmのほうが0.6 mmより高水準になっている.シェービング代1 mmでは,接合強度は900℃で約50 MPaの値を示しているが,接合品全体の再加熱によって界面の溶着が進むことで約170 MPaまで向上している.この値は基材(軟鋼)のせん断抵抗のおよそ70%に当たる.

異種材プロフィルの影響の例を図2.62[58)]に示す.さまざまのプロフィルに機械加工した中炭素鋼ディスク(S45C)を,誘導法で局部加熱した低炭素鋼管(STKM13A)と耐食アルミニウム合金管(A5056)に接合した例である.ローレット加工による摩擦の増加,円弧溝への基材の収縮などによってせん断接合強度が向上するが,2段シェービングが行われる異種材プロフィルの場合に最も高い値になっている.基材がアルミニウム合金よりも低炭素鋼のほうが強度水準は高いが,プロフィル効果

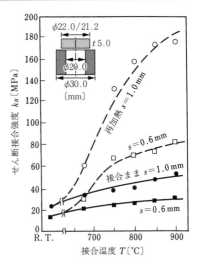

図2.61 シェービング接合部のせん断接合強度に及ぼす接合温度,シェービング代および再加熱の影響(中炭素鋼S45C/低炭素鋼管)[56)]

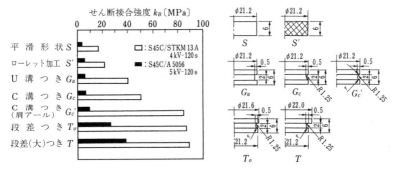

図2.62 中炭素鋼/低炭素鋼および中炭素鋼/耐食アルミニウム合金の接合における異種材プロフィルの変更によるせん断接合強度の改善[58)]

は同様の傾向を示している.

シェービング段数を増すにつれて引抜き時にせん断される突起数が増えるので,接合界面で接合部材がかみ合う効果は大きくなる.ただし,段の輪郭は,2段目以降で削られた金属をU溝に充満するようにし,またU溝の下部は引抜き時にせん断を生じないように傾きと肩半径をつけたほうがよい.

中炭素鋼ディスク(S45C,板厚10.0 mm,溝幅2.0 mm)を耐食アルミニウム合金(A5056,内径20.0 mm)に接合して,段の影響を調べた結果[59]では,図2.63に示すように,1～4段まではシェービング段数が増えるにつれて接合強度が大きくなっている.5段の場合は異種材の段が薄くなりすぎて,シェービング時や取外し試験時の負荷で折損しやすくなるため値が低下しているが,溝幅を小さくするか異種材厚を大きくすれば,さらに向上する可能性はある.

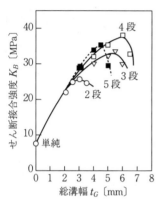

図2.63 シェービング段数の接合強度に及ぼす効果(S45C/A5056)[59]

2.5.5 特徴と適用可能性

シェービング接合の特徴のおもなものを挙げるとつぎのようになる.

(1) 異種材の特性変化をもたらすことなく,金属と他金属,セラミックスやプラスチックと金属,セラミックスとプラスチックの接合が可能である[60].それらの複合材料も例外ではない.管端の封止などにも簡便に用いられるが,新素材や高性能異種材を接合した高機能複合体を容易に実現できる.接合例に硬鋼/軟鋼,鋼/Al合金,鋼/プラスチック,Si_3N_4/S25C鋼,Al_2O_3/Al合金などがある.セラミックス/ステンレス鋼の接合は,回転継手用メカニカルシールの実用例[61]がある.

(2) プレスと局部加熱装置のほか特殊な装置は不要であり,軽設備のうえ,接合作業が簡単で熟練を要しない.基本的には接合助材が介在しな

いので，接合部に生じがちの各種トラブルが大幅に減少できる．

（3） 接合輪郭形状も比較的自由に設定でき，また大型複雑部品の局部への接合も可能である．

（4） 接合強度は，多段シェービング法や再加熱処理の併用により，構成材料なみとなる．

（5） 接合品は，表面性状がほとんど損傷されない．接合温度まで熱安定である．異種金属接触腐食は起こり得るが，接合部の密着度は高く気密性が保証される．

（6） 解除可能な接合として，テーパーねじ（異種材）を基材穴に押し込むめねじ成形接合[62]が成立する．例えばリベットに代わる重ね合わせ接合として提案[63]されている．

（7） トルクのかかる部材の組立にも応用できる．超硬質耐摩耗鋼合金環の内面に硬質突起をつけた鋼管をシェービング接合する組立カムシャフトの実用例[64]がある．

2.6 爆　発　圧　着

2.6.1 原　　　　理

爆発圧着（explosive welding, bonding or cladding，爆発圧接ともいう）は，電磁力を利用する接合法とともに高エネルギー加工に含まれ，爆薬が爆発する際に発生するエネルギーを利用して同種または異種の金属を瞬時に接合する方法である．クラッドによる高級金属の省資源，また複合化により新しい機能を追加し得ることなどから，用途開発と相まってこれによる生産は拡大しつつある．

爆発圧着は，**図 2.64** に示すように爆薬を合せ材の上に均一の厚さに配置し，一端から爆発させていく．爆発の進行（$2\,000 \sim 3\,000$ m/s）に伴って合せ材は，爆発時に発生するガス圧（爆轟圧）により，母材とある角度で衝突する．衝突点では金属が流体的な性質を示す．衝突角が適当な場合，**図 2.65** に示す

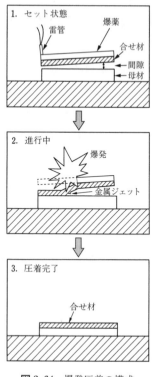

図 2.64 爆発圧着の模式

ように衝突点から合せ材や母材の金属および酸化物，窒化物などからなる表層部が金属ジェットとして飛散し，新鮮かつ清浄な活性金属表面を作る．これにより，それぞれの金属原子は爆轟圧によって原子間引力を生ずるまで接近できる．

接合時に高速度で衝突する金属面には数十〜数百 μm の塑性流動層が生じ，図 2.66 に示すような爆発圧着界面に特有の波模様を形成する．この生成機構は，1) jet indentation mechanism, 2) flow instability mechanism, 3) vortex shedding mechanism[65] などが考えられている．比較的実験と一致する3) の説では，衝突点の後方にカルマン渦列が生じ，波模様が形成されるとする．衝突角を γ，合せ材の板厚を h とした場合，波長 λ は次式にて表され

$$\lambda = 23\, h^{1/2} \cdot \sin^2 \gamma \quad {}^{66)} \qquad (2.11)$$

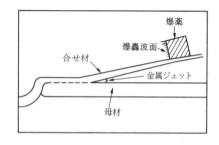

図 2.65 爆着状態（Flash X-ray）[89]

波長は $10^{-1} \sim 10$ mm 程度で任意に変えられる.

爆薬の重要な特性は,爆速(爆轟の進行速度)である.爆速が金属内の音速より大きい場合は,金属内に生じる衝撃波によって接合部に剥離などの不都合を生じることがある.

2.6.2 接合条件

爆発圧着にとって重要な金属ジェットの発生条件はつぎのようになる.衝突角を γ,衝突点の移動速度(爆速)を V_c,金属内の音速を V_m とすると,

図 2.66 接合界面の波模様(Al/Ti/SS:船舶用異材継手断面)

1) $V_c < V_m$ の場合 γ に無関係に金属ジェットを発生.
2) $V_c > V_m$ の場合 γ がある範囲内にあるときのみ金属ジェットを発生.

爆薬の使用料について Addison, Jr. ら[67]は,合せ材と母材の物性,合せ材と母材のセット間隙などを因子とする次式を示している.

$$L \propto (y \cdot e \cdot t^2 / E \cdot d) \cdot \gamma^2 \tag{2.12}$$

ここで,L は接合単位面積当たりの爆薬量,y は合せ材の降伏点,e は合せ材の比重,t は合せ材の板厚,d は合せ材と母材のセット間隙,γ は衝突角,E は母材の弾性率である.

爆薬が,爆轟時に発生する圧力は,数十万気圧に達し次式で表される.

$$p = 1/4 \rho_e \cdot V_D^2 \tag{2.13}$$

ここで,p は爆轟圧力,ρ_e は爆薬の比重,V_D は爆速である.

合せ材が母材に衝突するときに生ずる圧力 p_1 は,衝突速度を V_p,板の音速を c,合せ材の比重を ρ_p とすれば

$$p_1 = \rho_p \cdot V_p \cdot c \tag{2.14}$$

接合に必要なエネルギー E は,Wylie ら[68]により t を合せ材厚さとして,

次式で与えられる．

$$E = 1/2 \rho_p \cdot t \cdot V_p^2 \tag{2.15}$$

図2.67では，上式により接合に必要な下限エネルギーをf, f′線で，またエネルギー上限線をg, g′で表している．斜線部分が適正接合領域（weldability windowと呼ばれている）である．

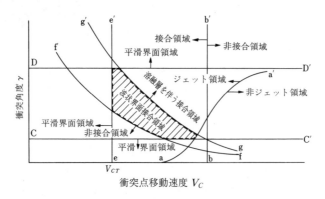

図2.67 爆発圧着の適正接合領域（weldability window）

2.6.3 応 用 例

爆発圧着は，衝突点でごく短時間の温度上昇がみられるが，基本的には冷間圧接に属する．特徴としてつぎの点が挙げられる．
（1） 従来の溶接法で接合が困難な金属対を接合できる．融点，熱膨張率，硬度などに大きな差のある金属間や接合部に脆い合金を生じがちの組合せ，例えば，アルミニウム／鋼，チタン／鋼などでも接合可能である．
（2） 接合界面の波模様は実際の接合界面を増大する．また高温で使用する際に両金属の熱膨張差により生じる熱応力による界面剝離を，機械的に阻止する．
（3） 少量，多品種の複合部材生産に適している．
（4） 板のみならず棒や管状の複合部材，また多層複合や金属箔の接合も可能である．

応用例として，軟鋼にチタン，ジルコニウム，ステンレス鋼などを接合した耐食性クラッド鋼[69]が多く生産され，また，爆発圧着後圧延して幅広，長尺にした爆着圧延クラッド鋼[69),70)]も生産されている．

ステンレスクラッド鋼，チタンクラッド鋼などは原子力‐火力発電復水器，化学反応設備などに用いられる．アルミニウム/銅，アルミニウム/ステンレスなどは，図2.66，**図2.68**のような異材継手として船舶，車両，電解設備，極低温配管などに，また最近はリニアモーターのリアクションプレートとしてアルミニウムクラッド鋼が使用されている．薄板クラッド鋼は，鍋材（**図2.69**），ケミカルタンカー内張り，苛性ソーダ電解複極板などに使用されている．このほか爆発圧着技術は，熱交換器の管と管板の接合，破損管のプラッギング，石油パイプラインの現地接合にも用いられている．

図2.68 極低温用異材継手（5層クラッド）
（旭化成株式会社カタログより）

図2.69 爆発圧着クラッドを使用した鍋
（旭化成株式会社カタログより）

製造可能な寸法は，主として輸送面の制約（陸上トラック輸送）から，コイル状にできる爆着圧延クラッド鋼は例外として，最大で30 m^{2}程度である．素材の厚さについては，母材には制限はなく最大600 mm程度の実績があり，合せ材については1 mmから15 mm程度までクラッドし得る．

なお爆着クラッドの接合強度は大きい．例えば接合面の引張試験では，合せ材または母材のいずれかで破断する．接合強度の評価は，クラッド鋼の試験方法（JIS G 0601）に規定された接合界面のせん断試験による．**表2.8**に測定結

表 2.8 せん断接合強度の例

材質組合せ		せん断強さ MPa〔N/mm²〕	
合　材	母　材	実測値	規格値 (JIS Standard)
ステンレス鋼	炭素鋼	300 ~ 400	Min.200
チタン	炭素鋼	200 ~ 350	Min.140
銅	炭素鋼	150 ~ 200	Min.100
アルミニウム青銅	炭素鋼	300 ~ 400	Min.100
ネーバル黄銅	炭素鋼	200 ~ 250	Min.100
ニッケル合金	炭素鋼	300 ~ 400	Min.200
ニッケル	炭素鋼	300 ~ 350	Min.200
モネル	炭素鋼	300 ~ 400	Min.200
アルミニウム	炭素鋼	50 ~ 100	—

果の例を挙げる.

2.7　電磁力による高エネルギー接合

　電磁力を利用する接合法は，アルミニウムや銅など高導電率の金属材料を，材料内部に生じる衝撃電磁力によって高速変形させ，他方の金属材料などに接合する技術である．この接合法には，金属板どうしの電磁圧接，および金属管の金属棒やセラミック棒への電磁かしめなどがある．

2.7.1　電磁圧接の原理と衝突時間測定および電磁加工回路
〔1〕　**電磁圧接の原理**[71]

　金属薄板の電磁圧接は，**図 2.70** に示されるコンデンサー C に蓄電し，瞬間大電流を流す LCR 放電回路を用いて行われる．圧接コイルは巻き線でなく，クロム銅板から作製された1ターンの平板コイル[71]である．ギャップスイッチ G を閉じると，放電電流（コイル電流）が圧接コイル両側の周辺部（⊙）から細長い中央部（⊗）に集中して流れるため，コイル中央部の電流密度は高くなる．高密度磁束が長手方向（y 方向）の中央部周辺に生成され，可動薄板に交差する．磁束の浸透を妨げるように，放電電流と逆方向の渦電流（⊙）が

2.7 電磁力による高エネルギー接合

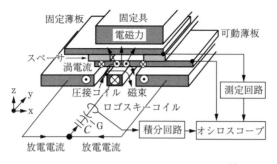

図 2.70 電磁圧接の原理と衝突時間測定[71]

可動薄板に流れる．可動薄板の渦電流密度 i と単位体積当たりの電磁力 f は，式 (2.16) と式 (2.17) で示される．

$$\mathrm{rot}\,\boldsymbol{i} = -\kappa(\partial \boldsymbol{B}/\partial t) \tag{2.16}$$

$$\boldsymbol{f} = \boldsymbol{i} \times \boldsymbol{B} \tag{2.17}$$

ここで，κ および $\boldsymbol{B}$ は可動薄板の導電率および磁束密度である．式 (2.16) の渦電流密度 i の微少分 $\mathrm{rot}\,\boldsymbol{i}$ は導電率 κ と $\partial \boldsymbol{B}/\partial t$ に比例し，式 (2.17) の電磁力 $\boldsymbol{f}$ の大きさは渦電流 i と磁束密度 $\boldsymbol{B}$ に比例する．磁束密度 $\boldsymbol{B}$ の大きさが図 2.70 の放電電流に比例するので，高周波数の大きな放電電流が流れるように LCR 放電回路を構成すれば，大きな電磁力 $\boldsymbol{f}$ を可動薄板に生成できる．

〔2〕 **変 形 断 面**[72]

可動薄板の変形断面は，**図 2.71** のようになる．図 (a) は変形前で，放電電流は流れていない．図 2.70 の放電電流が流れると，電磁力 $\boldsymbol{f}$ によって，コイル中央部上方の可動薄板は間隙内を固定薄板の方向（z 方向）に高速変形する．可動薄板の変形形状は z 軸対称で，中央で凸，両側で凹の半円筒状であり，頭頂部は図 (b) のように固定薄板に最初の衝突をする．

最初の衝突時，2 枚の薄板接触面間の衝突角

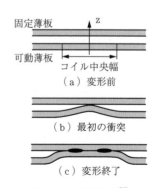

図 2.71 変形断面[72]

度が0°なので，接合に至らない．最初の衝突後，可動薄板がz方向への変形を制限されるため，衝突点はコイル幅方向（x方向）で二つに分かれる．図（b）の可動薄板の未衝突部はxz平面内で高速変形しながら，衝突角度を連続的に増しつつ固定薄板に斜め衝突する．

斜め衝突の過程で，金属ジェット[73]が衝突面から排出されて衝突面は清浄化され，衝撃力と衝突直後から連続的に加わる電磁力によって密着され，2枚の薄板はy方向に沿って2本の線状にシーム接合される[74]．変形終了断面は，図（c）のようになる．z軸対称の2箇所の塗りつぶしは，2本の接合箇所である．

〔3〕 **衝突時間測定**[75]

図2.71（b）の最初の衝突時間は，図2.70の放電電流と衝突時間信号の同時測定系で計測でき，放電電流の立ち上がり時刻が時間基準になる．この電気的な計測法はピンコンタクト法に似た方法で，固定薄板表面がピンに相当する．放電電流はロゴスキーコイルで検出され，積分回路を通ってオシロスコープに記録される．衝突時間信号は可動薄板が変形して固定薄板に最初に衝突した瞬間から現れ，測定回路を通ってオシロスコープに記録される．

衝突時間信号と放電電流の立ち上がり時刻の差が，最初の衝突時間になる．最初の衝突の状態が電気的に保持されるため，検出は1回に限られる．そのため，図2.71（b）以降の衝突点移動に伴う連続衝突の時間は検出できない．

〔4〕 **電磁加工回路**[76]

電磁力による接合法はLCR放電回路を用いるので，図2.71の電磁圧接の原理は**図2.72**の電磁加工回路で表される．電磁加工回路は一次側が放電回路，二次側が可動薄板であり，可動薄板はインダクタンスL_2と抵抗R_2で表される．L_2とR_2は可動薄板の導電率，材質，板厚およびシーム圧接長などで異なる．放電回路のL_rとR_rは配線に伴う残留インダクタンスと残留抵抗であり，電磁加工に寄与しない．L_1は加工コイルのインダクタンスで，可動薄板のL_2と相互インダクタンスMで電磁結合している．Mが可動薄板の変形に伴って変化するため，放電電流Iを正確に知ることは難しいが，線形近似された放電

電流 I は図 2.73 のように正弦波状で減衰する．可動薄板に生成される電磁力は放電電流の 2 乗に比例するので，つねに正である．電磁加工回路を解析すれば，コンデンサー C からのエネルギーの移動を検討できる．

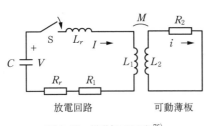

図 2.72 電磁加工回路[76]

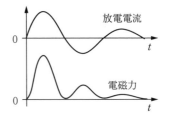

図 2.73 放電電流と電磁力[76]

2.7.2 電磁圧接実験[77]

金属薄板の電磁圧接はアルミニウムどうしや銅どうしなどの同種接合，およびアルミニウムと銅やアルミニウムと鉄などの異種接合が可能である．

〔1〕衝突時間

工業用純アルミニウム板（A1050-H24）どうしの衝突時間測定の結果を図 2.74 に示す．コンデンサー電源容量は 100 μF，放電エネルギーは 2.0 kJ，放電電流の最大値は約 235 kA，放電周期は約 14.2 μs である．残留インダクタンス L_r と R_r は 0.023 μH と 2.9 mΩ である．可動薄板の板厚は，△が 0.6 mm，○が 1.0 mm，□が 1.5 mm および◇が 2.0 mm である．間隙長 d はスペー

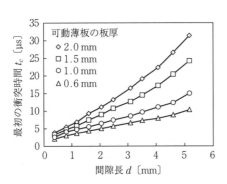

図 2.74 衝突時間と間隙長の関係[77]

サの板厚に相当し，0.38 mm から約 0.4 mm おきに 5.17 mm まで変えられる．

衝突時間の測定はそれぞれの間隙長について 2 回程度行い，平均値を最初の衝突時間 t_c とする．間隙長 d を 0.38～5.17 mm に大きくすると，衝突時間 t_c

は長くなるが比例ではない．t_c が最小と最大の範囲は，0.6 mm 厚で 2.04〜10.32 µs, 1.0 mm 厚で 2.56〜15.00 µs, 1.5 mm 厚で 3.28〜24.20 µs, 2.0 mm 厚で 3.86〜31.40 µs であり，可動薄板の板厚が大きくなると範囲は広くなる．

〔2〕 衝 突 速 度

図 2.74 の衝突時間 t_c が間隙長 d における変形時間であるので，d は変形高さとみなせる．それぞれの間隙長における可動薄板の衝突速度は，図 2.74 の近似曲線を時間微分して求められ，図 2.75 のようになる．

すべての板厚に対し変形速度 v は間隙長 0 mm で 0 m·s^{-1} であるが，間隙長 0.38 mm で 170 m·s^{-1} を超え，最大値に達した後に低くなる．間隙長 0 mm の 0 m·s^{-1} を除き，間隙長 4.6 mm までで，可動薄板の変形速度がおよその最小

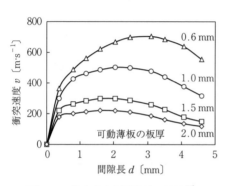

図 2.75 衝突速度と間隙長の関係[77]

と最大の範囲は，板厚 0.6, 1.0, 1.5 および 2.0 mm に対し，それぞれ 360〜700, 300〜500, 150〜300 および 120〜220 m·s^{-1} である．

板厚が大きくなると，最大速度と最小速度が低くなり，それぞれの板厚における速度差は小さくなる．

〔3〕 圧接板のせん断荷重

図 2.76 は圧接板分割片のせん断荷重 P_a と間隙長 d の関係を示している．P_a は圧接板中央部 3 片の最大荷重の平均値である．圧接板の接合強度をせん断荷重 P_a で評価する．記号 △，○，□ および ◇ は 0.6 mm 厚から 2.0 mm 厚に対するせん断荷重を示し，かつ

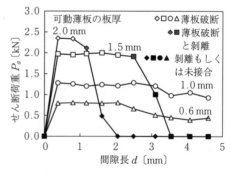

図 2.76 圧接板のせん断荷重

2.7 電磁力による高エネルギー接合

可動薄板の破断を意味する.

$P_a \neq 0$ の塗りつぶし印■と◆は接合面剥離を, $P_a = 0$ の塗りつぶし▲, ●, ■ および◆は未接合を意味する. 間隙長 0 mm は 2 枚の薄板の密着であり, すべての板厚で未接合であるが, 間隙長 0.38 mm の圧接板分割片はすべての板厚で薄板破断であり, 間隙の効果[75]が現れている.

0.6 mm 厚と 1.0 mm 厚の圧接板は間隙長 d が 0.38 mm から 4.60 mm の広い範囲で薄板破断であり, 圧接板は強く接合される. また, 間隙長 d が 0.38 mm 以上で, 未接合が始まる間隙長は板厚によって異なる. 1.5 mm 厚の圧接板は間隙長 d が 3.53 mm 以上で未接合に, 2.0 mm 厚の圧接板は d が 2.04 mm 以上で未接合になる.

放電エネルギーが一定の場合, 板厚の増加で接合可能な間隙長範囲は狭くなる. 圧接板のせん断荷重は可動薄板の厚さ, すなわち質量の影響を強く受ける.

〔4〕 **圧接板の接合性**

図 2.77 は圧接板のせん断荷重 P_a と最初の衝突速度 v の関係を示している. P_a は図 2.77 の, v は図 2.76 の数値である. P_a は 2 本の破線で 3 領域に分けられ, 最初の衝突速度 v の増加とともに未接合, 境界, 接合の領域へ移行する. 境界領域には薄板破断, 接合面剥離および未接合が混在する. 接合領域では各板厚の P_a が v に依存して分布している. したがって, 最初の衝突速度は電磁圧接板の接合性に影響を及ぼす主要な因子である.

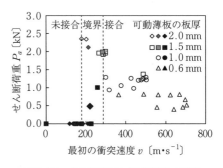

図 2.77 せん断荷重と衝突速度の関係

2.7.3 電磁かしめ[78]

1 ターンの平板コイルを用いる電磁圧接では, 金属とプラスチックの接合はできない. 金属管を対象にする場合, 巻き線形の円筒形ソレノイドコイルと磁

束集中器を用いて金属管をプラスチック棒にかしめる，電磁かしめができる．

電磁かしめは，電磁圧接と同様にコイル側の金属管を電磁力によって縮管変形させて行われる機械的接合法である．プラスチック棒でなく金属棒にもかしめられる．電磁加工回路は，電磁圧接と同じく図2.72である．巻き線形コイルを使用するので，図2.72のコイルインダクタンス L_1 が大きくなって放電電流が小さくなる．強くかしめるには高エネルギーの電源装置が必要である．

2.8　その他の変形流動接合

2.8.1　超塑性接合

〔1〕　は　じ　め　に

1960年代後半から超塑性の特徴を生かした種々の接合技術が開発されている[79]．端緒は航空機用 Ti 合金部品に SPF/DB 法と呼ばれる超塑性成形・拡散接合法である．

接合技術に対する超塑性のおもな役割は，① 変形抵抗が小さいことによる接合圧力の低減，② 優れた塑性流動性による密着性の向上，③ 拡散接合性の向上，④ 塑性流動による異種材料との機械的な接合などである．

超塑性を利用する接合方法は，固相状態で成形と接合を同時もしくは連続的に行うことができ，また機能性を付与できるという特徴がある．接合条件や接合強度が材料の超塑性特性に依存しており，性能の向上には接合に適する素材と接合方法の開発が望まれる．従来の超塑性材料は，超塑性を発現するひずみ速度が $10^{-4} \sim 10^{-2}$/s と小さかったが，10^{-1}/s 以上のひずみ速度でも超塑性が発現するアルミニウム合金が開発されており，応用が期待される．

〔2〕　接　合　技　術

これまでに開発された接合技術を，応用分野から機能材料と構造材料に，接合の機構から機械的接合と化学的接合に大別し，用途を整理すると**図2.78**のようになる．

（a）　**超塑性挙動の影響**　　一般に微細結晶粒超塑性材料では，結晶粒径

2.8 その他の変形流動接合

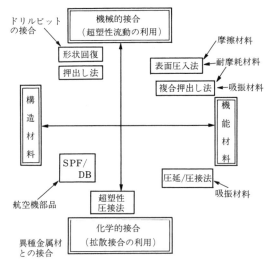

図2.78 超塑性接合の分類

が微細なほど変形抵抗が小さい．Ti-6Al-4Vの超塑性特性[80]も同様であり，これを拡散接合した場合の接合強度も，**図2.79**のようにα相の結晶粒径2～3 μmの微細粒（受け入れ材）のほうが平均結晶粒径8 μmの焼なまし材よりも高い値が得られる[81]．また2相ステンレス鋼25Cr-7Ni-3Moどうしの接合では**図2.80**に示すように，超塑性伸びが大きいほど短い時間で接合が行われて

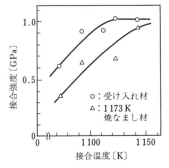

図2.79 Ti-6Al-4Vの拡散接合（加圧力2 Mpa，接合時間600 s)[81]

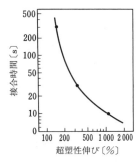

図2.80 2相ステンレス鋼の接合性に及ぼす超塑性伸びの影響（1 373 K，$\dot{\varepsilon}=2.08\times10^{-3}\mathrm{s}^{-1}$)[82]

いる.塑性流動性に優れていることが,接合界面における密着性を向上させると考える[82].

(b) **表面清浄の影響** 超塑性材料は,塑性流動性に優れているので界面の凹凸が多少大きくても接合強度に及ぼす影響は少ない.その程度は材料塑性によって異なる.2相ステンレス鋼25Cr-7Ni-3Moどうしの接合強度は約800 MPaであるが,この値は鏡面仕上げから100 µm程度の表面粗さまで影響されない[82].これに対しTi-6Al-4Vの接合強度は,エメリー紙400番仕上げの場合600番仕上げに比べて30%低下する[81].

〔3〕 応 用 例

(a) **鍛造の利用** 冷間圧接と同様に超塑性条件下で据え込むことによって接合できる.変態超塑性・動的超塑性を利用し一定の応力下で温度サイクルを付加することによって純鉄,共析鋼,純アルミニウムなどの材料で圧接が試みられている[83].またZn-22Al合金どうしの接合例[84]では,523 KのArガスまたは大気中において98%の圧下率を与え,母材強度の95%に相当する205 MPaの接合強度を得ている.接合後に653 Kで1時間の熱処理を加えると,接合強度は360 MPaに上昇する.

(b) **圧空成形の利用** 超塑性薄板は圧空成形が可能である.SPF/DB(superplastic forming/diffusion bonding)は**図2.81**に示すように,接合させたくない場所に接合抑止材をのせ,超塑性温度域で圧空成形して外形を作り,加圧保持することで接触面を拡散接合する.**図2.82**に,従来16部品500リベットから構成されていたドアパネルを2枚のTi-6Al-4V板を用いて1 173～1 193 Kで一体化成形に成功した試作例を示す[86].

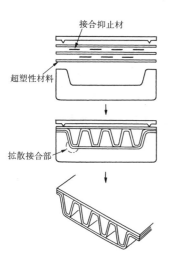

図2.81 SPF/DB法[85]

2.8 その他の変形流動接合

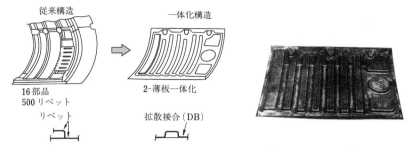

図 2.82 ドアパネルの現構造と SPF/DB 一体化構造案と試作例[86]

2.8.2 振動熱接合

低熱伝導率・低熱軟化点をもつプラスチックおよびその複合材料は，局所的に繰り返し変形加工を施すことにより局所的に熱軟化し溶融状態になる．その領域を流動成形して，接合を達成する方法が振動熱接合である．

図 2.83 に振動熱接合の各種加工形態を掲げる．図（a）～図（c）は，せん断加工に基づいて展開された接合方法で，せん断分離過程で新たに生成する熱軟化切口面どうしが接し，かつ機械的かみ合いによって相互の接合を達成する．図（d），図（e）は流動成形を接合の基本とする方法で，流動過程にお

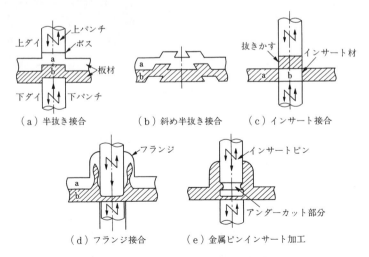

図 2.83 振動熱接合の各種加工形態

いて相互溶融を促進するとともに，接合界面の面積を拡張したり，アンダーカット部などの機械的かみ合い効果を実現している．

振動熱接合は，その方法単独では高い接合強度を得る条件が限定的である．そのため，4.6節で述べる超音波接合と併用して利用したり，あるいは超音波接合では適用が困難な大型プラスチック部品の場合などに限定して用いられる．

2.8.3 半溶融バルジ接合[87]

金属の半溶融状態は，金属結晶サイズでの液相と固相の2相からなる状態であるため，全部が固相の固体や全部が液相の溶湯とは違う特性を持つ．その特性の一つに，硬さ（軟らかさ）がある．金属の半溶融状態は液相と固相の量比により，粘性流体の様から木材やプラスチックの様まで幅広い硬さ特性を持つ．半溶融バルジ接合は，基材の半溶融状態の硬さを利用し，被接合材（線材等）の先端部をバルジ変形させ，接合を図る方法である．図2.84に接合方法を示す．

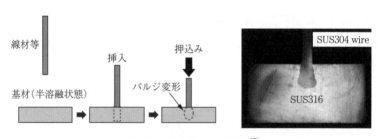

図2.84 半溶融バルジ接合[87]

まず基材を半溶融状態にし，接合させる線や棒を基材に挿入する．基材の適当な半溶融状態，例えれば固相率が40～60％の状態は粘土のような硬さになる．そのため，被接合材となる線材のような細物・薄物でも座屈することなく容易に基材に挿入することができる．挿入された棒や線の先端部は基材からの入熱により軟化する．線材の軟化を見計らって押込み力を加えることにより，線材の先端部がバルジ状に変形する．半溶融バルジ接合の基材には半溶融温度範囲が広い高合金材料が一般に適する．

図には，SUS316の基材を半溶融状態にし，直径3 mmのSUS304の線材を挿入した実例を示す．線材の先端部がバルジ変形しているため抜ける心配がなく，確実な接合が達成できる．

2.8.4　半溶融圧接[88]

板・棒・管の金属基材表面にフランジやボスを半溶融圧接により接合する．**図2.85**（a）には，半溶融圧接により棒や管の基材にフランジを接合させた模式図を示す．基材にボスやフランジを接合する方法としては，一般に溶接がある．溶接は接触面の周辺部を溶融して接合する方法であり線接合となるのに対し，半溶融圧接は接触面全域の拡散接合が主である面接合となる．

半溶融圧接法を具体的に以下に説明する．金属板・棒・管などの基材表面に，ボスまたはフランジとなる接合部材を金型に納め組み立てる（図（b）参照）．誘導加熱あるいはガスバーナ等の加熱手段により，接合部材を半溶融

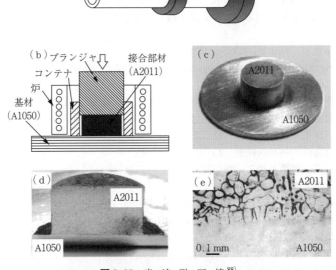

図2.85　半溶融圧接[88]

状態にする．その際，接合部材と基材との接合面には酸化皮膜を除去する目的でフラックスを塗布しておく．適当な半溶融状態に達した後，圧縮工具を使い接合部材を基材に対し加圧する．

図2.85（c）は，直径80 mm，厚さ3 mm のA1050 の基板にA2011 をボスとして半溶融圧接した例を示す．薄い基板に厚肉のボスを溶接することは熱ひずみのため基板が変形し困難である．半溶融圧接法では，溶接に比べ低い温度であるため，熱ひずみが少なく，薄い基板に対しても厚肉のボスの接合ができる．また接合周辺部は溶接時に発生するビードもなく，美麗に接合される．

図（d），図（e）はボスと接合境界を含む基板断面の様子を示す．両部材の接触部には接合欠陥（未接合部）や反応相はみられず，良好な接合が達成されている．

引用・参考文献

1) 木下孝一：日経メカニカル，113 (1982)，110.
2) 田端強・真崎才次：塑性と加工，**26**-290 (1985)，267-271.
3) 城田透・田頭扶：塑性と加工，**24**-264 (1983)，53-58.
5) 田中良平監修：新素材/新金属と最新製造加工技術，(1988)，440，総合技術出版
6) 山路賢吉：軽金属，**23**-2 (1973)，87-97.
7) Weisert, E. D. et al.：Superplastic Forming of Structural Alloys, eds by N. E. Paton & C. H. Hamilton, (1982), 273.
8) 浅沼博・広橋光治・河合栄一郎：塑性と加工，**27**-309 (1986)，1192.
9) 木村南：プレス技術，**25**-10 (1987)，55-60.
10) 町田輝史：塑性と加工，**28**-322 (1987)，1158-1165.
11) 横井秀俊：プレス技術，**25**-10 (1987)，41.
12) 城田透：塑性と加工，**28**-322 (1987)，1173-1180.
13) 木内学：塑性と加工，**28**-322 (1987)，1166.
14) 近藤一義：昭51 春塑加講論，(1976)，213-214.
15) Bay, N.：Trans. ASME, J. Eng. Ind., **101**-2 (1979), 121.
16) 中村保，近藤一義：塑性と加工，**28**-322 (1987)，1150-1157.
17) Andreasen, P. et al.：Proc. 4th ICPE, (1980), 793.
18) 橋本達哉，田沼欣司：溶接学会誌，**41**-1 (1972)，19-27.

引 用 ・ 参 考 文 献

19) McEwan, K. J. B. et al.：Brit. Welding J., **9** (1962), 406.

20) Vaidyanath, L. R. et al.：ibid., **6** (1959), 13.

21) Cave, J. A. et al.：J. Inst. Met., **101** (1973), 203.

22) Wright, P. K. et al.：Met. Tachnology, (1978), 24.

23) Sherwood, W. C. et al.：J. Inst. Met., **97** (1969), 1.

24) Clemsensen, C. et al.：Metal Construction, (1986), 625.

25) McEwan, K. J. B. et al.：Brit. Welding J., **9** (1962), 29.

26) 森順平ほか：第 65 回 塑加連講論 (2014)，95-96.

27) 福田隆・斎藤康信：塑性と加工，**44**-512 (2003)，14-19.

29) Russel, R. F.：Mat. Eng., **81** (1975), 48.

30) Bay, N.：Metal Construction, (1986), 486.

31) 中村雅勇：昭 59 春塑加講論，(1984)，151-152.

32) 広田健治・北村憲彦・鵜飼須彦・松永敬一：ねじり強度を重視した軸と円盤部材の塑性流動結合，塑性と加工，**52**-603，(2011)，429-433.

33) 江上保吉・丹治亨：複合カムシャフトの接合技術，塑性と加工，**52**-603，(2011)，439-442.

34) 花見慎司・松本良・小坂田宏造・吉村豹治：フランジ付き軸部品の植込み接合法の開発，塑性と加工，**49**-567，(2008)，316-320.

35) 金丸尚信・東海林昭・立見榮男・神山高樹・佐用耕作：メタルフロー（塑性流動結合法）の研究と応用製品開発，日立評論，**64**-2，(1982)，147-152.

36) 村上碩哉・西川翔一郎・金丸尚信：硬質軸と硬質円盤の塑性流動結合法における結合強度構成要因の検討，平 21 年春塑加講論，(2009)，307-308.

37) 村上碩哉：異種材料接合，日経 BP，(2014)，165-183.

38) 村上碩哉・大津英司・金丸尚信：電気機器における構造締結技術，平 9 年春塑加講論，(1997)，237-238.

39) 村上碩哉・川目信幸・鈴木行則・和田部雅司：アルミニウムダイカスト部品と鋼軸の塑性流動結合技術，65 回塑加連講論，(2014)，81-82.

40) 日経 BP 社編：鋼にアルミダイカストを塑性流動，締結要素をなくして質量を18％低減，日経ものづくり，(2014)，37-39.

41) 薄井雅俊・白寄篤・奈良崎道治・村上碩哉・川目信幸・鈴木行則：専用パンチを必要としない塑性流動結合法の基本特性，塑性と加工，**55**-640 (2014)，456-460.

42) 星野倫彦ほか：62 回塑加連講論，(2011)，255.

43) 山口喜弘ほか：塑性と加工，**15**-164 (1974)，723-729.

44) Osakada, K. et al.：Int. J. Mech. Sci., **15** (1973), 291.

45) Avitzur, B.：Wire J., **8** (1970), 42.

46) 松浦祐次ほか：鋳研報告，No.28 (1973)，1.

47) 福塚淑郎ほか：R & D　神鋼技報，**34**-3 (1984)，39.

48) 松下富春ほか：R&D 神鋼技報, **35**-4 (1985), 117.
49) 松下富春・野口昌孝・有村和男：材料, **37**-413 (1988), 107-113.
50) 参木貞彦ほか：塑性と加工, **23**-260 (1982), 909-914.
51) 小林啓行・斉藤勝義・渡辺捷充・細矢正好・飯田晃万：金属会報, **23**-6 (1984), 532-534.
52) Farag, M. M. et al.：Hot Work Forming Process, (1980), 239.
53) 高橋俊郎・森田茂・中村勝彦：軽金属, **26**-6 (1976), 261-265.
54) Aslund, C.：Industrial Heating, (1982), 22.
55) 町田輝史：溶接技術, **32**-8 (1984), 39.
56) 町田輝史：塑性と加工, **28**-322 (1987), 1158.
57) 町田輝史：日本複合材料学会誌, **15**-1 (1989), 29.
58) 町田輝史ほか：軽金属溶接, **28**-3 (1990), 97.
59) 町田輝史ほか：塑性と加工, **34**-391 (1993), 938.
60) 町田輝史：軽金属溶接, **35**-4 (1997), 147.
61) 菅野恵介ほか：塑性と加工, **40**-460 (1999-5), 83.
62) 町田輝史ほか：塑性と加工, **46**-537 (2005), 1004.
63) 町田輝史ほか：塑性と加工, **47**-5 (2006), 373.
64) 江上保吉ほか：塑性と加工, **38**-441 (1997), 941.
65) Blazynsky, T. Z.：Explosive Welding and Compaction, (1983), 206, Applied Science Pub.
66) 恩澤忠男：アマダ技術ジャーナル, **17**-14 (1988), 2728.
67) Addison, Jr., H. J. et al.：Army Res. and Dev. News Magazine, (1968).
68) Wylie, H. K. et al.：Proc. 3rd Int. Conf. of Center for HERF, Univ. of Denver, Colorado, (1971).
69) JIS G 3601 ステンレスクラッド鋼, JIS G 3602 ニッケル及びニッケル合金クラッド鋼, JIS G 3603 チタンクラッド鋼, JIS G 3604 銅及び銅合金クラッド鋼.
70) 日本高圧力技術協会：HPIS B 111 (1982), 薄板ステンレスクラッド鋼.
71) 相沢友勝：Al/Fe 薄板の電磁シーム溶接法, 塑性と加工, **44**-512 (2003), 957-959.
72) 岡川啓悟・山岸弘幸：電磁圧接における衝突速度と衝突点の移動速度の関係, 64 回塑加連講論, (2013), 67-68.
73) 渡邉満洋・熊井真次・岡川啓悟・相沢友勝：超高速動画撮影による電磁力衝撃圧着過程のその場観察, 溶接学会全国大会講演概要集, 第 82 集, (2008), 122-123.
74) 相沢友勝・岡川啓悟：金属薄板の電磁圧接, 塑性と加工, **52**-603 (2011), 424-428.
75) 岡川啓悟・相沢友勝：電磁シーム溶接における間隙の効果, 塑性と加工, **47**-546 (2006), 632-636.

76) 岡川啓悟・石橋正基・相沢友勝：電磁圧接回路におけるインダクタンスの影響，塑性と加工，**53**-616 (2012)，462-466.

77) 石橋正基・岡川啓悟・桃沢栄基：電磁圧接板の接合性に及ぼす衝突速度および衝突時間の影響，塑性と加工，**57**-664 (2016)，457-461.

78) 佐野利男・高橋正春・村越庸一・寺崎正好・松野健一：電磁力による金属管とセラミックス棒の接合，塑性と加工，**28**-322 (1987)，1192-1198.

79) 超塑性研究会：超塑性と金属加工技術，(1980)，日刊工業新聞社.

80) Hamilton, C. H. et al.：Proc 4th. Int. Conf. Ti, (1980), 1001.

81) 圏域敏男・池内建二・秋川尚史・伊藤誠：日本金属学会誌，44 (1980)，659-664.

82) 小溝裕一・前原泰裕：鉄と鋼，74 (1988)，1657-1664.

83) 井口信洋：機械の研究，38 (1986)，640-646.

84) 大下隆章・若井史博：日本金属学会誌，49 (1985)，552-557.

85) Weisert, E. D. et al., eds by N. E. Paton & C. H. Hamilton：Superplastic Forming of Structural Alloys (1982), 273.

86) 大隅真・高橋明男・清水正治・都築隆之：三菱重工技報，20 (1983)，65-75.

87) 木内学・柳本潤・杉山澄雄：半溶融接合に関する研究8（ステンレス鋼基材と同線材等との半溶融接合），平12年春塑加講論，(2000)，279-280.

88) 木内学・柳本潤・杉山澄雄：半溶融接合に関する研究9（板・棒・管材へのボスならびにフランジの接合），第51回塑加連講論，(2000)，427-428.

89) 野村順一：塑性と加工，**25**-283 (1984)，680-686.

3 構造締結と弾性締結

3.1 構造締結

3.1.1 構造締結の特徴と分類

〔1〕 構造締結とは

　構成する部品の数が増すにつれて，その製品は高度になり果たす機能も徐々に向上する．部品の集まるところ，接合が必ず介在する．構造締結はほとんどの場合，分解することを考慮しない結合に第三の部材，いわゆるボルトやリベットあるいは接着剤などを使用せず，接合すべき部材どうしを直接塑性加工することで一体化するものである．一般にやり直しがきかないので，正しい位置決めと正しい加工がなければ，精度のよい構造締結は行えない．

　塑性加工を利用するために高速で行える特性を有しており，多くのプレス加工品の組立に利用されている．構造締結の典型的例として，**図3.1**は自動車用ドアのサブ組立品である．自動車ドアの部品構成は，単品グループ（ドアの

図3.1　自動車用ドアのサブ組立品

外板（アウターパネル），ドアの内板（インナーパネル），補強ビーム（横衝突安全対策のビーム））とサブユニットグループ（ドアロックサブユニット，ウインドーレギュレーターサブユニット）に分けられる．

インナーパネルのドア内部となる側に各サブユニットをスポット溶接してインナーパネル組立品とし，アウターパネルと一体化される．アウターパネルの外周はL形にプレス加工されシール剤を塗布（ロボットなどで自動的に行う）したのち，内側にインナーパネルを位置決めし，ヘミング結合する．

構造締結は熱を加える必要がないという利点がある．一般にプレス加工品は不均一ひずみを受け，残留応力が場所によって異なっている．したがって，材料の剛性で見掛け上安定しているが，穴をあけたり，熱を加えることによって形状が変化し，製品精度が損なわれる．この成形精度，サブ組立精度の不良によりロボットなどを用いる自動組立が不能になることもある．さらに，熱を加えることにより，プレス加工で得た加工硬化が減少したり，逆に高張力鋼板などでは部分的硬さ上昇・延性低下による材料割れの原因ともなる．

構造締結は，材料の曲げ，つぶし，より，せん断，張出しなどの方法を用いるので，どちらかといえば薄板（一般的には2mm以下）の結合に適しており，厚板の場合は制約が多い．しかし，塑性加工利用の締結は確実で，非切削加工による製造コストの低下を実現し，軽量化にも役立つので，今後は異種材間，特に金属とプラスチックとの締結に多用されよう．また，板金製品に限らず，鍛造製品への応用や切削部品との接合，ほかの接合との組合せなど，ますます必要性が高まるであろう．

〔2〕 分　　　　類

各種の接合加工法における構造締結の位置づけを**表3.1**に示す．この表のほかにもつぎのような特徴を有する．

1）結合部に凹凸が少なく外観上も優れている．2）結合のための加工が単純である．3）結合力が加減できる．4）加工硬化によって強度が向上する．5）折曲げ締結の場合は板厚の増大によって，剛性が向上する．6）締結部が微小振動を摩擦によって吸収するため，振動の抑制にも役立つ．

3. 構造締結と弾性締結

表 3.1 薄板（板厚 2 mm 以下）の接合品を得る手段

加工法	薄板の部品	熱ひずみを きらう部品	部品の 高精度化	小物部品の 加工	複雑形状品	構造締結 への利用
鋳　造	×	×	×	×	×	
鍛　造	×	×	×	×	×	
溶　接	△	×	×	×	×	
圧　接	△	△	×	×	×	
圧　入	△	△	△	△	×	○
ボルト締め	△	○	△	×	△	
接　着	○	○	△	×	○	
リベット止め	○	○	△	×	×	
挟む，押える	○	○	×	△	△	○
からませる	△	○	×	○	×	○
モールド	○	×	△	△	△	

○：特に制約なし，△：制約あり，×：不可

　構造締結の典型例を**図 3.2** にあげる．図 (a) は曲げや折曲げ加工の利用，図 (b) は圧入加工の応用，図 (c) はバーリングや圧造の利用，図 (d) は収縮の利用による締結である．この中で，図 (b) および図 (d) は接合時の変形量が少ないこともあって，分解と再組立が可能である．

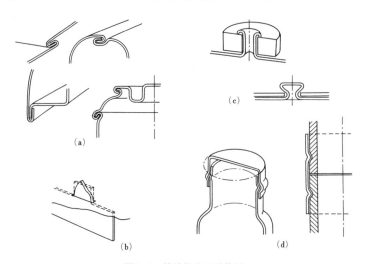

図 3.2 締結部分の形状例

　構造締結の加工法を**表 3.2** に，構造締結の機能評価を**表 3.3** に掲げる．また，**図 3.3** は，構造締結の利用分野を示す．折曲げ締結はシール性に優れて

3.1 構造締結

表 3.2 構造締結の加工法

締結法＼加工応用	フランジ曲げ，折曲げ	圧造	張出しバーリング	同時せん断	より	収縮加工
折曲げ締結	○					
かしめ締結		○	△			
より合せ締結					○	
せん断接合				○		
張出し接合			○			△
その他の接合						○

表 3.3 構造締結の機能評価

	折曲げ締結	かしめ締結	より合せ締結	せん断接合	張出し接合	収縮結合
シール性（気体，液体）	○	×	×	×	×	○
分離・再組立	×	×	○	×	×	△
がたを許容しない部位	○	○	×	○	○	△
侵入圧力（内圧，外圧）	○	×	×	×	×	○
接合と加工の同時性	○	○	○	○	○	○
接合後の精度維持	○	○	×	○	○	△
接合部の平坦性	○	△	×	×	△	△
接合の手加工	△	△	○	×	×	×
非金属材との接合	○	△	×	×	×	○

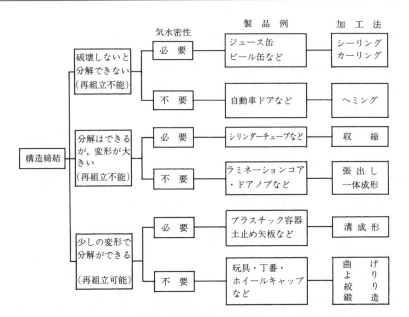

図 3.3 構造締結の利用分野

いるが，内圧力がかかったり，食品のように外部からのガス類の微量侵入も許容されない場合には軟質のシール材を挟んだり，塗付したりすることもある．

〔3〕 適 用 材 料

構造締結は塑性加工に用いられるほとんどの材料に対して行うことができる．しかし，締結力の維持は材料のスプリングバック力に依存するので，弾性域のほとんどない材料やクリープしやすい材料に対しては，接合力の低下も考慮しなければならない．一般に鋼，アルミニウム，銅合金で，一部にプラスチックも利用される．

3.1.2 構造締結の応用と選択[1]

構造締結の選択上のポイントは，つぎのようになる．

（**a**） **気密が必要な場合**　　発生する内圧または外圧以上に接合強度を高めるとともに，接合部の隙間を防止するため材料間の密着度を高めたり，シール剤の挟み込みも必要になる．内圧は，材料の弾性変形分，接合部を広げるように作用し，内圧の脈動がある場合にはいっそう微動錆（さび）を発生し，シール性が低下するので，金属どうしの接触は避けたほうがよい．

（**b**） **水密が必要な場合**　　液体は気体より粘度が高いので，微小隙間があっても漏れにくい．しかし，自動車ドアの折曲げ締結のように水が折曲げ部に侵入して腐食を引き起こすので，シール剤などの塗布が必要な場合もある．

（**c**） **分離または解体・再組立が必要な場合**　　原則的には弾性変形の利用による接合となるが，締結のための変形量が少ない場合には逆の変形を与えても破壊することなく，分解が可能である．しかしその分，締結力も弱くなるので，組立後のずれや精度低下をきらう場合は利用できない．

（**d**） **締結部の微動錆の防止が必要な場合**　　微動錆は材料間で微小量のずれが繰り返し生じることによって発生する．接合強度の低下，シール性の劣化，剝離した錆微粉の容器内への混入など悪影響がある．接合材料間の接触を避けることの効果が大きいので，シール材などの挟み込みをするか，接合力を強化して材料間の微小ずれが起きないようにすることも必要である．

（e） 締結部に繰返し応力がかかる場合　モーターコアやトランスコアに利用する張出し締結部の磁気ひずみやシリンダーチューブの収縮締結部の膨張・収縮のように，交番応力が作用する場合には疲労に対する注意が必要である．

（f） 締結加工力による材料のずれを防止しなければならない場合　締結時の部材相互の位置関係は製品精度に影響する．折曲げ締結の場合には折曲げ力と反力のバランスがとれるように治工具を設計するか，パイロットなどによる強力な位置決めをしつつ接合する必要がある．大きすぎると余分な変形を材料に与え，締結後にひずみを生ずることもあるので，締結加圧力を一定に保つことも必要である．また，材料板厚のばらつきも悪影響するので，均一な板を用いるか，金型などに板厚ばらつきの逃げを設ける必要がある．

3.2　各種構造締結

3.2.1　折曲げ締結

折曲げ締結は構造締結の中で最も利用分野が広く，自動車，電器製品，住宅機器，各種工業用製品に利用されている．

図3.1に示した自動車ドアは寸法の大きいほうに属し均一性を要求されることから工場生産されるが，トタン屋根，雨樋，厨房の壁などに用いる板金製品の中には建築現場など工場外で手工具を使って加工されることも多い．

〔1〕　**原理と特徴**

典型的な折曲げ締結断面を**図 3.4**[2)]に示す．図では板合せの理解のために板の間をあけているが，実際はずれのないように強固に結合されており，ときには密封機能も果たす．

折曲げに必要な荷重は曲げ加工の計算式がそのまま利用できる．最後のきめ押し力はプレス加工でいうリストライクと同様の軽い圧印に近くなるので，面圧 100 MPa 程度の圧印として計算すべきである．なお，曲線折曲げの場合板の重なりあるいはしわの発生によって，部分的に荷重が高くなり，ほかは結合不十分となる場合があるので試し打ちが必要である．また，成形機や金型の精

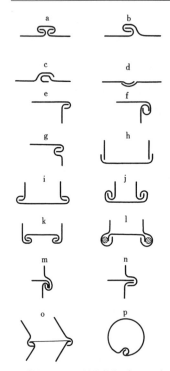

a：輪継目，b：折込輪継手，c：半折込継目，d：重ね溝継目，e～l：底継目，m, n：中間継目または膜板，o：ひじ継目，p：折込管継目

図 3.4 折曲げ締結の断面形状例[2]

度が締結の均一性に大きく影響する．

加工工程を図 3.5 に示す．予備成形による曲げ箇所が加工硬化しているので，二次曲げの際，曲げ位置が変わって寸法精度を悪くすることに注意しなければならない（図 3.6）．

これを防ぐ一つの方法を図 3.7[3]に示す．図（a）は自動車ドア，図（b）は曲げ応力を集中させ折り線を確保するために板厚をわずかに薄くする状況，図（c）は折曲げ後の断面を示す．この方法によれば折曲げ部が大きな円弧にならず，鋭い曲げ部が得られ，製品外観の向上にもなる．板厚減少の工程は予備曲げの最終段で金型によって圧印することでも行えるので，別工程は必要としない．

特徴につぎの点を付け加えることができる．

（1） 折曲げ部材は金属材料であるが，熱を使わない締結であるから相手部材には非金属も用いられる．

（2） 板厚の 1/2 の曲げ半径での 180°曲げなので，延性のある材料でないと，外表面に割れを生ずることもある．この場合は曲げ半径を大きめにして，L 形曲げ先端部分で相手部材を押えるようにしなければならない．

（3） 対辺同時あるいは全周同時に二次曲げをするとき，内側に金型が入らないことが多い．この場合は前述のように板厚を薄くするなどして曲げ位置を確保しなければならない．

（4） 縮みフランジ曲げではしわや重ね折れを生ずることがある．このため，1～2 箇所にフランジ高さの低いところを設け，余肉の吸収を図る．

3.2 各種構造締結

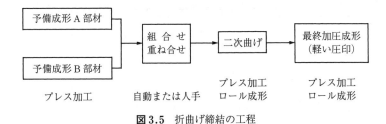

図3.5 折曲げ締結の工程

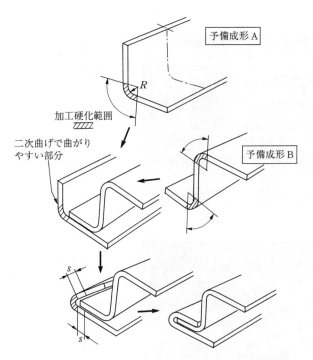

図3.6 予備曲げの加工硬化による折曲げ位置の移動

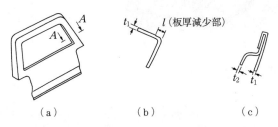

図3.7 曲げ位置を保つための板厚減少方法[3]

〔2〕 折曲げ締結に用いられる加工機械と治工具および自動化

製品の大小，求める精度，加圧力，生産量，生産頻度，自動化などの内容によって，各種の機械が用いられている．

円形や筒状の製品の場合はロール成形機が多く用いられ，製缶用では生産量が毎分数百個を超えるものもある．缶類は板厚が薄いがシール性が求められるので，成形荷重は大きい．

（a）ヘミングプレス正面

（b）製品搬出側から見たプレスと送り装置

図3.8 折曲げ締結プレス

直線や曲線を有する自動車ドアの加工用のプレス機械の一例を図3.8（a）に示す．正面左から部材が供給され，右側に組立品が搬出される．送りはすべて自動で行われる．別のプレス機械で加工され，サブ組立を終ったインナーパネルとアウターパネルが一組ずつ重ねられ，この締結プレス機械（ヘミングプレス）に定ピッチで供給される．ヘミングプレスには二つの金型が取り付けられており，入口側（左）が二次曲げの第1工程，出口側（右）が第2工程の最終加圧で，この第2工程で強固に締結される．

送りにはトランスファー送り装置が用いられる．これは成形品をつかみ（クランプ），次工程に送り（アドバンス），成形品を離し（アンクランプ），元に戻る（リターン）動作をプレス機械と連動して行う．成形品をつかんだ後に持ち上げる（リ

フト）動作を行うものがあり，立体的に送るので三次元トランスファー装置とも呼ばれる．図3.8（b）は平面内で送る二次元式である．上型が下降して成形し，再び上型が上昇を始めると送り装置はクランプ動作に入り，順次成形品を送る作業に入る．

治工具（金型）設計に当たっては，まず二次曲げを精度よく行うため重ね合せに支障のない限界まで予備曲げの内側に倒すことが必要である．しかし，あまり深く曲げると予備曲げの内型および外型が成形品から外れなくなるので，**図3.9**[4)]に示すような金型が考案されている．この金型の特徴は，折曲げ角が鋭くなるため二次曲げ線を一定にとることができる．

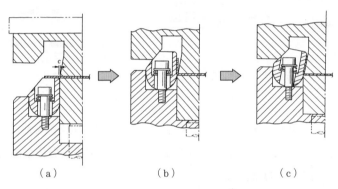

図3.9 折曲げ型の例[4)]

3.2.2 かしめ継ぎ締結

かしめは板の穴と軸状の突起部とを組み合わせ，板の上面に突出する部分をつぶすことで高い結合強度で締結する方法である．折曲げ締結では板どうしを組み立てるのに対し，かしめ継ぎは板と棒，あるいは板とブロックの組合せにも利用されている．

〔1〕 原理と特徴

つぎの4群に分類される[5)]場合があり，その模式を**図3.10**に示す．

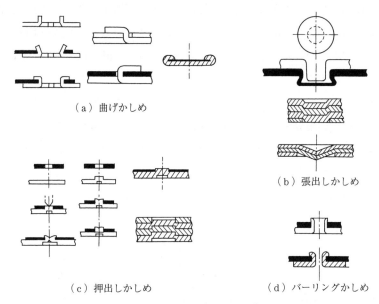

図 3.10　各種かしめ継ぎ[5]

（a）　曲げかしめ：板の一部を相手部材の穴に入れ，突出部を曲げる．
（b）　張出しかしめ：板の一部を突出させ，その突出部を相手部材の穴に圧入あるいははめ込む．
（c）　押出しかしめ：張出しかしめと類似の方法で組み合わせ，さらに突出部を圧造して結合を強める．
（d）　バーリングかしめ：押出しかしめと類似であるが，突出部がチューブ状になっている．

なお結合強度が大きいので，板製品に限らずブロック状の部材にも利用できる．穴つき部材，軸つき部材とも機械加工や鋳鍛造で作られたものでもよい．

かしめはおもに圧縮応力を用いて行われるので，延性さえあれば材料種を問わない．多くは熱を使わないので，鋼とプラスチックというように異種材の結合にも利用できる．図 3.11 に示すようなプーリーにフランジを取り付けることにも利用されているように，寸法上の制約が少ない．

〔2〕 かしめ継ぎ利用の製品

代表的製品を**図3.12**に示す.

図（a）はシロッコファンのディスクとブレードの接合（小型のものはプラスチック一体成形）で，ディスクの角穴にブレード端部の矩形突起を入れ，かしめている．

図（b）は缶のプルトップへの利用例で，缶蓋に突起を成形するとき，板厚が薄くならないように多工程をかけて成形する．薄くなりすぎるとかしめるときに割れが入り，内容物が漏れたり，内圧による破裂の危険がある．

図（c）は強度と安全性を要求されるチェーンリンクとリンクピンの結合で，使用環境が悪く，大きな曲げ力がピンに作用する部品にも用いられる．

図3.11 プーリーへのフランジのかしめ継ぎ

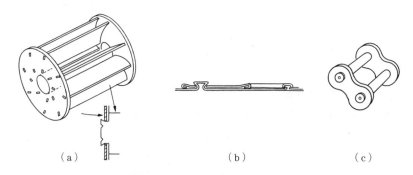

図3.12 かしめ継ぎ利用の製品例

〔3〕 加工機械と治工具

空圧プレス，油圧プレス，けとばしプレス，機械プレスなどが用いられる．加工機械の能力は軸つき部材の所要かしめ力によって選定される．かしめ力は冷間鍛造の計算式から求め，材料の引張強さの1〜3倍の面圧を目安とする．

穴つき部材と軸つき部材の組合せは，生産量が少ない場合は人手で行い，自動化の場合は各部材の姿勢を制御する必要があるので専用機とすることが多

い．治具は部材の位置決め，部材の姿勢そろえ，部材の自動送り装置がおもなものになる．工具には，かしめ部分の形状に合わせたパンチ，反力を負担し部材形状を保つアンビルがある．工具の概略を図3.13に示す．

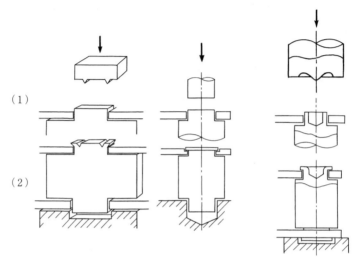

図3.13 かしめ工具とかしめ形状（(1)→(2)の順に加工）

3.2.3 より合せ締結

材料のより，あるいは巻つけを利用する締結で，簡便であることから手工具を用いて軽工業製品の生産に多く利用されている．製品内部に用いられることが多いため，目にふれることが少ない．より合せに第三部材を用いることもあり，焼なまし軟鋼線は相手寸法の変化に柔軟に対応できる利点を持つ．

〔1〕 **より合せ締結の原理と特徴**

図3.14に示すように長方形断面を持つ突起を相手部材の穴に入れ，突出部をより，抜け止めと同時に固定する．よるときに引張力を加えるとさらに結合力が強まる．

変形量が少なく加工硬化量が小さいので，分解のために逆よりを加えても破壊に至ることはまれである．材質的制約は少ないが，スプリングバックが大き

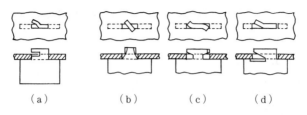

図 3.14 より合せ締結の基本形状

く,常温でクリープするようなプラスチック系の部材および穴広がりを抑制できない低強度の穴つき部材には,用いることができない.

構造も加工も単純であり,少ない突出部をよるので,おもに薄板に多用されるが,反面締結力が弱いので振動や外力でずれることもあり,精度の必要なところには用いられない.材料の歩留まりの面からは,かしめより突出量を多くしなければならないので,いくぶん不利といえる.

〔2〕 **より合せ締結利用の製品例**

玩具類への利用が多い.図 3.15 は玩具の自動車に組み込まれる車輪駆動ユニットである.薄板を箱形に曲げ成形したケーシングにギヤ,フライホイール,軸類を組み込み,ケーシングの組立,およびそれの車への取付けに用いられる.このほかには厨房器具類,家電製品のシャシー類,自動車ではワイヤハーネスやチューブ類の固定用に一種のファスナーとして用いられる.

図 3.16 はプリント基板あるいは端子ピンへの電線結合に利用されるワイヤラップを示す.約 1 mm 角のピンに被覆を除去したリード線部を専用工具もし

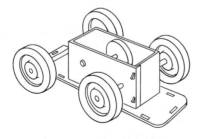

図 3.15 より合せ締結応用例

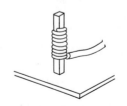

図 3.16 ワイヤラップ形状

くは手工具で強く巻き付けて結線するもので，線を引っ張ると巻付き力が強くなるので外れることはない．

〔3〕 加工機械と治工具

部材の組合せ，姿勢制御，突出部の位置決め，小突出部をつかんでよるなどの作業は，自動化の難しい工程であり，また小さな手工具ですむこと，製品コストが非常に安いことなど，多くの要因からほとんど手作業で行われる．

3.2.4 せん断接合

〔1〕 せん断接合の原理と特徴

2枚以上の板を重ねた状態で一部分をせん断し，上側の板を下側の板の穴または切欠きに押し込む．さらに重ね抜き部分をせん断パンチと下型内に設けたアンビルで圧縮することにより大きくしてせん断穴から抜けないように，かつ穴に食い込むようにして接合力を強める．

図 3.17 は DIN 規格[6]で定められているせん断接合を示す．板厚，つぶし量，せん断ストローク量，下への張出し量などが規定されている．図 3.18 はプレスを用いた接合部の断面を示す[7]．

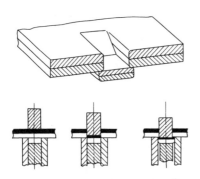

図 3.17　せん断接合の DIN 規格[6]

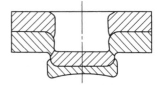

図 3.18　プレスによる接合部の断面[7]

重ね抜きは金型を使って行われるので，相互の部材の位置関係が正確に保てること，外力の方向に直角になるようにせん断すれば強度が保てること，工程はせん断だけが基本となること，工具の種類も少なくてよいことなどの特徴が

3.2 各種構造締結

ある.なお軟質板のほうがつぶされてしまい,せん断接合ができないこともあるので,同程度の強度を持つ材料の組合せが好ましい.

〔2〕 **せん断接合を利用した製品**

ボルト締結,リベット締結に匹敵する強度があるので,板金製家電製品,部品点数と組立工数を減らしたい自動車部品に多く用いられている.

〔3〕 **加工機械と治工具**

せん断には大きな荷重が必要なので,プレス機械を用いる.工具の例を**図3.19**[7)]に示す.板厚,材質によってパンチとダイのクリアランスが変ることと,切れ刃の再研磨によるクリアランスの変化に対応して調整できるように工夫されている.

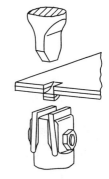

図3.19 せん断接合工具[7)]

3.2.5 張出し接合

トランスは薄板を多数重ねて長いボルトで締め上げ,モーターは溶接やダイカストで固定して,軸を圧入して組み立てる.また,チョークコイルは絶縁接着材で成形して組み立てる.

積層コア(ラミネーションコアともいう)は,プレスで高速打抜きしたコアを手作業で積み上げ,1個ずつ組み立てていたが,1975年ごろから金型の中で1個ずつ自動組立をして送り出すプレス加工装置が用いられるようになった.このとき用いられる締結法が張出し接合である.

〔1〕 **張出し接合の原理と特徴**

穴つき部材の穴または溝に軸つき部材の小突起(穴の内径や溝の内幅よりわずかに小さい寸法に作られている)を圧入する.**図3.20**に示すように,半抜きまたは切り起こしでパンチの進行方向に小突起をつくり,穴または溝にはめこむ.せん断接合と異なり,張出し加工工程と圧入工程が別の位置で行われる.

通常の打抜き穴は上面側がパンチ径,下面側がダイ径に近い.また打抜き品では下面側がダイ径,上面側がパンチ径に近い.すなわち,穴上面側へ打ち抜

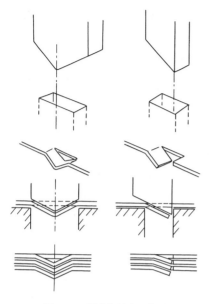

図 3.20 張出し接合の加工

き品の下面側を入れることはできない．したがって，張出し接合ではパンチとダイ間のクリアランスをきわめて小さくするか，逆にパンチ外径をダイ内径よりわずか大きくする．後者の場合はパンチをダイのわずか手前で止めなければならないのでプレスの下死点精度をよくする必要がある．

〔2〕 **張出し接合の利用製品**

大量に高速生産されるラミネーションコアの加工用に日本で最初に開発され，現在では種々応用開発されて世界中で用いられている．**図 3.21**[8]は接合品の例である．

図 3.21 張出し接合の応用 MAC 製品（三井ハイテック社カタログより）[8]

〔3〕 加工機械と治工具

ラミネーションコアは厚さ0.3〜0.5mmで，金型のクリアランスが小さく，製品精度が厳しく，かつ打抜き枚数も1 000万枚を超える場合がある．生産機械は昼夜兼行で運転され，品質を一定に保つためにも高精度高速回転の精密自動プレスが用いられる．コアは1個分は100枚未満が多く，所定枚数ごとに接合を終了する必要がある．また，接合部がずれると圧入できなくなるので，送りも高精度でなければならない．

金型は張出しと圧入の工程があるので普通の抜き型より大きくなり，そのためプレスも大型になる．金型には1個分の圧入積みが終わったら取り出す装置，最初の1枚目につぎの板を圧入するための支えなどが必要で，複雑で高価な金型になる．

3.2.6 その他の構造締結

そのほかにもいくつかの塑性加工を利用した締結があるので例をあげる．

（a） 王　　　冠　　びんのキャップとして古くから使われている．王冠プレスで作られたキャップ（図3.22）でびんに内容物充てん直後に収縮かしめを行ってふたをする．このほかにねじ付きキャップも多く利用されるが，ねじ付きだけでは流通中に簡単にあけられるので，すそ部分をかしめて簡単にあけられないように，またあければすぐわかるようにしてある．

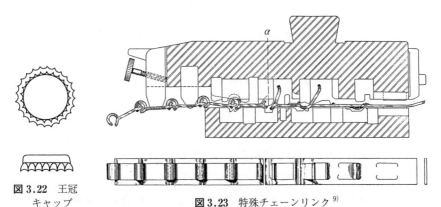

図3.22 王冠キャップ

図3.23 特殊チェーンリンク[9]

（b） **特殊チェーンリンク**　加工用金型に工夫がなされ，コイル材から連続でリンクが図3.23[9]のように作られ，組立も自動的に行われる．

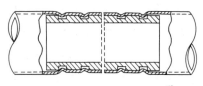

図3.24　パイプのジョイント[9]

（c） **パイプのジョイント**　パイプ端部外周に加工された溝とジョイントを，電磁成形によって瞬時に収縮かしめ接合を行う．接合法を図3.24[9]に示す．

3.3 弾性結合

接触面における弾性的な力の釣合いによる二つの部材の接合を弾性結合と定義する．弾性結合には，圧入（力ばめ），焼ばめ，冷やしばめなどのはめあいがある．そのほか，粉末材料の焼結時に生じる体積変化を利用する方法，形状記憶合金を用いる方法などもある．

3.3.1 は　め　あ　い

穴を有する部材に，その穴径より大きい径の軸状部材を接合するとき，力により押し込む場合を圧入，外側部材を加熱膨張させてはめこむ場合を焼ばめ，内側部材を冷却収縮させてはめこむ場合を冷やしばめという．

一般に，軸が穴にぴったり入る両者の関係をはめあいと呼ぶ．はめあいでは，部材寸法により隙間または締め代ができる．隙間ができる場合を隙間ばめ，締め代ができる場合を締まりばめ，両者の間を中間ばめという．どちらでもよいということはまれで，小さい隙間ばめまたは締まりばめが選択される．

はめあいを行うためには基準線と公差域を設定することが必要であり，JISに規格[10]が定められている．図3.25に示す用語の意味をつぎにのべる．

（1）最大許容寸法：許容することができる最大の寸法．

（2）最小許容寸法：許容することができる最小の寸法．

（3）基準寸法：上の寸法許容差および下の寸法許容差を適用することに

3.3 弾性結合　135

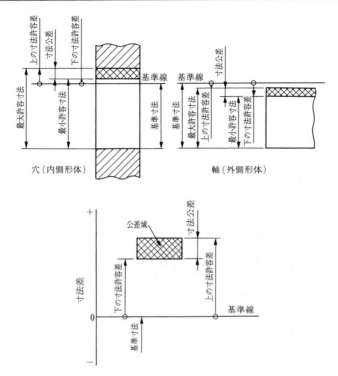

図3.25 はめあいに関する用語の定義[10]

よって許容限界寸法が与えられる，基準となる寸法．
（4）上の寸法許容差：最大許容寸法と対応する基準寸法との代数差．
（5）下の寸法許容差：最小許容寸法と対応する基準寸法との代数差．
（6）寸法公差：最大許容寸法と最小許容寸法との差．
（7）基準線：許容限界寸法またははめあいを図示するとき，基準寸法を表し寸法許容差の基準となる直線．
（8）公差域：寸法公差を図示したとき，寸法公差の大きさと基準線に対するその位置とによって定まる最大許容寸法と最小許容寸法を表す2本の直線の間の領域．

図3.26に公差域の位置を示す．図（a）の穴の公差域の位置はAからZCまで大文字で示されており，図（b）の軸についてはaからzcまで小文字で

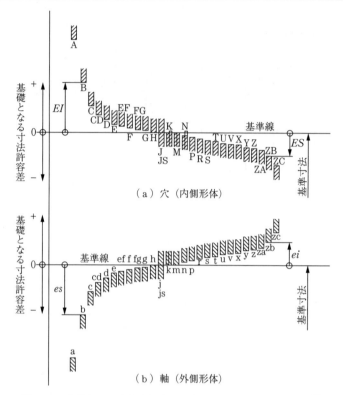

図 3.26 基礎となる寸法許容差の公差域の位置の図による表示[11]
（図は JIS B 0401-1 を使用）

示されている．AからHは基準線より大きく，a〜hは基準線より小さい．したがって，これらの組合せの場合は隙間ばめとなる．一方，K〜ZCの穴は基準線より小さくk〜zcの軸は基準線より大きい．これらの組合せの場合は締まりばめとなる．

図 3.26 に示した基準線からの距離すなわち寸法許容差（ES, EI, es, ei）の数値，また次式で求める公差単位と**表 3.4** の係数の乗数で与えられる寸法公差は JIS の一覧表に与えられている[10]．

〔1〕 **部品寸法が 500 mm 以下の場合**

$$i\,(公差単位) = 0.45\sqrt[3]{D} + 0.001\,D\ [\mu m]$$

表 3.4 基本公差の計算公式（公差等級 IT 1 〜 IT 18）[10]

基準寸法	公差等級（IT）																	
	1	2	3	4	5	6	7	8	9	10	11	12	13	14	15	16	17	18
	基本公差（単位 μm）の計算公式																	
500 mm 以下	·	·	·	·	·	·	$7i$	$10i$	$16i$	$25i$	$40i$	$64i$	$100i$	$160i$	$250i$	$400i$	$640i$	$1\,000i$	$1\,600i$ $2\,500i$
500 mm を超え 3 150 mm 以下	$2I$	$2.7I$	$3.7I$	$5I$	$7I$	$10I$	$16I$	$25I$	$40I$	$64I$	$100I$	$160I$	$250I$	$400I$	$640I$	$1\,000I$	$1\,600I$	$2\,500I$

ここで，D は JIS の表に掲げられている基準寸法区分 $D_1 \sim D_2$ 値の相乗平均すなわち $D=\sqrt{D_1 \cdot D_2}$ で与えられる．

〔2〕 基準寸法が 500 mm を超え 3 150 mm 以下の場合

$$I = 0.004\,D + 2.1 \ \text{〔μm〕}$$

ただし，表 3.4 における 500 mm 以下の 1 級については

$$1 \text{級の公差域} = 0.8 + 0.020\,D \ \text{〔μm〕}$$

とし，2 級から 4 級までは 1…5 級を等比級数として定める．

はめあいには穴基準と軸基準の方式がある．穴基準の場合には，最小許容寸法を基準寸法として，等級に依存する公差を持つ穴に対して所要のはめあいの得られる公差の軸を選定する．一方，軸基準の場合は，最大許容寸法を基準寸法とする軸に対して必要なはめあいの得られる穴を選ぶことになる．一般的には，穴の加工は軸の加工よりも難しいので，穴に軸より大きい公差を与える．わが国では穴基準が大部分である．はめあい選択の基準を**表 3.5** に示す．JIS B 0401-1 に付属書がみられるが，実際に圧入する際の荷重の大きさ等は確認しなければならない．

圧入にはハンマー，ねじ，油・空圧などの力が利用される．圧入時の潤滑剤としては固体潤滑剤，白色ペイントとボイル油を調合したものが用いられることが多い．圧入や取り外し時の摩擦係数は，締め代および圧入や取り外し速度 [13] が大きいほど，また表面粗さが小さいほど大きくなる [12]．なお，真円度の影響は小さいといわれている [12]．

圧入の利点の一つに，圧入時の力から取り外し時の力を推定できることがある．部材の取り外しは接合部材に寿命の差があるときに必要となる．取り外し

表 3.5　はめあい選択の基準[11]

部品の相対運動	はめあいの分類		H6	H7	H8	H9	適　用　部　分	機能上の分類	適　用　例
部品を相対的に動かし得る	隙間ばめ	縁合				c9	特に大きい隙間があってもよいか、または隙間が必要な部分。組立を容易にするために隙間を大きくしてよい部分。高温時にも適当な隙間を必要とする部分	機能上大きい隙間が必要な部分。膨張する部分（はめあい長さが長い）、コストを低下させたい、製作コスト（保守費）	ピストンとシリンダーとリンク機構。ゆるい止めピンのはめあい
		転合			d9	d9	大きい隙間があってもよいか、あるいは隙間が必要な部分		クランクウェブピン軸受（側面）、排気弁弁箱とはね受けじゅう動部、ピストンとリンク機構とリンク溝
		転合		e7	e8		やや大きい隙間があってもよいか、あるいは大きな隙間要する運動。高速・高負荷の軸受部（高度の強制潤滑）	一般の回転またはじゅう動する部分（潤滑のよいはめられる）、普通のはめあい（分解することが多い）	排気弁弁座のはめあい、クランク軸用主軸受。一般にはめあい軸受
		転合	f6	f7	f8		適当な隙間があって運動のできるはめあい（上質のはめあい、潤滑油の一般常温軸受部）		冷却式排気弁弁箱挿入部。一般的なはめあいブシュ。リンク装置レバーとブシュ
		精転合	g5	g6			軽荷重の精密回転機器の連続回転部分。隙間の小さい運動、精密なはめあいのできるはめあい（スピゴット、位置決め）、じゅう動部分	ほとんどがたのない精密な運動が要求される部分	リンク装置ピンとレバー、キーと軸。一連、精密な制御弁弁座
		滑合	h5	h6 h7	h8	h9	潤滑剤を使用すれば手で動かせるはめあい（上質の静止部分、重要でないじゅう動部分）、特に精密なじゅう動（位置決め）		精密な歯車装置のはめあい
	中間ばめ	押込み	h5	h6			わずかな締め代があってもよい取付部分、高精度のはめあいにするように取付部の位置決め、レンマーで組立・分解のできるはめあい	はめあいの結合力だけではめつけることができない	リンクとボスのはめあい、ガバナ装置のはめあい
		打込み	js5 k5	js6 k6			組立・分解には鉄製ハンマー・ハンドプレスを使用する程度のはめあい（部品相互間の回転防止には上記と同じ、高精度の位置決め、組立・分解については上記と同じ、少しの隙間も許さない高精度な位置決め）	小さい力ならばはめあいの結合力で相当する	継手フランジ間のはめあい、歯車リムとボス、ナックルとピン、歯車とピン、歯車のはめあい
部品を相対的に動かしえない	中間ばめ	軽圧入	m5	m6			組立・分解に相当な力を要するはめあい、高精度、高精度の固定	部品を損傷しないで分解・組立できる	歯車スリーブとケーシングとの固定、リーマボルト
	締まりばめ	圧入	n5 n6	n6			組立・分解に相当な力を要するはめあい（大トルクの伝動には圧入必要）、ただし非鉄部品どうしは軽圧入、鉄と鋼との標準的圧入		リーマボルト、油圧機器ピストンと軸の固定、継手フランジと軸のはめあい
		圧入	p5	p6			組立・分解にはめあいの圧力の伝動に大きな力が必要、ただし非鉄部品どうしは鉄と鋼、黄銅と鋼	はめあいの結合力で相当する力を伝達することができる	たわみ継手と歯車（受動側）、高精度はめあい、吸入弁弁案内挿入
		（注）	p5	p6			組立・分解については上に同じ、大寸法のはめあい、強圧入となる	部品を損傷しないで分解することは困難	吸入弁弁案内挿入、高精度はめあい（大トルク）固定、たわみ継手軸と歯車（駆動側）
			r5	s6 t6 u6 x6			相互にしっかりと固定され、組立には焼ばめ、冷やしばめ、強圧入を必要とし、分解することのない永入的はめ		継手と軸
							相互に固定するはめあい、組立にはめ、冷やしばめとなる。軽合金の場合には圧入程度となる		軸受ブシュのはめ込み固定、継手フランジ挿入、はめ込み固定／吸入弁弁座挿入、駆動歯車リムとボスとのはめ込み固定、軸受ブシュはめ込み固定

（注）　強圧入・焼ばめ・冷やしばめ

には力,または力と急速加熱・冷却を組み合わせる方法がある.

なお,焼付きやかじりの防止のため,焼ばめには固体潤滑剤または耐熱グリスなどが用いられ,冷やしばめには圧入と同種の潤滑剤が使用される.

3.3.2 弾性結合の力学

〔1〕 締結力と伝達トルク

図3.27に示す締まりばめ円筒部品の締結力 F は,界面の摩擦係数を μ,面圧を p,接触部の半径を b,長さを l とすると,次式で与えられる.

$$F = 2\pi b l \mu p \quad (3.1)$$

一方,締結力 F で接合されている軸の伝達し得るトルク T は,次式で与えられる.

$$T = bF \quad (3.2)$$

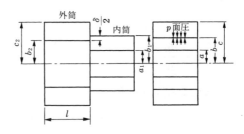

図3.27 締まりばめ円筒部品の模式

なお,内側円筒の外半径を b_1,縦弾性係数を E_1,ポアソン比を ν_1 とすると,接触部の半径 b は次式で与えられるが,$b \fallingdotseq b_1$ として取り扱うことが多い.

$$b = b_1 \left\{ 1 - \frac{p}{E_1}(1-\nu_1) \right\} \quad (3.3)$$

〔2〕 内・外圧を受ける厚肉円筒

締結力および伝達トルクを知るためには,はめあい状態にある接触面の面圧を知る必要がある.締め代 δ の円筒の締まりばめの接触面圧は,**図3.28**に示すような内外面に一様な圧力を受ける厚肉円筒の力学から求められる.いま Z 軸方向のひずみが一定 $(\varepsilon_z = \text{const.})$ の一般化平面ひずみの状態を仮定する.微小要素の半径方向応力の釣合いは,次式で与えられる.ここで,σ_r,σ_θ はそれぞれ半径方向,円周方向の応力である.

$$\frac{d\sigma_r}{dr} + \frac{\sigma_r - \sigma_\theta}{r} = 0 \quad (3.4)$$

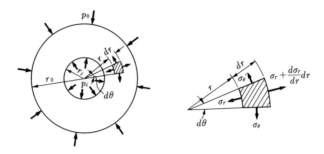

図 3.28 内・外圧を受ける厚肉円筒

u を半径方向の変位とすると，半径・円周方向のひずみ ε_r, ε_θ は次式で定義される．

$$\varepsilon_r = \frac{du}{dr}, \quad \varepsilon_\theta = \frac{u}{r} \tag{3.5}$$

圧入による接合を考えると，応力とひずみの関係は

$$\left. \begin{aligned} \sigma_r &= \frac{\lambda}{\nu}\{(1-\nu)\varepsilon_r + \nu(\varepsilon_\theta+\varepsilon_z)\} \\ \sigma_\theta &= \frac{\lambda}{\nu}\{(1-\nu)\varepsilon_\theta + \nu(\varepsilon_z+\varepsilon_r)\} \\ \sigma_z &= \frac{\lambda}{\nu}\{(1-\nu)\varepsilon_z + \nu(\varepsilon_r+\varepsilon_\theta)\} \end{aligned} \right\} \tag{3.6}$$

ここで，ν はポアソン比，λ はラメの定数（$\lambda = \nu E/\{(1+\nu)(1-2\nu)\}$，$E$：縦弾性係数）である．

式 (3.5) を式 (3.6) に代入し，さらに式 (3.6) を式 (3.4) に代入すると

$$\frac{d^2u}{dr^2} + \frac{1}{r}\frac{du}{dr} - \frac{u}{r^2} = 0 \tag{3.7}$$

式 (3.7) の一般解は

$$u = c_1 r + \frac{c_2}{r} \tag{3.8}$$

境界条件は，次式で与られる．

$$(\sigma_r)_{r=r_i} = -p_i$$
$$(\sigma_r)_{r=r_0} = -p_0 \Bigg\} \tag{3.9}$$

式 (3.6) のひずみを変位成分で表した σ_r に関する式に，式 (3.8) を代入し，σ_r に関する境界条件から c_1，c_2 が求められる.

$$c_1 = \frac{\nu}{\lambda} \cdot \frac{r_i^2 p_i - r_0^2 p_0}{r_0^2 - r_i^2} - \nu \varepsilon_z$$
$$c_2 = \frac{1+\nu}{E} \cdot \frac{r_i^2 r_0^2}{r_0^2 - r_i^2}(p_i - p_0) \Bigg\} \tag{3.10}$$

したがって

$$\sigma_r = \frac{1}{r_0^2 - r_i^2}\left\{ r_i^2\left(1 - \frac{r_0^2}{r^2}\right)p_i - r_0^2\left(1 - \frac{r_i^2}{r^2}\right)p_0 \right\} \tag{3.11}$$

$$\sigma_\theta = \frac{1}{r_0^2 - r_i^2}\left\{ r_i^2\left(1 + \frac{r_0^2}{r^2}\right)p_i - r_0^2\left(1 + \frac{r_i^2}{r^2}\right)p_0 \right\} \tag{3.12}$$

$$\sigma_z = 2\nu \frac{r_i^2 p_i - r_0^2 p_0}{r_0^2 - r_i^2} + E\varepsilon_z \tag{3.13}$$

両端が自由の場合 $\sigma_z = 0$ である．したがって

$$\varepsilon_z = -\frac{2\nu}{E} \cdot \frac{r_i^2 p_i - r_0^2 p_0}{r_0^2 - r_i^2}$$

式 (3.10) と式 (3.8) から次式が得られる.

$$u = \frac{1-\nu}{E}\frac{r_i^2 p_i - r_0^2 p_0}{r_0^2 - r_i^2}r + \frac{1+\nu}{E}\frac{r_i^2 r_0^2 (p_i - p_0)}{(r_0^2 - r_i^2)r} \tag{3.14}$$

〔3〕 締め代と面圧

図 3.27 に圧入前後の寸法を示した．内側と外側の円筒に関係する変数をそれぞれ添字 1，2 で区別する.

式 (3.14) から外圧 p による内側円筒外周の変位は

$$u_1 = -\frac{b_1 p}{E_1(b_1^2 - a_1^2)}\left\{ (1+\nu_1)a_1^2 + (1-\nu_1)b_1^2 \right\} \tag{3.15}$$

同様にして，内圧 p による外側円筒内周の変位は

$$u_2 = \frac{b_2 p}{E_2 (c_2{}^2 - b_2{}^2)} \left\{ (1 + \nu_2) a_2{}^2 + (1 - \nu_2) b_2{}^2 \right\} \tag{3.16}$$

締め代 δ は

$$\delta = 2(u_2 - u_1) \tag{3.17}$$

式 (3.15), (3.16) を式 (3.17) に代入して δ を求める.

ただし, 一般的には, $a_1 \fallingdotseq a$, $b_1 \fallingdotseq b_2 \fallingdotseq b$, $c_2 \fallingdotseq c$ と仮定する. このとき

$$\delta = 2\, bp \left\{ \frac{(1 + \nu_1) a^2 + (1 - \nu_1) b^2}{E_1 (b^2 - a^2)} + \frac{(1 + \nu_2) c^2 + (1 - \nu_2) b^2}{E_2 (c^2 - b^2)} \right\} \tag{3.18}$$

さらに, 内側と外側の円筒の材質が同じ場合は

$$\delta = \frac{4\, b^3 (c^2 - a^2)}{(b^2 - a^2)(c^2 - b^2)} \cdot \frac{p}{E} \tag{3.19}$$

なお, 内側が中実軸の場合には式 (3.17)〜(3.19) において $a = 0$ とすれば, δ と p の関係が得られる.

〔4〕 材料の降伏と面圧

（a） **内側円筒の降伏**　トレスカの降伏条件によるとミーゼスの条件よりも小さな値で降伏するため, 塑性変形が生じる場合の仮定として, トレスカの条件がよく用いられる. 中空軸の場合は $\sigma_r > \sigma_z > \sigma_\theta$ となる. したがって, 式 (3.11), (3.12) を用いて, $p_i = 0$ とすると, 次式のようになり内周で最大値となる.

$$\tau_{\max} = \frac{1}{2} (\sigma_r - \sigma_\theta) = \frac{b_1{}^2}{b_1{}^2 - a_1{}^2} \cdot \frac{a_1{}^2}{r^2}\, p \tag{3.20}$$

したがって, 材料の降伏は円筒の内周から始まり, 弾塑性の境界は内側から外側に向かって移動する. 内周の降伏応力 σ_{y1} は面圧を p_{y1} とすると

$$\frac{\sigma_{y1}}{2} = \frac{b_1{}^2}{b_1{}^2 - a_1{}^2}\, p_{y1} \tag{3.21}$$

中実軸の場合は, 同様にして $\sigma_z > \sigma_r = \sigma_\theta$ であるから

$$\sigma_{y1} = p_{y1} \tag{3.22}$$

このときは r に無関係に全断面に降伏が生じることになる.ただし,平面ひずみ $(\varepsilon_z=0)$ を仮定すると,$\sigma_{y1}=(1-2\nu_1)p_{y1}$ となる.すなわち,式 (3.21) または式 (3.22) で表される p_{y1} より小さい面圧を設定しなければならない.

(b) 外側円筒の降伏　外側円筒としては中空軸のみを考えればよい.式 (3.11)～(3.13) から $p_0=0$ として σ_r,σ_θ,σ_z を求めると $\sigma_\theta>\sigma_z>\sigma_r$ となる.したがって,次式により円筒の内周で最大値となる.

$$\tau_{\max}=\frac{\sigma_\theta-\sigma_r}{2}=\frac{b_2^2}{c^2-b_2^2}\cdot\frac{c^2}{r^2}p \tag{3.23}$$

材料の降伏応力 σ_{y2} は降伏の生じる面圧を p_{y2} とすると

$$\frac{\sigma_{y2}}{2}=\frac{b_2^2}{c^2-b_2^2}p_{y2} \tag{3.24}$$

したがって,外側円筒については,式 (3.24) で表される p_{y2} より小さい面圧としなければならない.

はめあいには塑性域を用いる場合もあるが,一般的な弾性範囲のはめあいに限定するためには,(a) および (b) の結果から,p_{y1} または p_{y2} のいずれか小さい接触面圧を選択しなければならない.

〔5〕**焼　ば　め**

物体の温度が変化すると,体積は膨張または収縮する.この体積変化が拘束されて生じる応力を熱応力という.ただし,熱応力は外部的拘束のみでなく,物体の形状によっては内部的拘束により生じることもある.熱応力を利用して一つの物体をほかの物体の内部にはめ込んで接合する方法を焼ばめという.**図 3.29** に焼ばめで作られた耐摩耗性二重管の例を示す.

図 3.29 環熱縮径法(焼ばめの一種)により製造された二重管(外管:鋼管,内管:アルミナ,川崎重工業株式会社:提供)

熱応力を含む等方弾性体の構成方程式は

$$\sigma_{ij} = \delta_{ij}\lambda e + 2\,G\varepsilon_{ij} - \delta_{ij}(3\lambda + 2\,G)\alpha\cdot\Delta T$$

$$i,\ j = r,\ \theta,\ z \tag{3.25}$$

ここで，δ_{ij}：クロネッカーのデルタ，$e=$ 体積ひずみ，$G=$ 剛性率，α：線膨張係数，ΔT：温度変化.

式 (3.25) を ε_{ij} について解くと

$$\left.\begin{array}{l} \varepsilon_{ij} = \dfrac{1}{2\,G}\left(\sigma_{ij} - \delta_{ij}\dfrac{\lambda}{3\lambda + 2\,G}\sigma_{kk}\right) + \delta_{ij}\,\alpha\,\Delta T \\[3mm] \sigma_{kk} = \sigma_{rr} + \sigma_{\theta\theta} + \sigma_{zz} \\[2mm] \qquad = \sigma_r + \sigma_\theta + \sigma_z \end{array}\right\} \tag{3.26}$$

いま，焼ばめ代 δ を得るため，外筒を加熱し ΔT だけ温度上昇すると，式 (3.26) から，図 3.28 を参照して

$$u = \frac{\delta}{2},\quad \varepsilon_\theta = \frac{u}{b_2} = \alpha_2\cdot\Delta T$$

それゆえ

$$\Delta T = \frac{\delta}{2\,\alpha_2\,b_2} \tag{3.27}$$

これより，ΔT を設定すると締め代 δ が決まる. さらに式 (3.17)，式 (3.18) または式 (3.19) のいずれか一つを用いて接触面圧を知ることができる.

3.4 焼結部品の弾性接合

3.4.1 焼 結 ば め

焼結部品の弾性接合には，焼結時の体積変化に伴う熱応力を利用する焼結ばめと適当な締め代による圧入がある.

二つ以上の圧粉体をはめあい状態で焼結するとき，体積変化の差を用いて熱応力を発生させて接合する方法である. このとき内部材の膨張と外部材の収縮が必ずしも必要条件ではなく，両者の相対的体積変化により締まりばめの状態

が生じればよい．焼結時の体積変化としては，鉄系焼結体の含有銅による膨張がよく知られている．すなわち，Fe-Cu系圧粉体をCuの融点以上で焼結すると，Cuはγ鉄に約8%固溶し，固溶量が増すに従って膨張量も増す現象である．一方，焼結時に体積を減少する含有成分としてはNi微粉，黒鉛などがある．体積変化の程度は，原料粉の特性，圧粉体の密度，および焼結条件などによって影響を受ける．

焼結ばめは熱応力による接合であるが，焼結時の温度上昇による拡散を伴うことも多い．圧粉体どうしのほか圧粉体と溶製材または焼結材などの組合せが用いられる．**図3.30**[14]は事務機用メインギヤの焼結ばめの例を示す．圧粉体のはめあい寸法差は10 μm以下で，負の場合（圧入）を含む．焼結中750℃以上の温度域におけるC量

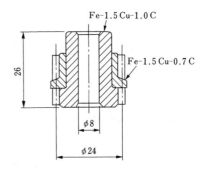

図3.30 事務機用焼結メインギヤの接合[14]

の差に基づく部材の膨張量の違いを利用して，境界面の接触圧を増大させ，相互の焼結・拡散を図り強固に接合している．

3.4.2 焼結部品の圧入

金属焼結部品の圧入の場合には，締め代の精度とじん性が問題となる．精度は，機械加工した部品に比べてかなり悪い．焼結部品の寸法精度を向上させるため，サイジングが行われることがある．これは金型で焼結体をこすることで清浄な面を得るとともに表面層をち密にする効果もある．

JISに決められている焼結部品の寸法精度を**表3.6**[15]に示す．この値はIT基本公差等級で表すと幅方向ではIT 10程度であり，サイジングなどによってもIT 6が限界とされている．一方，高さ方向についても精級でIT 12程度である．

一方，焼結部品はじん性が低いことに特徴がある．したがって焼結部品の締め代は，全伸び以下に抑えることが必要とされている．また，じん性の低下を

表 3.6 金属焼結品普通許容差 [15]

幅の普通許容差　　　　　　　　　　〔単位：mm〕

寸法の区分 ＼ 等級	精　級	中　級	並　級
6 以下	±0.05	±0.1	±0.2
6 を超え 30 以下	±0.1	±0.2	±0.5
30 を超え 120 以下	±0.15	±0.3	±0.8
120 を超え 315 以下	±0.2	±0.5	±1.2

高さの普通許容差　　　　　　　　　　〔単位：mm〕

寸法の区分 ＼ 等級	精　級	中　級	並　級
6 以下	±0.1	±0.2	±0.6
6 を超え 30 以下	±0.2	±0.5	±1
30 を超え 120 以下	±0.3	±0.8	±1.8

もたらす水蒸気処理は避けるべきである.

引用・参考文献

1) 宮川松男編：図解プレス加工辞典，(1970), 11, 日刊工業新聞社.
2) 別役萬愛編：メカニズム，(1964), 420, 技報堂.
3) 小林敏夫：特許公告公報，(1988), 公告番号特公昭 63-44451.
4) 川原弘：実新公告公報，(1988), 公告番号実公昭 63-31782.
5) 町田輝史：材料加工における接合の役割および将来性，(1988), 1, 日本塑性加工学会.
6) DIN 8593 Part 5.
7) Bremberger, M.：Stanzerei-Handbuch für Konstrukteure, (1965), 182, Carl Hanser Verlag.
8) 三井ハイテック社カタログ "MAC システム".
9) Wilson, F. W. 編：High-Velocity Forming of Metals, (1964), 103, ASTME.
10) 日本工業規格，寸法公差およびはめあいの方式　第 1 部：公差，寸法及びはめあいの基礎，JIS B 0401-1：1998 確認 2013, B 0401-2：98.
11) 日本工業規格，JIS B 0401-1.
12) 永島菊三郎：生産技術，**6**-10 (1951), 1.
13) 永島菊三郎：生産技術，**6**-11 (1951), 7.
14) 日本粉末冶金工業会編：焼結機械部品，(1987), 290.
15) 日本工業規格，金属焼結品普通許容差，JIS B 0411-1978.

4 局部溶着

4.1 概　　　論

　接合あるいは表面被覆を行う素材の一部を溶融して，両者を合体する加工法を総称して局部溶着法という．鋼板に適用されているスポット溶接や突合せ溶接などの抵抗溶接，外部からの加圧力，加熱および両者の併用によって異種材料や複合材料の接合も可能な固相圧接，耐摩耗性金属やセラミックスの溶射や

表 4.1　エネルギー源による局部溶着法の分類

エネルギー源	エネルギー形態	種　　類
電気エネルギー	熱	突合せ抵抗溶接 プラズマ溶射，アーク溶射，線爆溶射
	化学＋力学	物理蒸着
	力　学	重ね抵抗溶射 電磁圧接
電気化学エネルギー	電気化学	電気めっき
化学エネルギー	化　学	化学蒸着
	熱＋力学	爆発圧接
熱エネルギー	熱	蒸着めっき
	熱＋力学	粉末成形 拡散接合 ガス圧接
機械的エネルギー	力　学	冷間圧接 ロール圧接 鍛　接
音・振動エネルギー	力　学	超音波圧接 摩擦圧接

蒸着などの表面処理，超硬合金のような硬質金属粉末の焼結があげられる．

接合過程から分類すると，固相接合，焼結および溶射は固相-固相，蒸着は固相-気相の組合せといえる．局部溶着法を接合エネルギー源によって分類すると**表4.1**のようになる．また，接合材料の種類からは同種材接合と異種材接合に分類できる．

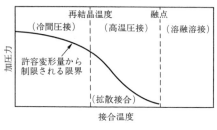

図4.1 接合温度と加圧力の関係

局部溶着法の接合時における温度と加圧力の関係を模式的に示すと，**図4.1**のようになる．素材の融点以下の接合すなわち固相接合は，加熱温度が低い場合には大きな加圧力を必要とする．

4.2 表面被覆

4.2.1 表面被覆法の種類

材料の表面に性能向上や特殊機能を与えるために種々の表面処理が行われる．表面被覆法はその方法の一つで，材料の表面に所望の特性を持つ被膜を形成する技術である．

表面被覆法は，ウェット法とドライ法に分けられる．前者には，各種のめっき法，化成処理，陽極酸化などがある．後者には，物理的方法のPVD法，イオンプレーティング，スパッタリングなど，化学的方法のCVD法などがあり，さらに溶射がある．物理的方法と化学的方法による被膜は原子あるいは分子の寸法レベルの粒子によって形成されてゆくが，溶射被膜は粒径が5～数十μm程度の粒子が衝突し，積層することによって形成される．したがって，両者の間には，加工雰囲気，被膜の生成速度，被膜の性質などにおいて，かなりの違いがある．**表4.2**はPVD（physical vaper deposition），CVD（chemical vaper deposition）と溶射を比較したものである．

表 4.2 PVD, CVD と溶射の比較

	PVD, CVD	溶射
加工雰囲気	〜1.3 Pa のチャンバー内	大気中（減圧溶射では，4〜20 kPa の程度のチャンバー内）
被膜生成速度	数 Å/s	1点に集中（直径 20〜25 mm 程度のパターン）して溶射した場合 1 mm/cm^2·s
被膜の性質	欠陥が少ない 被膜の純度良好	欠陥が多い 気孔率：〜10%程度 被膜中に溶射雰囲気との反応生成物が多量に介在 被膜の純度不良
被膜材質	金属，セラミックスの単体	金属，セラミックス，プラスチックの単体およびそれらの混合材料

4.2.2 溶　　　射

〔1〕 溶射法の種類と特徴

　溶射法は溶融状態にある溶射材料粒子または粉末を素材表面に高速度で吹き付けて，被覆層（被膜）を形成する表面処理法の一つである[1]．現在，一般に用いられている溶射法は，**図 4.2** に示すように，溶射に用いるエネルギー源の種類によってガス式と電気式とに大別される．**表 4.3** は各種溶射法の特色を比較したものである．

図 4.2　溶射法の種類[1]

（a）**ガス式溶射法**　　フレーム溶射には，溶線式，溶棒式および粉末式の種類がある．溶線式（溶棒式）フレーム溶射は，溶射トーチの酸素-燃料炎の中へ線状あるいは棒状の溶射材料を送給し，溶融部を周囲からの圧縮空気のジェットで微粒化して，素材面に吹き付ける．粉末式フレーム溶射は，トーチ

表 4.3　おもな溶射法の比較 [1]

	ガス式溶射				電気式溶射		
	溶線式フレーム溶射	粉末式フレーム溶射	溶棒式フレーム溶射	爆発溶射	アーク溶射	プラズマ溶射	線爆溶射
溶射材料	金属, 合金[1] セラミックス [3] (融点以下)	金属, 合金[2], セラミックス (同左)	セラミックス (同左)	主としてセラミックス	金属, 合金	金属, 合金, セラミックス, プラスチック	金属, セラミックス
素材	金属, セラミックス, その他	金属	金属, その他	金属, セラミックス	金属, その他	金属, セラミックス, その他	金属, セラミックス
溶射中の素材温度 [4]	260〜320℃	1010〜1180℃ [5]	〜340℃	〜150℃	〜320℃	120〜200℃ [6]	—
粉末(粒子)衝突速度	65〜140 m/s	50〜130 m/s	170 m/s	800 m/s	〜220 m/s	150〜650 m/s	数百 m/s
被膜の密着性 [7]	4	0	5	1	3	2	2
被膜のち密性 [8]	3	1 [9]	3	1	3	2	2
被膜の厚さ	0.13〜5.0 mm	0.13〜5.0 mm	0.03〜0.8 mm	0.03〜0.3 mm	0.13〜2.5 mm	0.05〜2.5 mm	0.03〜0.3 mm
備考	設備が簡便で安価である。現場溶射(橋梁など)が容易であることが多い。	設備が簡易である。自溶合金溶射ではフュージングを行うことが多い。		140 dBの爆発音を発生し。作業が危険のため防音室にて遠隔操作しなければならない。	溶射速度がもっとも高い。設備が比較的簡便である。	最近、減圧雰囲気溶射に対して関心が高まっている。	円筒内面への溶射に適する。

*1　セラミック粉末をつめたプラスチックチューブを溶射材料とする。溶射中にプラスチックは気化する。
*2　自溶合金がある。
*3　素材の欄でその他にあるのは、プラスチック, ガラス, 木材など種々の素材に溶射可能である。
*4　通常の作業時の温度を示す。素材の寸法, 溶射量などによって大きく変化する。
*5　自溶合金被膜のフュージング温度。
*6　減圧雰囲気溶射では素材を予熱して900℃程度にすることもある。
*7　被膜の素材への密着強さは0, 1, 2…と低くなる。0は溶射ーフュージングされた自溶合金の場合。
*8　1, 2, 3の順に組織は粗く, 気孔率も増す。0は溶射ーフュージングされた自溶合金の場合。
*9　溶射ーフュージングされた自溶合金の場合。最近開発された高速フレーム溶射による被膜は2程度。

ノズルから噴出する燃焼炎の中に溶射材料粉末を送給し,加熱,加速して素材面に吹き付ける.自溶合金の被膜では,ガス炎,加熱炉などを用い溶融して素材面に融合させ,無気孔とする処理(フュージング)が施される.

爆発溶射はまず,素材をねらう銃身内の燃焼部へ酸素とアセチレンを送り込み,ついで送給口から溶射材料粉末を吹き込む.粉末が燃焼部で浮遊中に,スパークプラグで点火,熱と圧力波を発生させ,この熱によって加熱した粉末を素材面に溶射する.

(b) 電気式溶射法 アーク溶射は,連続的に送給される2本の線状の溶射材料の先端の間に直流アークを発生させ,それによって溶融された部分を2本の線の中間にあるノズルから噴射する空気ジェットで微粒子として,素材面へ吹き付けて被膜とする.

図4.3にプラズマ溶射の原理を示す.陰極(タングステン)と水冷ノズル陽極(銅)の内面との間に直流アークを発生させ,これによって後方から送給される作動ガスを熱し,高速の超高温プラズマジェットとして噴出させる.溶射材料の粉末をガスに乗せてノズルの中に吹き込み,プラズマジェットによって加熱し,かつ加速して素材面に衝突させ,被膜とする.

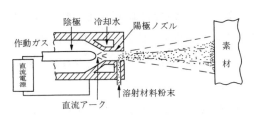

図4.3 プラズマ溶射の原理

一般に,作動ガスにはアルゴンあるいは窒素が用いられ,これに水素あるいはヘリウムを混合することもある.また,水をノズル内に供給して作動させる水プラズマ溶射が一部で行われている.最近,減圧雰囲気(20 kPa程度以下)中でのプラズマ溶射(low pressure plasma spraying, LPPS)が注目されている.減圧雰囲気中では,プラズマジェットの流速は高く,高温領域が著しく拡大される.この方式では,つぎの利点をもつ.① 溶射中に素材の酸化がない

ので，素材の高温予熱を行って作業でき，被膜の高い密着性が得られる．② 被膜がち密である．③ 厚い溶射層が得られる．④ 溶射材料の溶射前後における化学的あるいは金属的変化が少ない．

線爆溶射は，コンデンサーに充電した電気を溶射材料の金属線に衝撃的に通じて溶融することにより生じた高温の微粒子が素材面に衝突して被膜となる．

〔2〕 **溶 射 材 料**

溶射法の開発，溶射装置の性能向上などによって，ほとんどすべての固体材料を溶射し得るようになった．溶射材料の形態には，フレーム溶射，アーク溶射および線爆溶射に用いられる線材と棒材，またフレーム溶射の一部およびプラズマ溶射や爆発溶射に用いられる粉末材の3種類がある．

線材としては多くの金属あるいは合金が供給されている．それらの金属や合金の被膜は，それぞれ，バルク材が有する特性をほぼそのままに持っている．棒材として実用されているのは酸化物系セラミックスである．粉末材は，ほとんどの実用材料のものが供給されている．

最近，高温での耐酸化，耐食用に開発されたものに M CrAl X 合金がある．この合金の組成で，M は Ni，Co あるいは Ni-Co など，X は Y あるいは Hf などである．このほか，JIS H 8303-2010 に規定された自溶性合金には Ni 系と Co 系がある．これらの合金粉末に硬い，WC 粉末を混入したものも供給されている．この系統の合金は，耐摩耗，耐エロージョン，耐食，耐高温酸化などに優れた性質をもっている．

セラミックスは高融点材料であるが，加熱によって分解せずに溶融するならば，溶射可能である．酸化物系セラミックスで，現在多く用いられているのはアルミナ（Al_2O_3），ジルコニア（ZrO_2），クロミア（Cr_2O_3）などで，耐熱，断熱用にはジルコニア，耐摩耗用にはアルミナ，クロミアがよく用いられる．ジルコニアは加熱-冷却中に 1 000 ～ 1 200 ℃で変態による大きな収縮-膨張が起きるので CaO，Y_2O_3，MgO などを添加して変態を生じないようにした安定化ジルコニアが用いられている．

炭化物系セラミックスの溶射には WC，Cr_3C_3，TiC，TaC などが用いられる

が，最も多方面に利用されているのは WC である．いずれにおいても，Co，Ni，Ni-Cr 合金などを結合材として複合した粉末が用いられる．また，黒鉛-Ni，黒鉛-Al/Si などの複合粉末がアブレイダブル被膜（部品間の間隙調整を目的とする被膜）用に市販されている．

〔3〕 溶射被膜の性質とその応用

（a） 耐摩耗性と減摩性　最も多方面に用いられている溶射被膜特性の一つは耐摩耗性である．被膜には構成している積層粒子の間に空孔が散在しているので，マクロ硬さはそれほど高くないが，粒子そのものは硬いという独特な性質を持っている．溶射部品が，特に潤滑油の供給が断続する状態で用いられるときは，被膜内に散在する空孔は含油孔として作用し，無給油軸受における空孔と同じ機能を果たすことになる．

（b） 耐熱性と断熱性　溶射被膜が耐熱性，断熱性を持つには，被膜材料が高融点を有し，高温の使用雰囲気で化学的に安定であること，素材に近い熱膨張率を持つことなどが要求される．断熱被膜（thermal barrier coating，TBC）には，熱伝導性の低い酸化物系セラミックス，特に ZrO_2 系がよく用いられる．

溶射被膜によっては，被膜内の空孔，隙間などを通して雰囲気が被膜と素材の境界に到達し，そこを酸化あるいは腐食させるなどして被膜を剥離させる．この場合，耐熱あるいは断熱材料の溶射の前に，耐高温酸化あるいは耐食性に富み，かつ密な被膜を形成しやすい材料で下地溶射またはめっきをしておくなどの対策を考慮しなければならない．

（c） 耐食性　溶射の主要な用途の一つは鉄鋼構造物に対するアルミニウム，亜鉛あるいはそれらの合金の被膜による電気化学的防食である．

一般的に，溶射材料は防御対象となる気体，液体などの種類と状態および素材の種類と状態に応じて，種々の金属，ステンレス鋼，Ni-Cr 合金，自溶合金，MCrAlX 合金などの各種合金，各種プラスチック，セラミックスなどから適切に選択される．

（d） その他　電気的性質に関するものとして，電導性物体の表面

に電気抵抗，誘電率および破壊電圧の高い絶縁性を与えるセラミックス被膜および非電導性の表面に電導性を付与する金属皮膜がある．熱放射あるいは熱吸収特性を利用する溶射被膜表面も注目されている．ヒーターの表面にセラミックス被膜を形成して，遠赤外ヒーターとするのは，その一例である．工業分野における応用例をあげると，**表4.4**のようなものがある．

表4.4 工業における溶射の応用例

自　動　車	カムシャフト，弁の面とステム端，水ポンプ軸，キングピン，ブレーキカム，ピストンリング，シリンダー，クラッチ板，排気弁，酸素センサー電極保護，プレス型など．
航　空　機	ジェットエンジンの燃焼器，タービンブレード（断熱被膜），部品間隙調整アブレイダブル被膜，各種部品の組立はめあい部，機体外板部，ロケットエンジン燃焼室（溶射成形）など．
電　　　気	コンデンサー，通信アンテナ反射面，不良導体表面への電導性付与，磁気ヘッドピース，導体表面の絶縁化など．
化　　　学	弁類と弁座，羽根車とポンプ軸，化学ポンプのケーシング，耐酸ポンプのプランジャー，スリーブおよびシリンダーなど．
金　　　属	連続鋳造鋳型，鋼板製造工程における各種プロセスロール（デフレクターロール，ハースロール，テンションロールなど），ポンプの羽根，ディッパ部品，分粒スクリーン，石炭送給用スクリュー，排気用送風機，蒸気弁，コークス搬送用コンベアベントプーリーなど．
一　　　般	各種のゲージ，マンドレル，研磨盤部品，パッキング押えブッシング，旋盤センター，アーバー，押出し機のスクリューなど．
そ　の　他	スピーカー振動板，ホットプレート，石油ファンヒーター気化器，製紙ロール，板紙塗工工程におけるグロスカレンダーロール，プラスチックフィルム用ロール，各種軸受，クランク軸，ローラー軸など．

　今後，実用化が待たれる技術として，超微粒子溶射がある．通常の溶射では数μm〜数十μmの粒子サイズの粉末を用いる．その中で，粒子速度を速めることにより，被膜のち密化と高い密着力を求めてきた．一方，数μm以下の原料粉末を用いる方法も開発され，懸濁液を用いるサスペンションプラズマ溶射（SPS），サスペンション高速フレーム溶射（SHVOF）がある．表面平滑性に富むち密なコーティングが特徴である．さらにコールドスプレーの分野でも超微粒子コーティングの研究が行われている．

　超微粒子溶射は，ガスタービンや航空機エンジン，半導体製造装置，燃料電池，液晶製造装置，など広い分野での応用が期待される．

4.2.3 蒸　　着

表面に蒸着膜を形成して材料を高機能化，新機能化する技術が目覚ましく発展している．蒸着膜を形成する方法は図4.4に示すように，液相から電気めっきするウェットプロセスと，PVD（physical vapor deposition，物理蒸着）やCVD（chemical vapor deposition，化学蒸着）で代表されるドライプロセスに大別される．特にここで紹介するドライプロセスは近年飛躍的な発展をとげ，表4.5に示すように数多くの方法が開発されている．応用面でも工具，金型，

図4.4　蒸着法の分類

表4.5　ドライプロセス蒸着法の分類

分　類	方　法	種　類
物理的方法 （PVD）	真空蒸着法	抵抗加熱 電子ビーム 高周波誘導 レーザ蒸着 MBE（molecular beam epitaxy） IVD（ion and vapor deposition）
	スパッター蒸着法	直流バイアス（2～4極） 高周波 マグネトロン イオンビーム 反応性スパッター
	イオンプレーティング法	直流放電（Mattox） 中空陰極放電（HCD） 電界蒸着 多陰極 高周波（RF）励起 クラスターイオンビーム 活性化反応蒸着（ARE） 高真空アーク放電（ADIP）
化学的方法 （CVD）	熱 CVD MO CVD プラズマ CVD 光 CVD	高温 CVD，低圧 CVD MO（metal organic）CVD 誘導結合，容量結合，マイクロ波励起 レーザ，電子ビーム，太陽光

機械部品などの表面改質のほかに，半導体，電子部品およびその関連分野において著しい発展がみられる[4)～6),10),17)]．

〔1〕 **PVD法**

代表的なPVD法の原理を**図4.5**に示す[3),7)～9),11)～16)]．

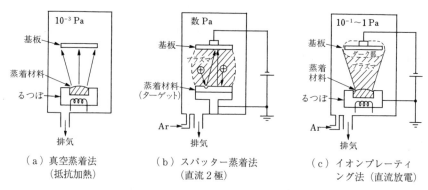

(a) 真空蒸着法　　　(b) スパッター蒸着法　　(c) イオンプレーティ
　　(抵抗加熱)　　　　　(直流2極)　　　　　　ング法(直流放電)

図4.5 代表的なPVD法の原理[3)]

(**a**) **真空蒸着法**　　図4.5(a)に示すように10^{-3} Pa程度の真空容器内で蒸着材料を加熱し，蒸発した分子を基板上に堆積させて蒸着膜を形成する比較的簡便な方法である．ほかの成膜法と比べて取扱いが容易でかつ低コストのため，最も広く利用されている．

蒸発源としては一般に抵抗加熱，電子ビーム，および高周波誘導加熱が利用されている．しかし近年はセラミックスなどの高融点材料を高効率に成膜するためにレーザ蒸着法が利用され，さらに高品質な薄膜形成を可能にするMBE (molecular beam epitaxy) 法，イオン注入を併用したIVD (ion and vapor deposition) 法などが開発されている．

MBE法では10^{-9}～10^{-8} Pa程度の超高真空室に，原子・分子状の材料をノズルから方向を制御して放出させたときに分子流が基板に蒸着して膜を形成する．装置は**図4.6**に示すように，分子線源と各種分析器から構成されている[3)]．

成膜速度は遅いが，数Åの層を周期的に堆積することができるので，異な

4.2 表面被覆

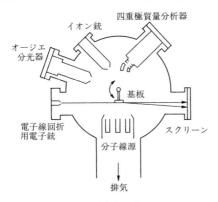

図4.6 分子線エピタキシー
(MBE) 装置の構成[3]

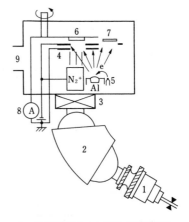

1：冷陰極型イオン源および加速系
2：質量分析系
3：ゲートバルブ
4：レンズ系および追い返し電極
5：電子ビーム蒸着装置
6：基 板
7：膜厚モニター
8：イオン電流積算計
9：軸流分子ポンプ

図4.7 イオン注入併用真空蒸着
(IVD) 装置の構成[7]

物質の超薄膜を周期的に重ねた超格子の作製も可能である．半導体超格子への応用として GaAs や AlGa-As 膜の形成の研究が盛んである．

IVD 法はダイナミックミキシングともいわれ，真空蒸着とイオン注入を同時に行う．図4.7 に装置の概略を示す[7]．Si 基板に Al の蒸着と N イオン照射を行うことにより密着性に優れた AlN 膜の形成や，ボロンの蒸着と N イオン照射により，ダイヤモンドと同様の性質をもつ立方晶系の c-BN 膜を形成する．

(b) スパッター蒸着法　図4.5（b）に示すように，数 Pa 程度の真空容器内でイオンや中性原子をターゲットに衝突させて，ターゲット物質を放出させ基板に付着させる．真空蒸着法で作りにくい高融点材料の薄膜形成が容易で，また付着力や結晶性にも優れている．

スパッターの方式には多くの種類があり，その代表例と特徴を表4.6 に示す[5]．スパッター蒸着膜は半導体デバイスの配線，光ディスクメモリー，透明導電膜など電子材料への応用例が多い．

表 4.6 各種スパッター蒸着法の比較[5]

スパッター方式	ターゲット材料	アルゴン圧力〔Pa〕	スパッター電圧〔kV〕	生成速度〔Å/s〕	特徴
直流 2 極	導電体	1〜10	1〜7	〜1	構成が簡単である.
直流 3 極 または 4 極	〃	0.1〜1	0〜2	〜数	低圧力, 低電圧である. 4 極は 3 極より放電開始電圧が低い.
高周波	ほとんどすべての材料	〜1	0〜2	〜20	金属のスパッターには電極に直列にコンデンサーを入れる. おもに 13.56 MHz を使用する.
マグネトロン	〃	〜0.1	0.2〜1	数 10〜300	高速かつ低音である. 強磁性体には工夫を要する. 有効面積が少ない.
イオンビーム	ほとんどすべての材料	$\leq 10^{-2}$	〜5	〜数	差動排気を用いる.
反応性スパッター	〃	0.1〜10	〜7	〜数	アルゴンに活性ガスを混入して化合物膜が形成できる.

（c） イオンプレーティング法 図 4.5（c）に示すように，$1 \sim 10^{-1}$ Pa 程度の真空容器内で基板と蒸発材料に 0.5〜5 kV 程度の電位を与えてグロー放電を発生させ，蒸発した粒子をイオン化し，ガスイオンとともに印加電圧で加速して基板に衝突，付着させる.

この方法は発明者の名をとって一般に Mattox 法と呼ばれている. 現在は放電方式や蒸発法がさまざまに工夫された多くの方法が開発され，広く実用化されている.

各種方式の種類とその比較および用途例を**表 4.7** に示す[14].

なお HCD（hollow cathode discharge, 中空陰極放電）法は**図 4.8** に示すように，中空陰極放電で形成したプラズマを利用する[13].

また高周波励起法（RF 励起法）は**図 4.9** に示すようにコイルに高

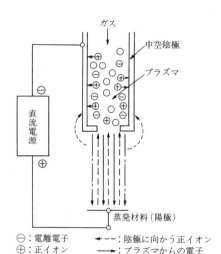

⊖：電離電子　━━━：陰極に向かう正イオン
⊕：正イオン　━━━▶：プラズマからの電子
○：ガス分子　━━▶：陰極からの電子

図 4.8 中空陰極放電の原理[13]

表 4.7 各種イオンプレーティング法の比較[14]

方式	イオン化法	作業圧力 [Torr]	蒸発源	雰囲気ガス	イオンの加速	反応性イオンプレーティング性	基板昇温	光輝性膜、透明膜の形成	用途
Mattox (直流放電)	被着体を陰極とする高電圧直流プラズマ放電	5×10^{-3} ~10^{-2}	抵抗電子ビーム	Ar またはいくつかの希ガス	数百~数 kV でイオン化と連動操作	可	大	可	耐食、潤滑機械部品
HCD	低電圧、高電流電子ビーム衝撃	10^{-4}~10^{-3}	HCD	同上および反応ガス	0~数百 V でイオン化と独立操作	良	小または基板加熱	可	装飾、耐摩耗機械部品
電界蒸着	電子ビームによる金属プラズマ	10^{-6}~10^{-4}	電子ビーム	—	数百~数 kV でイオン化と連動操作	不可	小または基板加熱	良	電子部品 音響部品
多陰極 (松山方式)	熱電子発生、陰極から放出される電子衝撃	10^{-5}~10^{-3}	抵抗電子ビーム	— (反応ガス)	0~数 kV でイオン化と独立操作	良	小または基板加熱	可	精密機械部品 電子部品 装飾品
RF 励起 (村山方式)	高周波プラズマ放電 (13.56 MHz)	10^{-4}~10^{-3}	〃	Ar または反応ガス	〃	良	小	良	光学、半導体 装飾品 自動車部品
クラスターイオンビーム (高木方式)	電子放射、フィラメントからの電子衝撃	10^{-6}~10^{-4}	クラスターイオン源	— (反応ガス)	〃	可	小	良	電子部品 音響部品
活性化反応蒸着 (ARE) (Bunshah)	バイアスプローブと EB ガン間の低電圧プラズマ放電	10^{-4}~10^{-3}	電子ビーム	反応ガス C_2H_2, CH_4 N_2, O_2	加速せず	良	小または基板加熱	可	機械部品 電子部品 装飾品
高真空アーク放電 (ADIP)	イオン化電極とアーク放電による電子衝突によりプラズマ放電	10^{-6}~10^{-4}	〃	〃	0~700V	良	小	良	機械部品 電子部品 装飾品

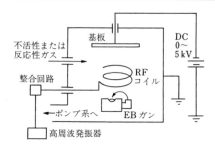

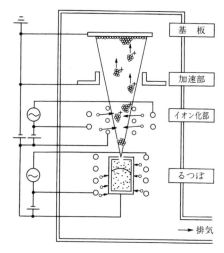

周波電界を与え，発生したプラズマを利用する[11]．両者とも近年広く利用されている．

クラスターイオンビーム法は図4.10に示すように，$10^{-4} \sim 10^{-2}$ Pa

図4.9 高周波励起法の装置構成[11]

図4.10 クラスターイオンビーム法[3]

の高真空中でるつぼから蒸発したクラスター状の分子の一部を電子シャワーでイオン化し，加速電界により運動エネルギーを与えて基板に衝突，付着させる[3]．数eV〜数百eVのイオンエネルギーを与えると基板表面の原子との結合が生じて，高付着力・高密度な膜形成ができることから，メモリーデバイス，半導体，光学部品などへの応用研究が進んでいる．

〔2〕 CVD法

蒸着に利用するCVD法は多くの分野で実用化されている[4),18)〜22)]が，基本的には気体原料の高温熱化学反応で析出物を得るドライプロセスで，図4.11に示すように，①原料の生成・供給系，②反応系，③排気系の各要素から成り立っている．CVD法で得られる析出物は各種金属や合金のほかに，炭化物，

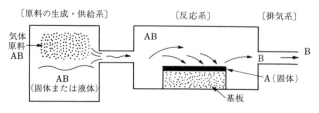

図4.11 CVD法の原理[4]

窒化物,酸化物,ホウ化物,ケイ化物,ヒ化物などがある.

用途は超硬性,高融点性,耐食性などの特性を持つ蒸着膜の形成などで,広範囲にわたっている.工具や金型にTiC,TiNなどの化合物を被膜するほかに,近年ではダイヤモンド膜,MOS・ICのSi$_3$N$_4$膜,太陽電池のアモルファスSi膜など,多くの研究が進められている[18),23)〜26)].

反応を励起する手段により,先の表4.5に示す種々の方法に分類される.現在広く実用化しているのは常圧または低圧の熱CVD法で,析出に重要な因子として,① ガスの種類,② 混合比,③ 分圧・全圧,④ 析出温度が関係する.

CVD法は熱化学反応を利用するために基板温度が高温になり,材料の選択が制約される.生成温度を低温化するために現在種々の方法が研究開発されている.**図4.12**にSi$_3$N$_4$膜の生成温度の例を示す[19)].

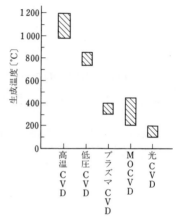

図4.12 各種CVD法とSi$_3$N$_4$の生成温度[19)]

(**a**) **MOCVD**(metal organic CVD)　析出温度の低い金属有機錯体や水素化合物を用いて低温の熱分解で蒸着する.

(**b**) **プラズマCVD**(plasma enhanced CVD)　反応容器内に低圧プラズマを作り,気体原料を励起,イオン化して化学反応を進行させる.低温で反応することのほかに,熱力学的に困難な反応もプラズマ励起により可能になる.反応の遅い原料に対しプラズマが触媒的に働くので,その速度を促進できる.

(**c**) **光　CVD**　光源にレーザ,電子ビーム,太陽光などを利用して,基板を局部加熱し析出反応させる.特にレーザ光源を用いたL-CVD(laser CVD)には,気体原料をレーザ光で励起,イオン化して化学反応を促進したり,気体原料に共鳴する波長のレーザ光を照射することによって,任意の物質を選択的に化学反応させることもできる.

4.3 焼 結 接 合

4.3.1 分　　　類

　焼結接合は，その目的や機能に応じて種々の方法が開発され実用化されている．粉末成形における制約，例えば成形プレスの上下作動から成形できない複雑形状部品や，高圧の流体が介在する部品には気密性が必要などの課題の解決策として実用化されてきた.

〔1〕 焼結接合の目的からの分類

　焼結接合は，その目的から**表4.8**のように形状接合と機能接合に大別できる．

表4.8 焼結接合の目的とその形状例

目　　的		形状例
形状接合	軽 量 化	
	複雑・複合化	
	密閉室の形成	
	大 型 化	
機能接合	複 合 化	
	溶融材との接合	鋼管

（a） 形 状 接 合

　① **軽量化**　回転部分の軽量化で機械の効率が向上するので強度上問題ないときは心部を中空にする.

　② **形状の複雑・複合化**

　通常の成形プレスは上下に作動すること，および金型の強度の問題などから成形できる形状には制約がある．成形が不可能な形状を製造するときに複数個の型出し可能形状に分けて成形し接合する.

　③ **密閉室の形成**　2部品以上を接合して内部に空洞を持つ部品を得る.

④ **大型化** 2部品以上を接合し大型部品を作製する．高密度の鉄系焼結部品を製造するとき，約 700 MPa の成形圧力が必要になり，容量 1 000 kN のプレスでは約 ϕ115 mm までの部品しかつくれない．このためいくつかの部品に分割して焼結接合し大型部品を製造する．

（b） 機 能 接 合

① **材料の複合化** 複数の機能特性の異なる材料あるいは成形体を組み合わせ焼結接合により複合部品を製造する．

② **溶製材との接合** 薄肉のパイプ，あるいは細長いシャフトなどの溶製材と接合し，粉末冶金法では作製が難しい部品を製造する．

〔2〕 焼結接合の接合方法による分類

表 4.9 は焼結部品のおもな接合法とその特徴を示す．焼結部品の接合法は焼結中での接合と焼結後の接合に大別できる．焼結中の接合は圧粉体の焼結と同時に接合するため，コスト上のメリットがある．焼結後の接合は，焼結部品に限らず，通常の機械部品の接合・結合に使用されている方法であるが，特に焼結部品は多孔質でじん性に劣ることを考慮する必要がある．

表 4.9 焼結接合の接合方法による分類とおもな特徴の比較

接合工程	方　法	接合法	接合強度	材料自由度	形状自由度	コスト
焼結中	液相の介在による接合	銅溶浸接合	◎	○	○	×
		ろう付	◎	○	○	△
		液相接合	○	×	○	△
	固相状態での接合	多層成形接合	◎	○	×	△
		焼ばめ	×	△	△	◎
		焼結拡散接合	○	△	△	◎
焼結後	機械的接合	圧　入	×	○	△	○
		かしめ	×	△	○	○
		ボルト締結	○	◎	○	△
	溶融接合	溶　接	○	△	○	○
	その他	接　着	△	◎	◎	△
		鋳ぐるみ	○	○	△	△

◎：優，○：良，△：普通，×：劣る

4.3.2 原理と特徴およびその適用例

〔1〕 銅 溶 浸 接 合

鉄系構造用材料の引張強さやじん性などの機械的特性の向上に，しばしば銅溶浸が適用される．鉄系焼結部品の多くは1130℃前後の温度で焼結される．この温度は銅または微量の合金元素を含む銅合金の融点より少し高いため，銅または銅合金を成形体に接触させた状態で焼結すると，銅の融点を超えた温度域で発生した銅融液が焼結体の気孔中に毛細管力により浸透していく．この方法が銅溶浸であり，さらに発展応用させたのが銅溶浸接合である．

いくつかの圧粉体を組み合わせて焼結と銅溶浸を同時に行うと，溶浸材が気孔ならびに接合界面の隙間を埋める．この結果，強固な接合ができる．すなわち，銅溶浸接合は接合と同時に接合界面を含む焼結部材の強度向上にも寄与する．

図 4.13 は軸方向に相対密度 ρ_0 が78％の純鉄成形体を2個重ね合わせ（面粗さ s 2μm），接合面付近がリング状の溶浸材に位置するように配置し，成形体の上下から圧力 p（1MPa）を加えつつ各温度で30分保持して焼結・銅溶浸した際の接合方法，および温度と接合強度との関係を示す[27]．接合強度は700℃付近から接合面における拡散により徐々に上昇し，銅の融点である1083℃に達すると銅の溶浸の効果が加わって，急激に増大する．このときの引張接合強度は300MPaに達している．溶浸接合は部材の気孔中に溶浸材を

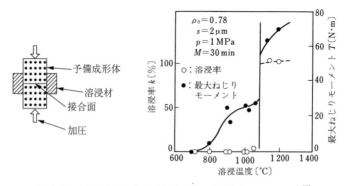

図 4.13 溶浸接合強度に及ぼす温度の影響（$D=\phi 10$ mm）[27]

4.3 焼結接合　　　　165

図 4.14　銅溶浸接合の部品例[28]

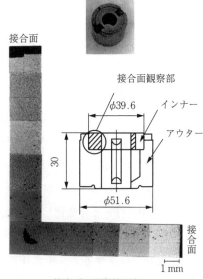

図 4.15　銅溶浸接合による 3 次元接合部品「バルブプレート」[29]

充満するため，封孔ができ，気密性や耐圧性の要求される油圧ポンプや冷凍機のコンプレッサーなどの複雑形状部品に応用されている．

図4.14は銅溶浸接合法で製造した油圧ポンプ部品の外観とその断面形状を示す[28]．部品内に油圧を生じさせるための空洞を形成する．

また，**図4.15**は上下面だけでなく，組合せの内外径面も同時に接合しているバルブプレートを示す[29]．この場合，溶浸銅の融点以下の焼結温度域では下部と外周を形成するアウターの熱膨張係数をインナーより大きい材料を選定すると，インナーがアウターに束縛されない状態で上下面が接触する．つぎに焼結温度が溶浸銅の融点を超えインナーの上部から銅溶浸が開始されると，インナーが銅膨張現象により大きく膨張し径方向の面でもアウターと接触し，溶浸銅がインナーからアウターにまで侵入し，インナーとアウターの上下面と径方向の接触面を同時に接合する．溶浸させる銅合金の量を全体の気孔量から設定しておけば接合面だけでなく部品全体が封孔され，35 MPa までの耐圧性部品を得ることができる．

なお，工業生産においては純銅を溶浸することは少なく，鉄，マンガン，コバルトなどを少量含む銅合金を用いる．これは，銅溶浸中に銅液中に成形体表面の鉄元素が固溶し，その跡が肌荒れの状態で残るエロージョンを防止するた

めである.また,溶浸材は圧粉成形した成形体を用いるのが一般であるが,この際に溶浸銅粉末材に少量の黒鉛粉末を添加する.これは銅溶浸後,焼結体中に溶浸しきれない銅合金の残滓を焼結体から容易に剝離しやすくするためである.

〔2〕**ろ う 付 接 合**

ろう付接合法は金属部材の接合に幅広く利用されている方法であるが,焼結部品をろう付する場合,通常のろう材では焼結体の気孔中にろう材が浸透し,接合面に残存せず接合が困難となる.そこで,焼結部品のろう付には Cu-Ni-Mn 系合金粉末の特殊なろう材が開発され,使用されている.このろう材は溶融すると周辺の Fe と合金化して溶融点が上昇するため,浸透が抑えられる特徴を持つ.古くはパワーステアリングポンプのサイドプレートの製造に適用され[30],現在ではプラネタリキャリアの製造に幅広く適用されている.いずれの場合もろう材をあらかじめ所定の形状に圧粉成形して用いるため,ろう材をセットする空隙を成形体に形成する必要がある.

図 4.16 はろう付接合法で製造している焼結プラネタリキャリアを示す[31].本部品ではろう材をセットする孔形状を成形体に作製し,**図 4.17** に示すようにろう材を配置後,その上に成形体ピースをセットし,ろう材の封じ込めと,ろう付後のろう材孔の封孔による強度向上を図っている.

図 4.18 はろう付断面の金属組織を示す.なお,ろう付接合ではセット時の接合クリアランスが接合強度に影響を及ぼすので注意が必要となる.上述の例

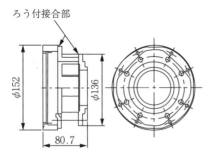

図 4.16 焼結プラネタリキャリア[31]

4.3 焼結接合

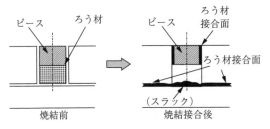

図 4.17 焼結ろう材接合メカニズム[31]

ではろう付接合部の接合強度は，おおむね 380 MPa を超えている．

さらに，プラネタリキャリアには軽量化と耐高トルクの要求に対応するため，接合面の位置やろう材の設置位置などの形状検討が進められている．図 4.19 は，ろう材の設置位置の変遷例を示す[32]．

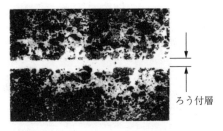

図 4.18 ろう材接合面の金属組織（×50）

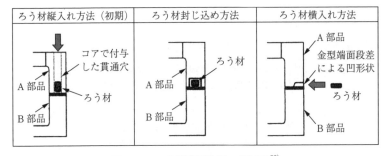

図 4.19 ろう材設置位置の変遷例[32]

〔3〕 **液相拡散接合**

液相拡散接合は合金工具鋼や高速度工具鋼に類する組成の合金鋼粉に Cu, P, Si, B, C などを適宜添加し，焼結過程で多量の液相を発生して収縮ち密化を図るとともに，接合する相手部材と拡散接合する方法である．

図 4.20 は上部材（Fe-12.2％ Cr-1.0％ Mo-0.4％ Nb-0.4％ Mn-2.3％ C,

4. 局部溶着

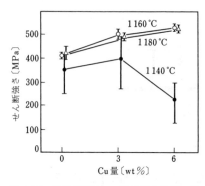

図4.20 焼結温度とCu量が接合強度に及ぼす効果（Fe-XCu-0.5C被接合材）[33]

密度 $6.3\,\mathrm{g/cm^3}$, $\phi 10 \times 3$ 板厚 t) と下部材（Fe-0〜6% Cu-0.5% C, 密度 $6.8\,\mathrm{g/cm^3}$, $\phi 20 \times 15$ を，真空炉にて各温度で40分間保持して焼結接合した際の接合強度に及ぼす下部材のCu添加量と焼結温度の影響を示す[33]．1160℃で焼結した場合，下部材に3% Cuを添加した試験片では500 MPa以上のせん断強さが得られている．

液相拡散接合の代表例として中空カムシャフトがある．**図4.21**は，焼結カムと鋼管との接合方法と，完成したカムシャフトの断面図を示す．

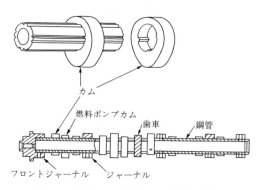

図4.21 焼結カムの鋼管への接合方法と完成したカムシャフトの断面図[35]

カム材はFe-5% Cr-1% Mo-2% Cu-0.5% P-2.5% Cの組成を持ち，対するロッカーアーム材との耐摩耗性がよく，焼結時に約6%もの大きな収縮をして鋼管材との接合力が大きな値を得られる．予備焼結で脱ろうを行い，溝つきシャフトにはめ込み，分解アンモニア雰囲気中で1100℃×30分以上焼結する．融点が750℃のCu_3Pによる液相焼結を利用し，1000℃で焼結と接合を同時に行い，引張強さ230 MPaの接合強度も得られている[34]．なお焼結のと

き，図に示すようにジャーナルや歯車などが銅ろう付される[35]．

〔4〕 多層成形接合

組成が異なる原料粉を同一金型で成形し積層圧粉体をつくり，焼結で強固に接合する．CNCプレスの普及により粉末充てんと金型の作動を同期化することが容易になり，2種類の粉末を連続して充てんし圧粉することが容易になった．ただし，焼結すると収縮率の違いにより寸法精度を悪くする．このような場合，焼結後に再圧縮してち密化と同時に寸法精度を確保する．エンジンのバルブシートではバルブ受け面に耐熱・耐摩耗に優れた材料を配し，その他の部分により安価な材料を組み合わせて量産している．

図4.22は2層成形接合バルブシートの形状を示す．高耐熱・耐摩耗性の組成をシート面に，高圧縮強度と被削性のよい組成を基材に構成して，再圧縮・再焼結工程を追加して製造している[36]．

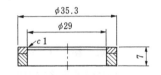

組成シート面：Fe-3Cr-2.5W-0.1Mo-1.0Co-1.2C-0.15S
基台：高炭素鋼

図4.22 エンジンのバルブシート形状と組成[36]

この2層の境界位置は**図4.23**に示すように，バルブの着座側の高価な材料の使用範囲をできるだけ減少し，コストダウンを図っている[37]．

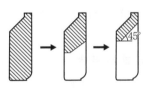

図4.23 エンジンのバルブシート外観と2層境界位置（断面）の変遷[37]

また**図4.24**に示すロッカーアームではカムシャフトカムと接触する部分のみ耐摩耗性の優れた材料（高Mo合金鋼）を配し，基材は一般の焼結材料（Fe-Cu-Ni-Mo鋼）を配し，1回の成形-焼結の工程で製造している[38]．

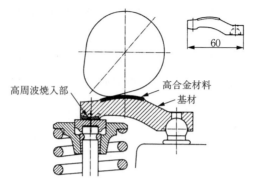

図 4.24 多層成形によるロッカーアーム

〔5〕 焼 結 ば め

圧粉体は焼結前後で組成により異なった寸法変化をする．この寸法変化の違いを利用し，焼ばめ効果を利用するのが焼結ばめである．

粉末冶金法で製造される機構部品の多くはFe-Cu-C系材料で製造されている．Fe-C系材料にCuを添加すると，焼結過程で銅膨張現象により焼結後寸法膨張することが知られている[39]．一方，Fe-C系材料にNiを添加すると焼結後寸法収縮する．そこで，Fe-Cu-C系材料を内側の部品（インナー）として，Fe-Ni-C系材料を外側の部品（アウター）として組合せ焼結すると，焼結後焼ばめ効果により結合する[40]．ただし，これらは金属組織的には接合していないため，焼結後熱処理したりすると，焼ばめ効果が減少し問題となることもある．

〔6〕 焼結拡散接合

焼結拡散接合法は，固相状態，あるいはごく少量の液相が介在する状態で拡散接合する固相拡散接合技術である．

一般に，拡散接合は清浄化された表面を重ね合わせ，あるいは突き合わせて高温に加熱し，母材の原子の固体拡散によって接合する．したがって，① 接合面の面精度，② 被接合部材の接合面を原子が拡散できる状態までに近接させるための圧力，および ③ 原子の拡散を促進するための温度が重要とされている[41]．

図 4.25 は焼結拡散接合法の工程の概略を示す．アウターとインナーとをそれぞれの内径と外径の寸法を調整して組み合わす．圧粉体は金型から抜き出される際に金型表面に擦られるため，圧粉体の表面は良好な面粗さを示す．しかも，内径や外径などの寸法は金型寸法に則るため，圧粉体の組合せは高い寸法精度で可能となる．

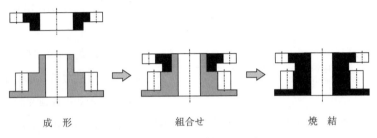

図 4.25　焼結拡散接合法の工程

圧粉体の焼結は，鉄粉をはじめとする各金属原子が固体拡散するうえで十分な温度に加熱されて進行する．すなわち，圧粉体を組合せ焼結すれば，固体拡散接合に重要な接合面の面精度と温度の条件は満足できる．ここまでは前項の焼結ばめ接合法も同じである．焼結ばめ接合法と異なる点は，残されたもう一点，被接合部材の接合面を原子が拡散できる状態までに近接させるための圧力である．

焼結ばめ接合法では，原子が拡散する温度域で近接させるための圧力を考慮していない．このため，接合面で金属結合が発生することはない．これに対し，焼結拡散接合法ではこの圧力を圧粉体の組合せを締りばめで行うことと，組合せ両部材の焼結過程における熱膨張量の差によって発生している．

図 4.26 は，Fe-1.5Cu-0.7C と Fe-1.5Cu-1.0C の圧粉体の焼結過程における熱膨張曲線を示す．図中 B で示した焼結後の寸法変化差を基に組合せ材料を選定するのが焼結ばめで，図中 A で示した焼結中の寸法変化差を基に組合せ材料を選定する．すなわち焼結の最高温度付近での熱膨張量の大きい材料をインナーに選定するのが，焼結拡散接合である[42),43)]．この場合，両部材間に

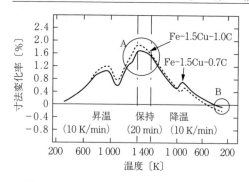

図4.26 Fe-1.5Cu-0.7CとFe-1.5Cu-1.0Cの圧粉体の焼結過程における熱膨張曲線[42),43)]

発生している圧力を直接測定することは不可能であるが，CAEで解析した結果では5 MPa以上の圧力が発生しており[44)]，圧粉体どうしの拡散接合に必要な最低限の圧力3.3 MPa[45)]を十分上回っている．

図4.27は，$\phi 30 \times t 5$ を接合面の形状とした際の試験片の組合せ寸法差と接合強度との関係を示す．ここで，組合せ寸法差がマイナスの場合は締りばめの状態を示している．焼きばめの考え方で作製した試験片強度は図中の（B）で，かつ組合せ寸法差がゼロ以上の領域である．接合強度は高くない．これに対し，焼結拡散接合の考え方で作製した試験片強度は図中の（A）で，高い接合強度を示している．その接合状態を図4.28に示す．接合面を越えてパーライトが形成されている．

焼結拡散接合の接合強度に影響を及ぼす因子としては，（1）組合せ部材の熱膨張係数の差のほかに，（2）組合せ寸法差，（3）拡散元素，（4）基材である鉄粉，などをあげることができる．これらの要点をまとめると以下のとおりとなる．

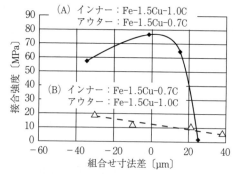

図4.27 Fe-1.5Cu-0.7CとFe-1.5Cu-1.0Cとを組み合わせた場合の組合せ寸法差と接合強度との関係

（1）インナーとアウターは，約20 μm程度の締り代になるように寸法を

4.3 焼結接合　　　　　　　　　　　　　　173

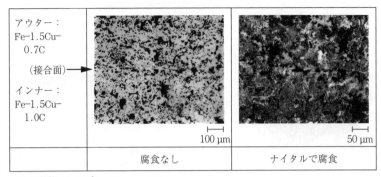

アウター：
Fe-1.5Cu-
0.7C
（接合面）
インナー：
Fe-1.5Cu-
1.0C

腐食なし　　　　　　ナイタルで腐食

焼結条件：1 130 ℃，30 min, RX gas

図 4.28　Fe-Cu-C 系焼結拡散接合体の接合状態

設定し，圧入などで組み合わせる．

（2）　組み合わせる材料組成は，焼結中の熱膨張量の差により選定する．すなわち，熱膨張量の大きい材料をインナーに用いる[42),43)]．

（3）　各材料の添加元素は，焼結温度での Fe 中への拡散係数の大きい元素を選定する．この意味で，Ni はあまり好ましい元素ではない[42)]．

（4）　鉄粉は比表面積の大きい粉末を用いるとよい[46)]．

図 4.29 は焼結拡散接合の適用部品例を示す[47)]．また，図 4.30 は機能の異なる材料を組み合わせた例として，ハイブリッド自動車用の駆動モータのロータコア[48)]を示す．

また，同様の考え方を応用すると，溶製鋼と圧粉体の焼結拡散接合も可能となる．図 4.31 は溶製鋼との焼結拡散接合例[49)]を示す．この部品は Fe-1.5Cu-0.7C 組成の圧粉体と S35C の溶製鋼ピンを組み合わせ，焼結-浸炭焼入れ・焼戻しの工程を経て製造される．成分組成が類

図 4.29　焼結拡散接合の適用部品例[47)]

174　　　　　　　　4. 局 部 溶 着

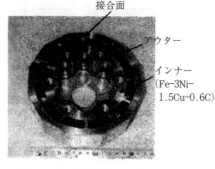

図 4.30　焼結拡散接合を適用したハイブ
　　　　リッド車のモータ用ローター[48]

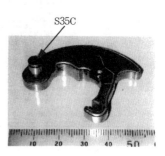

図 4.31　溶製鋼と圧粉体の
　　　　焼結拡散接合例[49]

図 4.32　溶製鋼シャフトとの
　　　　焼結拡散接合例[50]

似している溶製鋼と圧粉体とでは，焼結過程での熱膨張量は圧粉体のほうが通常小さくなる．これは，圧粉体中での粉末どうしの焼結が進行する結果である．したがって，溶製鋼をインナーとし，圧粉体をアウターとすれば焼結拡散接合が可能となる．

図 4.32 は，溶製鋼シャフトと圧粉体を拡散接合して製造しているインジェクタアマチュアを示す[50]．

〔7〕 **焼結体の機械的接合**（圧入，かしめ，ボルト締結など）

焼結部品を機械装置類に組み付けて使用する際には圧入，かしめ，またはボルトで締結するなど，なんらかの方法が用いられる．同じ方法を1個の部品の製法としてもときどき用いられる．この場合，注意しなければならない点として，焼結体は多孔質でじん性が溶製鋼などと比較して低いことである．よって，焼結体の孔部に他の部品を圧入しようとすると，圧入代が大きすぎると割れが発生する．したがって，圧入代を高精度に管理する必要がある．他方，溶製鋼の孔部に焼結体を圧入するのは強度的には問題ない．この場合も高精度の圧入代管理は必要であるが，機械強度上は問題ない．

ただし，焼結体の寸法精度は機械加工した部品に比べてかなり悪い．焼結部品の寸法精度を向上させるためサイジングが行われる．これは金型で焼結体をこすり整形することで，清浄な面を得るとともに，表面層をち密化する効果もある．**表4.10**はJISに規定されている焼結部品の寸法精度を示す[51]．

表4.10 金属焼結品の普通許容差[51]

幅の普通許容差〔単位 mm〕

寸法の区分	等級 精級	中級	並級
6以下	± 0.05	± 0.1	± 0.2
6を超え30以下	± 0.10	± 0.2	± 0.5
30を超え120以下	± 0.15	± 0.3	± 0.8
120を超え315以下	± 0.20	± 0.5	± 1.2

高さの普通許容差〔単位 mm〕

寸法の区分	等級 精級	中級	並級
6以下	± 0.1	± 0.2	± 0.6
6を超え30以下	± 0.2	± 0.5	± 1.0
30を超え120以下	± 0.3	± 0.8	± 1.8

この値はISOで規定されているIT基本公差等級で表すと幅方向ではIT10程度であり，サイジングなどによってもIT6が限界とされている．一方，高さ方向では精級でIT12程度である．**図4.33**に焼結部品の孔部にニードルベアリングを圧入した部品例を示す[52]．焼結部材を変形してかしめる場合，適用材としては伸びの比較的大きい純鉄系焼結材とステンレス系焼結材に限られるが，信頼性に欠けるため汎用はされていない．

図4.33 ニードルベアリングを圧入した焼結ギヤ[52]

〔8〕**溶　　　接**

溶接法は本書でも別章で詳述されているように，鉄鋼材料部品の接合法として幅広く利用されている方法である．ところが焼結部品は内部に多くの気孔を有し，かつ炭素含有量が比較的多い材料が一般的であるため，GTA溶接†などで溶接しようとすると溶接部に大きなブローホールが形成され，さらには熱影響部が急冷されるため焼入れ割れが生じるなどの問題が生じる．そこで，溶接しようとする鉄系焼結材料として鉄粉は純度の高いアトマイズ鉄粉を用い，添加元素として好ましい元素はNiで，反対に銅は2%以下に抑え，炭素は最小

---

† GTA溶接はGas Tungsten Arc Weldingの略．TIG溶接のこと．

限にとどめることなどが推奨され，またステンレス焼結鋼も溶接が可能である[53]．ただし，多孔質の気孔分の体積を埋めるためにもフィラー材の使用は欠かせない．鉄系焼結部品用のフィラー材としてFe-0.4% C-0.3% Si-24.5% Mn-7.2% Ni-13.7% Cr-0.5% Al-0.5% Ti の組成の材料が開発されている[54]．

このフィラー材を用い，Fe-Cu-C系焼結体，およびFe-Cu-Ni-Mo-C系焼結体を溶接速度25 mm/s，レーザ出力4.7 kW，フィラー材の供給速度50 mm/sの条件でレーザ溶接した際の接合部の断面組織は図4.34に示すように良好な接合状態を得ることができる．

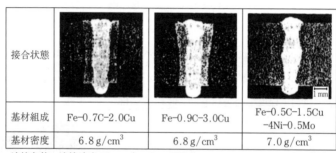

図4.34 フィラー材を用いてレーザ溶接した焼結体の接合状態

接合部の引張強さは，図4.35に示すように接合のままでは基材の焼結体強度より劣るが，適当な熱処理を施すと基材強度より高い値を示す．

図4.36は，同フィラー材を用いてレーザ溶接により製造した，汎用エンジンのコンプレッションリリース機構部品を示す[55]．

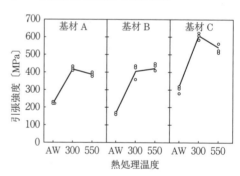

図4.35 フィラー材を用いてレーザ溶接した焼結体の接合強度に及ぼす熱処理の影響

4.3 焼結接合

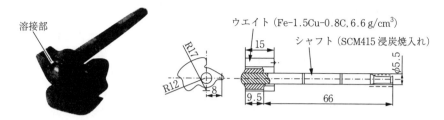

図4.36 レーザ溶接したコンプレッションリリース機構部品[55]

〔9〕接　　　着

接着も本書の別章で詳述されているように，金属材料部品の接合法として幅広く利用されている方法である．モータコアとして適用される粉末鉄心と磁石を組み付ける際などに，磁石の着磁前に接着する．接着時の注意点は，接着前の接着面を清浄面に仕上げること，および両部材の接着面の間隙を狭めることなど，他の金属部品の接着と同様である．

さらに，焼結部品が多孔質であることに注意する必要がある．例えば熱硬化性の樹脂を用いて接着しようとする場合，樹脂が硬化前に粘度が低下すると毛細管力により焼結体中に浸透して接着面に残らず，接着できないことになる．したがって，接着剤の粘度や量を考慮しなければならない．あるいは気孔率によっては焼結体の封孔も必要となる．

図4.37 接着により製造したアノードリアクトルコア[56],[57]

図4.37は，鉄粉と樹脂の複合材である圧粉磁心を6個重ねて，その各層間をグラスウールにエポキシ樹脂を含浸したプリプレグシートを用いて接着した，アノードリアクトルコアを示す．1個の重さが19 kg，高さは200 mmのコアのため一体では製造不可能で，6分割したコアを接着して製造した[56]．交直変換装置や周波数変換装置にサイリスタバルブの保護回路として使用されている[57]．

〔10〕加 圧 接 合

材料特性や接合強度向上のため加圧しながら焼結接合する．流体を媒体にして熱間で等方加圧焼結するのが HIP (hot isostatic pressing, 熱間静水圧成形)であり，熱間で圧縮し焼結するのが熱間加圧接合である．

HIP は，1955 年アメリカで核燃料の均圧接合法として開発された．溶解域がないので異常組織ができない，固相拡散接合なので高温での強度が高い，互いに相性の悪い材料でも接合できる，粉末が利用でき真密度が得られる，などの特徴がある[58]．粉末の処理工程の例を図 4.38 に示す[59]．例として IN100/AF115 では接合強度は高く，組織は微細に入り込んでいる[60]．さらに ODS (酸化物分散強化) 合金の HIP 拡散接合が研究されている[61]．

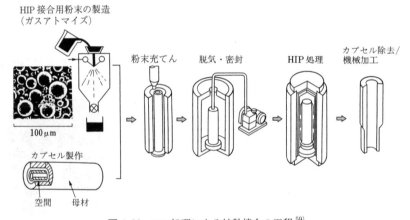

図 4.38 HIP 処理による拡散接合の工程[59]

熱間加圧接合により作られる摩擦材料は，粉末冶金の特徴を生かして摩擦係数と耐摩耗性を両立した特性をもつ．銅系摩擦材は黒鉛と摩擦調整材を除く基材成分の銅やすずを粉末配合するので，遷移液相の介在する焼結になる[62]．一般に液相が存在する加圧焼結では，加圧力は極端に少なくてすむ[63]．圧粉体を気孔率 10～20% に焼結し，銅めっき鋼材に接合するには適切な温度域で，0.5～0.8 MPa で加圧すればよい．逆に圧力が 3.5 MPa を超えると，液相がにじみ出てしまい組成の均質な複合材が作れない．摩擦材には，ほどほどにち

密な複合材が求められ，気孔率が圧粉体のそれと同程度に作られる[64]．

図4.39に粉末圧延シートを熱間加圧焼結し，同時に鋼材に接合したしゅう動ブロックを示す．用途は鍛圧機の付属治具や射出成型機のしゅう動部材である．加圧力の制御により気孔を残しながら材料強化を図り，さらに油と黒鉛を組み合わせて潤滑する機械要素である．Ni，Pが鋼材部に拡散することで接合強度が向上する[65]．

図4.39 黒鉛含有しゅう動ブロック[65]

図4.40 複合シリンダー[66]

図4.40は，内径22 mmのSCM440鋼材の内側にCr-Ni-W-B-Co基材の粉末からなる2 mmの層をAr雰囲気中で950℃で3時間，圧力は100 MPaでHIP処理して接合した複合シリンダーを示す．このシリンダーは耐食性があり，耐摩耗性は窒化鋼の10倍[66]を持ち，ガラス繊維，強化プラスチック，金属，セラミックスの射出成型を可能にした．

図4.41に接合部断面の組織を示す．

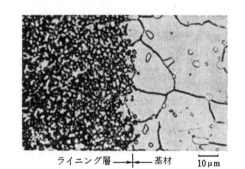

図4.41 HIP接合面の組織[66]

4.4 抵 抗 溶 接

4.4.1 概　　　要

　抵抗溶接は，高電流を流した際に生じる抵抗発熱（ジュール熱）により，材料密着面を加熱し溶融させる溶接法である．継手形状により，図 4.42 に示すように分類される．

図 4.42　抵抗溶接の種類

　重ね抵抗溶接は重ね継手に適用されるもので，重ね合わせた面は上下電極による加圧密着後に通電加熱される．平らな面どうしを重ね合わせて点溶接する方法はスポット溶接と呼んでおり，抵抗溶接法の代表例である．その他，高電流密度を得るために一方に突起を設けた方法はプロジェクション溶接，ローラ電極により連続的に点溶接を行うことで密封性を得ようとする方法はシーム溶接と分類される．比較的薄い板を対象としたものであり，自動車，鉄道車両，航空機，家電製品などの製造に広く用いられている．

　突合せ抵抗溶接は，突合せ継手に適用されるものである．突合せ面を両側電極により加圧密着後に通電加熱する方法はアプセット溶接，加圧密着前の通電により生じるアーク熱を併用する方法はフラッシュ溶接と分類される．その他，シーム溶接と同様のローラ電極により突合せ面に連続的な溶接部を得る方法は，バットシーム溶接として区別される．レールの敷設，鎖，電縫管（パイプ）などの製造に広く用いられている．

4.4.2 抵抗溶接の原理

代表的な抵抗溶接法であるスポット溶接を例に，抵抗溶接の原理を述べる．抵抗 R 〔Ω〕の材料に電流 I 〔A〕を t 秒間流したときの抵抗発熱量 Q 〔J〕は，式 (4.1) のとおり．

$$Q = I^2 R t \quad (4.1)$$

図 4.43 は電極面積，通電面積およびナゲット径が一致する溶接条件を表しているが，この溶接条件における発熱量 Q は，式 (4.2) のとおり．

$$Q = \delta^2 \rho l A t \quad (4.2)$$

この式より，斜線部における抵抗発熱量は材料の固有抵抗 ρ，電流密度 δ が大きくなれば，大きくなることがわかる．

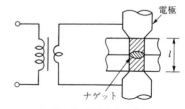

l：重ね合せ板厚〔mm〕
A：電極面積〔mm^2〕
δ：電流密度〔A/mm^2〕
ρ：材料の固有抵抗〔Ω·mm〕

図 4.43 スポット溶接の原理

スポット溶接では，溶融凝固して形成された溶接部のことをナゲットと呼ぶ．図に示すようにナゲットは重ね合せ面周辺に観察される．材料内部でのナゲット生成には，固有抵抗のほかに接触抵抗が大きく関与していると考えられる．接触面（重ね合せ面）において局部的に大きな抵抗値を示すのである．接触抵抗は通電初期に消滅してしまうため，式 (4.2) では無視されている．板－電極間の接触面においても，局部的な温度上昇が起きることが予想されるが，電極が水冷されているために，電極付近での温度上昇は抑制されている．このように，まず重ね合せ面の接触部付近が昇温する．

さらなる溶接中の抵抗発熱により材料温度は上昇する．温度 θ_0 における固有抵抗 ρ_0 は，温度 $\theta(\theta > \theta_0)$ になったときには，次式で示すように変化する．

$$\rho = \rho_0 \{1 + \alpha(\theta - \theta_0)\} \quad (4.3)$$

ここで，α は材料によって決まる温度係数である．したがって，抵抗による温度上昇が固有抵抗を増加させ，その結果さらに接触部の温度が上昇し，最終的に溶融に至る．

定電流溶接条件では,電流密度は通電面積に逆比例する.溶接中は温度上昇による材料の降伏点低下に起因する塑性変形が生じやすくなる.一般的な溶接条件では,電極と接する板表面に圧痕が形成される.そのため,板-電極間の接触面においてそのマクロ形状と真実接触面形状が変化することから,通電面積すなわち電流密度も変化することになる.

発生熱量は温度こう配に従い,熱伝導により材料内部の隣接領域に伝達される.抵抗溶接における昇温過程は複雑であるが,さまざまな検討がなされ[67],現在ではいくつかの市販シミュレーションソフトウェアが利用できる状況にある.

4.4.3 各種抵抗溶接

トランジスタ式,コンデンサ式,交流式,直流および交流インバーター式電源が利用されている.

〔1〕 スポット溶接

図4.44にスポット溶接機の構造を示す.溶接機は二次回路に大電流を発生させるための溶接変圧器(トランス),電極チップを介して圧力を加える加圧装置,主電流を開閉させ短時間通電を制御する制御装置(タイマー)などを有している.

接合形式上から図4.45に示すような種類があり,目的,継手形状に応じて使い分ける.このうち,図(c),図(d)

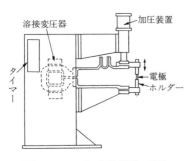

図4.44 スポット溶接機の構造

では図示するように無効電流が上板に流れるため,そのぶん溶接電流を増加しておかなければならない.設備の形態上からは ① 卓上式,② 定置式(前掲図4.44),③ ポータブル式,④ マルチ式がある.

自動車組立ラインでは,図4.46に示すようなポータブルガンおよびトランスを持った溶接ロボットが活躍している.モデルチェンジに対する即応性,同

4.4 抵抗溶接

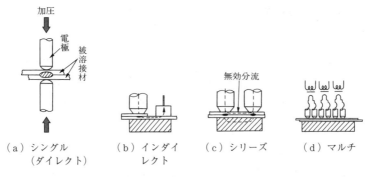

図4.45 各種スポット溶接法

一ラインにおいて他種類のモデルを組み立てる混流生産に適している.

〔2〕 **プロジェクション溶接**

図4.47に示すように，被溶接材の一部に突起（2～4点）を設け，熱容量差のある被溶接材のヒートバランスを保ちながら多点同時溶接を行う．高精度の突起形状とともに，均一加圧力や通電中の電極の追従性などのため，溶接機には高剛性および高精度が要求される．スポット溶接機に比べ高い入力が必要である．

図4.46 スポット溶接ロボット
（提供：川崎重工業株式会社）

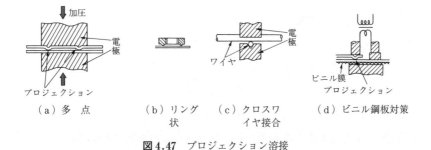

図4.47 プロジェクション溶接

〔3〕 シーム溶接

図 4.48 に示すように，上下 2 枚のローラー電極に被溶接材を挟み，加圧しながら連続的にスポット溶接を繰り返し，縫い合わせるように溶接する．連続した溶接部となるので，気密性を要する製品に用いられる．溶接電流は通電と休止を規則的に繰り返すが，すでにできたナゲットと重なり合うため無効電流が多く，スポット溶接に比べ 1.5 〜 2 倍の入力が必要である．

〔4〕 アプセット溶接

図 4.49 に示すように，被溶接材の端部を突合わせ加圧しながら大電流を流し，突合せ面が溶接可能な温度に上昇した時点で高圧力を加えてアプセットする．適当なアプセット値に達したところで通電を打ち切り溶接が完了する．突合せ断面積に対してアプセット量が少ない場合，接合部の酸化スケールを十分排出できない．信頼性のある継手を得るには，丸棒では最大 $\phi16$ 程度が限度である．薄板や薄肉管は座屈が発生しやすい．入力はつぎに述べるフラッシュ溶接に比べ小さくてよい．

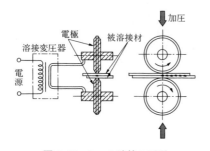

図 4.48 シーム溶接の原理

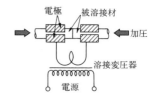

図 4.49 アプセット溶接の原理

〔5〕 フラッシュ溶接

図 4.50 に示すように（1）被溶接材クランプ，（2）電圧をかけゆっくり前進，（3）短絡電流によるフラッシュ発生，（4）急速加圧およびアプセット電流通電，（5）通電停止溶接完了という過程を経る．アプセット溶接に比べ大きな断面積のものや管類に適用可能であり，生産性の高い継手を得る．しかし溶接機が複雑で入力も大きく高価であり，フラッシュの飛散対策が必要である．

4.4 抵抗溶接

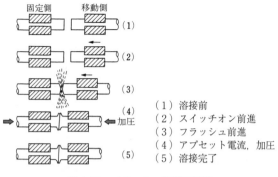

(1) 溶接前
(2) スイッチオン前進
(3) フラッシュ前進
(4) アプセット電流，加圧
(5) 溶接完了

図4.50 フラッシュ溶接の原理

〔6〕 バットシーム溶接

図4.51に示すように電縫管の製造に使用される．継手形状は突合せであるが，溶接機は一種のシーム溶接である．しかし，今日ではより高速溶接が可能な高周波溶接や高周波誘導溶接に代替されている．

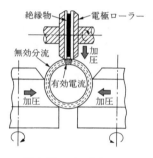

図4.51 バットシーム溶接の原理

4.4.4 接合条件および評価

〔1〕 接 合 条 件

溶接結果には溶接条件，被溶接材の種類，溶接装置などが影響する．なかでも，溶接電流，通電時間，加圧力などの溶接条件は，抵抗溶接の最も基本的な影響因子とされる．

溶接電流と通電時間は，発熱量を一定と考えると，一方を決めれば他方の値も決まる．しかし，通電時間があまり大きいと熱伝導によってナゲット形成のための熱効率が悪くなる．逆に通電時間が短かすぎると，急激な温度上昇に伴う散り（溶融した金属が外部へ飛散する現象）が発生し，良好なナゲットは得られない．一般には，時間として商用周波数サイクル〔cycle〕($1/50$ sまたは$1/60$ s）を単位とするとき，例えば1.6 mmの2枚重ねのスポット溶接では16

～52 cycle の条件が選ばれる．板厚が異なる場合は，熱伝導論から基礎概念が提示されており[68),69)]，相似則による．すなわち，板厚が n 倍になり，n 倍のナゲット径を得るには，電流密度を $1/n$ 倍に，通電時間を n^2 倍すればよい．しかし，現実にはナゲット径は板厚の平方根に比例するように選ばれ，そのまま適用できない．

軟鋼板スポット溶接に対するRWMA（米国抵抗溶接機製造者協会）の推奨条件を**表 4.11** に示す．ここでは推奨ナゲットを $5\sqrt{T}$（T：板厚）程度に設定しており，電流密度を板厚の平方根に比例させ，通電時間は板厚に比例させた値を採用している．また，同一時間に対して推奨条件を3水準設定しており，

表 4.11 軟鋼板スポット溶接の推奨条件（RWMAを一部修正）

板厚[*1]	電極[*2] max d	電極[*2] min D	最小ピッチ[*3] l	最小ラップ[*4] L	Aクラス 時間[*5]	Aクラス 加圧力	Aクラス 電流	Bクラス 時間[*5]	Bクラス 加圧力	Bクラス 電流	Cクラス 時間[*5]	Cクラス 加圧力	Cクラス 電流
[mm]	[mm]	[mm]	[mm]	[mm]	[cycle]	[kgf]	[A]	[cycle]	[kgf]	[A]	[cycle]	[kgf]	[A]
0.4	3.2	12	8	10	4	120	5 400	8	75	4 400	20	40	3 500
0.5	3.5	12	9	11	5	135	6 000	10	90	5 000	23	45	3 900
0.6	4.0	12	10	11	6	150	6 600	12	100	5 500	26	50	4 300
0.8	4.5	12	12	11	8	175	8 000	16	120	6 400	32	70	5 000
1.0	5.0	12	18	12	10	220	9 000	20	150	7 200	36	85	5 600
1.2	5.5	12	20	14	12	275	10 000	23	175	8 000	42	100	6 100
1.4	6.0	12	24	15	14	320	10 800	26	200	8 600	46	120	6 600
1.6	6.3	13	27	16	16	370	11 600	30	230	9 200	52	135	7 100
1.8	6.7	16	31	17	18	430	12 500	33	260	9 800	54	155	7 600
2.0	7.0	16	35	18	20	480	13 200	38	300	10 400	60	175	8 000
2.3	7.6	16	40	20	24	570	14 400	43	330	11 000	65	200	8 600
2.8	8.5	16	45	21	28	700	16 000	52	430	12 400	76	230	9 500
3.2	9.0	16	50	22	32	820	17 400	60	480	13 200	84	285	10 200

*1 本表に示す被溶接材は同一板厚2枚重ねの場合を示す．
*2 電極材質はRWMAのクラス2とし，先端形状は右図による．
*3 最小ピッチとは右図 l をいう．隣の溶接点による分流効果を実用上無視し得る限度を示す．この値以下のピッチで溶接しなければならない場合には分流効果を考慮して電流値を適当に補正増しなければならない．
*4 最小ラップとは右図 L をいう．L をこの値以下にすると強度が低下するうえにひずみを生じる．
*5 溶接時間は電源周波数 60 Hz におけるサイクル数を示す．

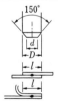

4.4 抵抗溶接

Aクラスが最も電流密度が大きく,短時間通電の条件となっている.

加圧力は,**図4.52**に示すように溶接電流に応じた値をとる[70]. これ以上では板間の密着性がよくなりすぎ,電流密度が低下し溶着不良となってしまう. 逆に小さいと溶融ナゲットの膨張を抑えきれず,散り発生や表面のくぼみなどの欠陥を生じる. したがって,加圧力は設定された電流に対して,散り発生限界すれすれに選ぶべきである. 軟鋼板のスポット溶接では,一般に $2.7 \times 10^{-5} I^2$ 〔N〕近傍が採用されている[71].

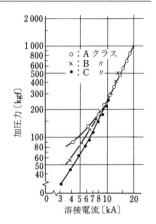

図4.52 加圧力と溶接電流の関係[70]

各種被溶接材のうち軟鋼はきわめて溶接性がよく,特別な配慮はいらない. 高張力鋼(ハイテン)は溶接部に焼きが入りやすいので,溶接後冷却し再度焼戻し用の通電を行う. この場合,加圧力は軟鋼に比べ 10〜30% 大きくとる. ステンレス鋼は軟鋼に比べ熱伝導度が小さいので,短時間通電で溶接が可能である. マルテンサイト系ステンレス鋼の場合は硬化性が著しいので,焼戻し通電が必要である.

アルミニウム合金は鋼に比べて融点が低いが,電気抵抗が小さく熱伝導度が大きいので,極端な大電流短時間通電が必要となる. また,表面酸化膜が溶接強度のばらつきに影響するので,溶接前に機械的または化学表面処理を施さなければならない[72]. 電極材質である銅とアルミニウムの反応により,電極の形状欠損が起きることも考慮しなければならない[73].

亜鉛めっき鋼板は,めっき層が軟らかく接触面のなじみがよく接触抵抗による発熱が小さい. 亜鉛の融点が低く通電初期に溶融し,電流経路が広がり電流密度が低下する. 電極チップに亜鉛がピックアップされるので,チップ先端の汚損が早く先端部がだれ,その結果,面積が増し電流密度が低下し連続打点数が大幅に減少するなどのために,溶接性が劣る. 特に厚めっきほど不利とな

る．現在，亜鉛めっき鋼板を含めた各種表面処理鋼板について，そのスポット溶接性が調査されている[74]．

異種材料継手として最も望まれているものは，鋼とアルミニウム合金の組合せである．この場合，溶接部に生成される金属間化合物相のほかに，融点，電気伝導度および熱伝導度の差に注意しなければならない．鋼は融点が高いが，抵抗発熱しやすく，局所加熱される．アルミニウムはその逆の性質を持つ．

抵抗スポット溶接は自動車製造において多用されているが，樹脂接着と抵抗溶接を組み合わせたウェルドボンドは航空機製造にも用いられる．最近では炭素繊維複合材料への適用が検討されるようになっている[75]．

〔2〕 評 価 方 法

抵抗溶接による溶接部の検査方法には，突合せ溶接では，① 外観試験，② 引張試験，③ 曲げ試験，④ 断面試験などが用いられ，非破壊試験法では超音波試験が用いられている．

重ね抵抗溶接では，① 外観試験，② 引張せん断試験，③ 十字引張試験，④ 断面試験，⑤ ねじり試験，⑥ 剥離試験などが用いられている．JIS Z 3140「スポット溶接部の検査方法」をはじめ，多様な継手に対して規定されている．

自動化，無人化における抵抗溶接の品質保証は大きな課題である．現在，確実な非破壊試験方法は確立されていない．また，自動車ボデーのスポット溶接のように，検査部位が多い場合には抜き取り検査にならざるをえない．

品質管理システムとして，電源電圧モニター，溶接電流モニター，$I \times t$ モニターなどがある．しかし，これらは設定溶接条件範囲にあるかどうかを監視するためで，ナゲットの成長を示す能力は持たない．ナゲットの成長を物理特性で評価するモニター（電極チップ間電圧モニター，電極チップ間抵抗モニター，電極変位モニター，超音波モニター，赤外線モニター，AE モニターなど）の開発が進められ，実用化されている．さらに，これらにより溶接中の不具合を検知し，時々刻々適切なフィードバック制御を行うインプロセス溶接適応制御[76]も試みられており，今後が期待される．

4.5 圧　接

4.5.1 圧接法の分類

加圧力を加えて固相の母材を接合する方法を総称して圧接という．再結晶温度以上に加熱して行う高温圧接と再結晶温度以下で行う冷間圧接がある．また低温度・高加圧力下で行う変形接合と，高温度・低加圧力下で行う拡散接合に分類できる．

実用されている圧接法を図 4.53 に示す．継手効率は圧接法によって異なる．融接に比較して接合部に溶融凝固部や脆弱な中間層が形成されず，熱影響範囲が狭いなどの利点があるが，部材の変形量が大きく，材質や形状によっては適用に制限がある．しかし，焼結合金，熱処理合金，異種材料，複合材料などの接合に各種の分野で広く応用されている．

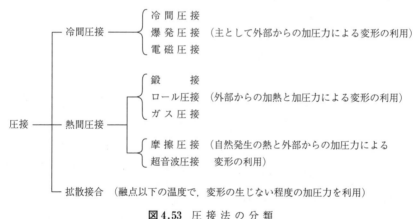

図 4.53　圧接法の分類

4.5.2 圧接性に及ぼす諸要因

固相接合を行うには，接合部材を原子の作用力が及ぶ範囲まで接近させなければならない．図 4.54 に示すように，2 個の原子間の相互引力は原子が離れ

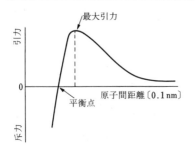

図 4.54 原子間に作用する力と2原子距離の関係[70]

て存在するときには0であり，接近するにつれて大きくなり，原子間距離の約2倍で最大となる．さらに接近を続けると引力と斥力の大きさが等しくなり，エネルギー的に最も安定な状態となる．圧接過程では，加圧力，加熱あるいは両者を組み合わせて，固相状態で両母材の原子を相互の引力の及ぶ距離に接近させるために，接合面の部分的接触とこれによる空隙の収縮，消滅を行っている[77)～79)]．

加熱温度，加圧力および圧接時間などの条件のほか，接合面の性状（表面粗さ，清浄度など），接合面の密着性，有効な合金層の形成などが継手強度に影響を及ぼす．

接合面の密着性を高めるために接合面の酸化被膜，油脂被膜，その他の汚れを完全に除去して清浄度を保つ必要がある．これらの除去には機械的研磨（やすりがけ，ワイヤブラッシングなど），化学研磨，電気化学的除去（電解ポリッシング，電解研磨など）などが用いられているが，いずれの方法が最適であるかは明らかではない．しかし簡便さの面から，一般には機械的研磨後，有機溶剤による脱脂を行っている．表面処理は圧接直前に実施するのが一般的である．**図 4.55**は，接合面を研磨したのち大気中（温度 45 ℃，湿度 85 %）に放置する時間の影響を示す．時間の経過に伴い接合強度は低下している．

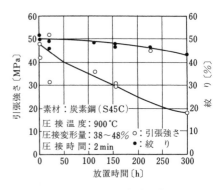

図 4.55 接合面研磨後圧接までの放置時間と接合強度[80]

いかなる表面加工法を用いても，原子直径に相当する面精度を得ることは不可能であり，接合面には微小な凹凸が形成される．このため部材の塑性変形性

4.5 圧 接 191

が接合強度に影響を及ぼすことになる．それゆえ加熱温度のみならず，部材の硬さ，純度，加工硬化性および結晶構造の相違が圧接性の影響因子となる．

同種材料の圧接は，高温でなくても可能であるが，一般に合金は純金属よりも拡散性に劣り，硬いため温度を高くする必要がある．融点の異なる異種材料の組合せでは，低融点金属の再結晶温度以上に加熱すれば接合は可能となる．高融点材料の接合では，温度が高すぎると脆弱な合金層が接合部に生成することがあるので，インサートメタルとして低融点金属を両母材間に挿入して行えば，比較的容易に良好な圧接ができる．

部材の変形のみならず圧接機や治具の形式，部材形状などの観点から，圧接はできるだけ低加圧力で行うことが望ましい．極端に高い加圧力では部材の塑性変形が著しく，圧接後の矯正加工などがめんどうであるばかりではなく，ときには圧接機や治具を破損することもある．接合面の密着性，被膜の破壊の進行，原子の移動，再結晶温度の低下などを考慮して，母材に適した加圧力を選択しなければならない．加圧時間は接合温度が高い場合には短縮できる．

4.5.3　各種圧接法とその応用例

〔1〕　冷間（常温）圧接

機械的加圧力のみを付与して，母材の塑性変形を利用して接合する重ね継手と突合せ継手に応用されている．接合部に熱影響部や金属間化合物は生成しないが，接合部に大きな塑性変形と加工硬化を生ずる欠点がある．比較的簡単な装置で圧接ができるので，アルミニウム合金あるいは銅合金のような高い延性を有し，加工硬化をしない材料の接合に応用されるが，延性材料であれば異種材料の接合にも適用できる[81]．

〔2〕　ガ ス 圧 接

ガス炎で再結晶温度以上に加熱後，軸方向に加圧して圧接を行う．両部材を密着した状態で加熱を行うクローズバット法と，はじめは接合面を離しておいて加熱後，軸方向に加圧力を付与するオープンバット法がある．部材は軸方向の加圧力によって密着し，接触部の金属原子が互いに拡散し，再結晶をして接

合される．

　加圧方式には定圧法，2段加圧法および3段加圧法がある．中性炎あるいは還元性炎を用いるので脱炭層は生成せず硬さの低下がない，加熱範囲が広いので硬化もしない，装置も簡単で熟練を要しないなどの特徴がある．一般的には，鉄筋，レール，パイプなどの接合にクローズバット法が多用されている．図4.56にガス圧接製品を示す[82]．このような，単なる棒材やパイプの接合以外に各種の機械部品の製造に適用範囲が拡大している．

図4.56　航空機用プロペラハブ（左端：組立前）[82]

〔3〕摩擦圧接

　軸圧力を付与しながら両部材の接触面で相対運動を起こし，発生する摩擦熱によって高温に達したとき，運動を急停止し大きな軸方向圧力を付与して接合する．すなわち圧接サイクルは摩擦過程と相対運動停止後の圧接過程からなる．

　実用方式には，ブレーキ式とフライホイール式がある．ブレーキ式は回転を急停止するために大容量ブレーキが必要となり，大径材には不具合なこともあるが，多用されている．フライホイール式は回転軸側にフライホイールを取り付け，その運動エネルギーを短時間に放出させて圧接を行う．接触面に発生する摩擦力をブレーキとして利用するので，大径材の接合に有効とされている．

　部材の形状は，少なくとも一方は円形または環状断面でなければならない．しかし，長尺の部材，大重量の部材，固定されていて回転不可能な形状，あるいは非対称の部材，両部材の相対位置が重要な製品などは圧接不可能である．

　摩擦速度，摩擦圧力（摩擦圧接において，摩擦過程で付与されている圧力），

摩擦時間，アプセット圧力，アプセット時間，寄り代などの圧接条件，および部材の形状・寸法などによる回転トルク，摩擦面およびその近傍の温度履歴などが，良好な接合のための要因となる．

図 4.57 はアルミニウム合金の接合部断面組織を観察したものである．部材の回転軸および接合面に対して組織は対称である．接合断面には中心がくびれた凹状の熱影響部が観察される．熱影響部の形状は圧接条件によって異なったものとなる．また，微視的には素材の繊維状組織の流れが，熱影響部ではバリ

（摩擦圧力：49 MPa，アプセット圧力：98 MPa，摩擦時間：5 s，アプセット時間：5 s）

図 4.57 アルミニウム合金の接合部の組織[83]

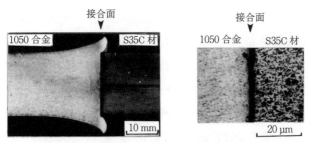

（摩擦圧力：20 MPa，アプセット圧力：40 MPa，摩擦時間：3 s，アプセット時間：5 s）

図 4.58 アルミニウム合金（A 1050）/炭素鋼（S35C）の接合部の組織[84]

の流出方向に変化し，接合面では消滅している．図 4.58 は炭素鋼とアルミニウム合金の接合面近傍の組織であるが，バリは軟質のアルミニウム合金側からのみ生成している．

摩擦圧接は，金属材料のみならずプラスチックに対しても容易に適用でき，異径材に対しても可能なことから，航空機，自動車をはじめとする各種の工業分野における部品の量産工程に広く採用されている．図 4.59 および図 4.60 に摩擦圧接によって製造された製品の例を示す．

他の超音波圧接，爆発圧接，拡散接合については，各章にて記述する．

(材質：ポリプロピレン)
図 4.60　電気洗濯機用バランスリング[86]

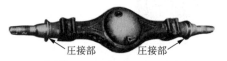

(材質：S 43 C / SHP 45 / S 43 C)
図 4.59　トラック用リヤーアクスルハウジング[85]

4.6　超音波接合

4.6.1　超音波発生の原理と接合機

可聴周波数領域を超えた周波数 20 000 Hz 以上の音波および聴くことを目的としない音波を，一般に超音波（ultrasonic-waves）と呼んでいる．工業的に用いられている超音波発生方法を表 4.12 に示す．

現在，工業的に実用されている振動子は，電歪型のジルコン酸チタン酸鉛，および磁歪型のニッケル，フェライトなどである．

振動子は，電気的エネルギーを機械的エネルギーに変換する変換器である．その変換は，磁歪あるいは電歪現象による．磁歪とは強磁性体を磁場中に入れ磁化すると，磁化の方向に長さが変わる（Joule 効果）現象である．磁歪材料はアルフェル（AF）合金のように磁化により伸びるものや，逆にニッケルの

表 4.12　超音波発生方法[87)]

駆動原理	振動子	発生周波数〔kHz〕
圧電型	水晶 ロッシェル塩	20 ～ 30 000 0.2 ～ 1 000
電歪型	チタン酸バリウム ジルコン酸チタン酸鉛	10 ～ 10 000
磁歪型	ニッケル, AF合金, フェライト	10 ～ 100
電磁型		0.2 ～ 25

ように収縮するものがある．電歪は，強誘電体が電界の中で分極を生じ，分極の方向に大きく伸びる現象である．ジルコン酸チタン酸鉛（PZT）振動子は，その厚み方向にあらかじめ分極してあり，共振周波数に等しい電圧を加えることにより共振する．分極が失われる温度をキュリー温度と呼び，振動子はそれ以上の高温域では使用できない．PZTは，実用されている圧電セラミックスの中でキュリー温度が約250℃と高く，超音波洗浄をはじめ医療器具などに広く用いられている．

PZTを用いて強力な超音波振動を発生させるために，最も汎用的に利用されている振動子のひとつに，ボルト締めランジュバン型電歪振動子（BLT）がある．その構造の概略を図4.61に示す．PZTはおよそ2～5mm程度の厚さであり，2枚，4枚，あるいは6枚など，偶数枚で利用され，それぞれの端面にはリン青銅製などの薄い電極版が挟み込まれたサンドイッチ構造となっている．それぞれに＋極と－極の電荷が加えられ，－極側は振動子本体に導通している．前面板と裏打板は一般的にジュラルミン製であり，中心ボルトは鉄鋼やチタン合金製となっている．前面板の中心には，振動ホーンと連結するための

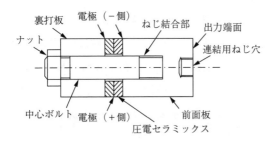

図 4.61　ボルト締めランジュバン型電歪振動子（BLT）[93)]

ねじ穴が設けてあり，そのねじ穴に，植込みボルトを挿入して締め込み，振動子とホーンの端面とを強固に密着させて連結する[87]．

超音波接合機は，図 4.62 に示すような発振機，超音波振動系（変換器，コーン，フランジ，ホーン，ホーンチップ（ツールチップ））およびアンビルから構成されている．発振機により駆動される振動子は，電気エネルギーを上下方向の機械振動エネルギーに変換する．半波長共振長を持つホーン（カプラー，コーンとも呼ぶ）により，振幅を拡大する（図（b））．

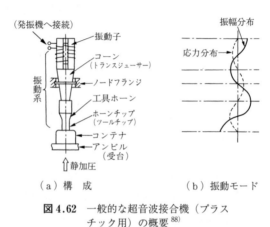

図 4.62　一般的な超音波接合機（プラスチック用）の概要[88]

実用の超音波接合機は，これらの振動子を有する出力 1～5 kW で，超音波周波数 15～80 kHz のものが多い．とりわけ金属やプラスチックの加工に出力 100～5 000 W で，周波数 20 kHz 前後のもが圧倒的に多い．

4.6.2　超音波接合の特徴と種類

超音波接合法（超音波圧接）は固相環境を問わず容易に接合でき，大量生産が可能であるため，種々の分野で用いられている[88]～[92]．一般につぎのような特徴を持つ．①装置が小型である，②取扱いおよび移動が容易である，③据付け取付けが簡単である，④作業がきわめて短時間に完了する，⑤超音波振動により材料表面が清浄となり，表面処理が不要となる，⑥抵抗溶接などに

比べて極端に熱の発生が少なく，材料物性が損なわれず，脆弱化がほとんどない，⑦接合部での変形が少ない，⑧抵抗溶接では不可能な異種材料間あるいは箔などの接合ができる，⑨脆弱な金属間化合物などの形成なしに強力な接合ができる，⑩材料がほかの溶接法のように溶融しない，⑪フラックスやインサート材が不要である．

〔1〕 **金属の超音波接合**

通常図4.63に示すような装置を用いて，出力200〜4000W，周波数20〜80kHzで行われる．同一加圧力で摩擦エネルギーを増大することにより，強固な接合が得られる．しかし，アルミニウムや銅などの弾性係数が小さく，塑性変形に伴い加工硬化する材料では，条件を適切に選ばないと，接合部近傍で亀裂などの欠陥が発生しやすい．モリブデン，タングステン，アモルファス合金のような弾性係数の大きい材料では，内部変形によりボイドや割れなどが生じやすい[87]．

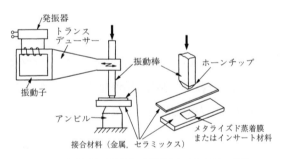

図4.63 超音波接合機（金属，セラミックス用）および接合部位の概要[89]

図4.64は，アルミニウム/ステンレス接合部の断面写真[90]であるが，視覚的には良好な接合が確認される．しかし界面の構造状態によっては，接合強度が大きく左右される．図4.65は，ニッケル/アルミニウム接合部のX線マイクロアナライザー分析の一例を示す．接合界面近傍に数μmの幅の原子間拡散層が形成されている．このように金属間の超音波接合は，機械的接合のみならず両金属原子の相互拡散（ときには金属間化合物の生成など）による接合も行

198   4. 局 部 溶 着

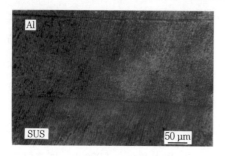 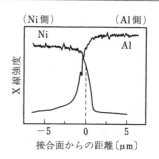

図 4.64 Al/SUS 鋼超音波接合材（p_c：20 MPa, T：0.5 s）の断面組織写真[95]

図 4.65 Ni/Al 接合材の接合界面の X 線分析

われる[90].

　アモルファス合金は温度の上昇とともに結晶化することから，従来の融接法では物性維持がきわめて困難であるが，超音波接合法では結晶化もなしに強力に接合できることが明らかになった[91]．図 4.66 に示すように，良好な接合が認められる．図 4.67 の X 線分析結果に示すように，焼なまし材やスポット溶接材は結晶化が認められるのに対し，超音波接合材は素材とまったく同様の回折強度分布を呈し，結晶化の徴候さえ見られない．

　このように超音波接合においては，超音波振動によって酸化物あるいは有機被膜などの不純物が破壊分散して表面が清浄化される．また脆弱な金属間化合物が形成されないため加圧力や印加時間が発熱効率を促し，ひいては塑性流動

 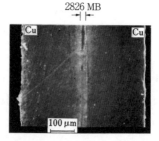

（a）アモルファス合金どうし　　　（b）Cu-アモルファス合金-Cu
（p_c：15.7 MPa, T：0.3 s, アモルファス合金：$Fe_{40}Ni_{38}Mo_4$）

図 4.66 アモルファス合金の超音波接合部における断面 SEM 観察写真[91]

によって原子結合あるいは原子間拡散が行われる．なお材料の寸法効果については，板厚が薄くなるほど振動エネルギーがごく短時間に有効に作用し接合性が向上する．逆に板厚が大きくなると相当の加圧力や印加時間が必要となり振動が効果的に作用せず，場合によっては振動が停止したり，あるいは長時間印加すると亀裂や内部空隙が生じることもある．一般的に小物，薄物，軟質材は，低出力，低加圧力で接合ができる．

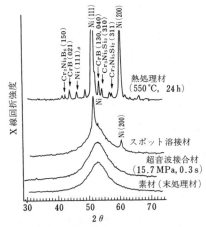

図 4.67 アモルファス合金の X 線回折強度分布の例[91]

〔2〕 **セラミックス／金属の超音波接合**

セラミックスと金属あるいはセラミックスとの接合体（複合体）を得ることができる．セラミックスと金属を直接，接合させる方法と，バインダーを用いる方法とがある．後者には活性化金属をインサート材料として用いる場合と，あらかじめメタライズ処理をしたセラミックス面と金属を接合する方法とがある[89]．接合装置は，図 4.63 に示したものと同様で，出力 200～1 000 W，振幅 23～30 μm の範囲である．

材料の組合せが最適条件のときに接合強度や特性が最高になる．図 4.68 に接合可能条件の例を示す．界面では超音波振動による摩擦熱により，両物質の相互移着（凝着）が生じて接合すると考えら

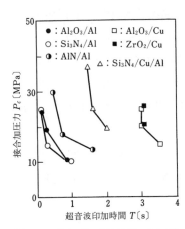

（△の Cu はインサート材に用いたもの）

図 4.68 セラミックス／金属間の超音波接合可能領域

れる．したがって，このような状況下においては原子間結合（反応層など）の形成も大いに期待できよう．また，当然のことながら比較的軟らかく，塑性変形しやすい材料ほど，その効果も大きく良好な接合面が得られるものと推察される．

また，活性化金属（Al，Cu，In など）のインサートあるいは接合面のメタライズ（蒸着）処理は，接合補助剤（バインダー）の役割を果たして効果的に接合を促進する．また，接合面の表面粗さ（平面粗さも含む）は，超音波振動の振幅以下のほうが，振動作用が効果的になるため接合強度が向上する．

〔3〕 プラスチックの超音波接合

プラスチックの超音波接合は，接触面の接触・かい離（衝突効果）のために生じる発熱による溶着現象である．種類，材質によって難易はあるが，ほとんどのプラスチックが接合可能である．

一般には，2個のプラスチックを工具ホーンとアンビルの間に挟み，適当な加圧力と振動を付加することにより接合面が溶融状態になり接合する．出力 400 ～ 2 000 W，周波数 20 kHz 前後のものが多い．**図 4.69** にプラスチックの超音波接合の種類と，その特性を示す[92]．

超音波によるプラスチック接合（溶着）は，常温できわめて短時間に接合できる，作業が簡単であるなどに加えて，① 接合面に水や油などの異物が介在しても溶着できる，② 従来の高周波溶接では誘電体損失の大きい材料に限られていたが，超音波接合では四ふっ化エチレン樹脂（PTFE）以外のすべての熱可塑性プラスチックが溶着できる，③ 繊維強化熱可塑性プラスチックも接合ができる[93]，などの特徴がある．

なお，接合の難易，接合部の外観，強度，仕上り，精度，気密性などに大きな影響を及ぼすので，プラスチックの材質を考慮しながら接合面形状を適切に選択しなければならない．

4.6.3 応 用 分 野

超音波接合は，熱交換器のパイプ接合をはじめ原子炉用の燃料封入管のシー

4.6 超音波接合

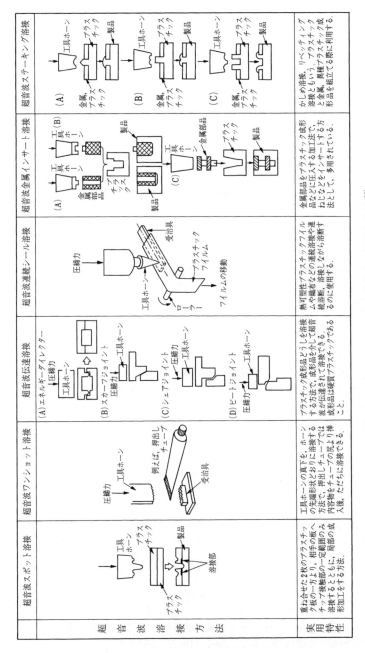

図 4.69 プラスチックの超音波接合の種類と特性 [92]

ルや電線接続などに採用されてきた．ICの内部配線のためのワイヤボンディングは高速自動化され，この分野の中心的技術になっている．また，箔や細線あるいはチューブなどに対して信頼性の高い接合が行われている．今後は，従来の方法では不可能な金属間あるいは金属/非金属間などの接合，ならびに接合作業の実用化やCFRPなどの新素材の接合に関する研究などが，焦点となろう．また製品不良の減少や不良品の選別などのために，接合工程管理と制御に関する研究もおろそかにできない．

引用・参考文献

1) 蓮井淳：溶射工学, (1969), 養賢堂. 蓮井淳 他：肉盛溶接・溶射, (1978), 産報出版. 日本溶射協会：溶射ハンドブック, (1986), 新技術開発センター.
2) JIS H 8200-2013（溶射用語）日本規格協会.
3) 荒谷雄：溶接学会誌, **57**-4 (1988), 216-223.
4) 明石和夫：鉄と鋼, **72**-8 (1986), 1060-1067.
5) 高見茂：実務表面技術, **32**-5 (1985), 238.
6) 蕗沢朗：金属表面技術, **38**-9 (1987), 372-377.
7) 山本誠次：実務表面技術, **32**-7 (1985), 334-347.
8) 橋本陽一・町田一道：溶接学会誌, **56**-3 (1987), 135-138.
9) 佐藤守・藤本文範：応用物理, **53**-3 (1984), 195-198.
10) 諏訪秀則：実務表面技術, **32**-7 (1985), 368.
11) 福島志郎・細川直吉：金属表面技術, **36**-6 (1985), 218-228.
12) 砂賀芳雄：実務表面技術, **32**-9 (1985), 514.
13) 岡田雅年：金属表面技術, **35**-1 (1984), 2-9.
14) 高橋夏木：金属表面技術, **35**-1 (1984), 16-24.
15) 大塚寿次：金属表面技術, **35**-1 (1984), 25-31.
16) 川下安司：実務表面技術, **32**-9 (1985), 485-490.
17) 河野通広・池永勝・窪田晴俊：実務表面技術, **33**-6 (1986), 206-212.
18) 藤森直治：溶接学会誌, **56**-4 (1987), 211-216.
19) 岡本重威：実務表面技術, **32**-4 (1985), 130-139.
20) 杉山幸三：金属表面技術, **34**-12 (1984), 538-546.
21) 松沢昭生：実務表面技術, **33**-2 (1986), 50.
22) 松本修：実務表面技術, **34**-12 (1987), 379-390.
23) 伊藤滋・上島聡史・米田登：金属表面技術, **39**-2 (1988), 86-93.
24) 平井敏雄・山根久典：真空, **30**-7 (1987), 559-605.

引用・参考文献

25) 犬塚道夫・沢辺厚仁：実務表面技術, **33**-10 (1986), 396-402.

26) 瀬高信雄：金属表面技術, **38**-6 (1987), 251-256.

27) 沖本邦郎：焼結部品の接合加工, 塑性と加工, **27**-309, (1986), 1142-1145.

28) 早坂忠郎・浅香一夫：鉄系粉末冶金部品の接合法, 材料科学, **21**-3, (1984), 160-166.

29) 浅香一夫：焼結体にみる接合, 塑性と加工, **38**-441, (1997), 924-927.

30) Onoda M., Kameda R. & Koiso T.：Application of Sinter-Brazing, SAE Paper No.830395 (1983).

31) 岡村孝巳：粉末成形と焼結ろう材接合によるプラネタリキャリアの製造技術, 素形材, 99年6月号, (1999), 16-20.

32) 住友電気工業株式会社：焼結ろう付け接合法を応用したE-4WD用プラネタリキャリアの開発, 粉体および粉末冶金, **63**-4, (2016), 247.

33) 飯島正幸・阿久津英俊・小林孝司：鉄系焼結合金同志の拡散接合の研究, 粉体粉末冶金協会昭和58年度秋季大会講演概要集, (1983), 46-47.

34) 高橋堅太郎：鋳物, **58**-3, (1986), 12.

35) 菅沼徹哉ほか：トヨタ技術, **33**-2, (1983), 152.

36) Kiyota F. et al.：MPR, (1985), 504.

37) 株式会社ファインシンター：バルブシートの2層境界アップによる高コストパフォーマンス化, 粉体および粉末冶金, **63**-4, (2016), 240.

38) Seyrkammer, J., Blaimschein, F., Delarche, C. & Pourprix, Y.：Bimetal Sintered Rocker Arm, Advances in Powder Metallurgy & Particulate Materials 1992, No5, (1992), 141-152.

39) (例えば) 藤井康次：FeおよびFe-Cu焼結体の焼結による寸法変化（Ⅰ）, 粉体および粉末冶金, **11**-5, (1964), 223-230.

40) Altemeyer, S.：Multi-Part PM, when two parts are better than one, Machine Design, **47**-12, (1975), 80-82.

41) 溶接学会編：溶接・接合便覧, (1990), 465-467.

42) 浅香一夫：焼結による鉄系圧粉体の拡散接合（第1報）, 拡散接合に及ぼす添加元素の影響, 粉体および粉末冶金, **42**-4, (1995), 522-527.

43) 浅香一夫：焼結による鉄系圧粉体の拡散接合（第2報）, Fe-Cu-C系圧粉体の拡散接合, 粉体および粉末冶金, **42**-6, (1995), 746-751.

44) 浅香一夫・伊藤典之：圧粉体焼結拡散接合における接合応力と変位の解析, 平9春塑加講論, (1997), 249-250.

45) 黒木英憲・横山元宣：鉄圧粉体の加圧拡散接合における寸法変化と接合強度, 粉体および粉末冶金, **36**-7, (1989), 813-818.

46) 浅香一夫：焼結による鉄系圧粉体の拡散接合（第3報）, 拡散接合に及ぼす鉄粉の種類の影響, 粉体および粉末冶金, **44**-4 (1997), 374-380.

47) 浅香一夫：焼結体に見る接合, 塑性と加工, **38**-441, (1997), 924-927.

48)	小松敏泰・浅香一夫：ハイブリッド車のモータ用ロータへの焼結拡散接合技術の適用，粉体および粉末冶金，**50**-7，(2003)，584-589.
49)	浅香一夫：焼結拡散接合の最近の状況，塑性と加工，**44**-512，(2003)，911-915.
50)	濱野礼・石原千生・嶋治朗・濱松宏武・赤尾剛：Fe-Si系焼結磁心を用いた複合磁気部品の開発，粉体粉末冶金協会講演概要集平成20年度秋季大会，(2008)，102.
51)	日本工業規格，金属焼結部品普通許容差，JIS B 0411.
52)	日立化成株式会社：アイドリングストップ用高強度・高精度スタータプラネタリギヤの開発，粉体および粉末冶金，**61**-4，(2014)，210.
53)	Hamill, J. A. Jr., Manley, F. R, Nelson, D. E, : Fusion Welding P/M Components for Automotive Applications, SAE Technical Paper Series No. 930490 (1993).
54)	Murai, Y., Isako, H., Kohno, T., Nishida, T. & Yanagawa, H. : Development of the Technology of Laser Welding Application for Sintered Steel Parts, Proceeding of 1993 powder metallurgy World Congress, (1993), 475-478, Japan Society of Powder and Powder Metallurgy.
55)	日立粉末冶金株式会社：高炭素-鉄-銅系粉末冶金製品の溶接，素形材，1995，(1995)，44.
56)	浅香一夫：焼結接合の最新技術，日本塑性加工学会第130回塑性加工懇談会資料 (1998).
57)	浅香一夫・石原千生・馬場昇・三谷宏幸：直流送電システム用アノードリアクトル圧粉磁心，粉体および粉末冶金，**47**-7，(2000)，705-710.
58)	Timmerhaus, K.D. et al. : High-Pressure Science & Technology, 2 (1979), 635.
59)	株式会社神戸製鋼所 "ISOTRON" カタログ.
60)	Law, C.C, et al. : Progress in P/M, 35 (1979), 367.
61)	Verpoort, C, et al. : M.P.R., (1988), 107.
62)	Kulkarni, K.M. : P/M for Full Density Products, (1987), 264, MPIF.
63)	Kulkarni, K.M. : P/M for Full Density Products, (1987), 262, MPIF.
64)	Dufek, V. et al. : Powder Metallurgy, **9**-18 (1966), 142.
65)	山田真二：粉体および粉末冶金，**35**-7，595.
66)	Kawai, F. et al. : MPR, (1988), 25.
67)	溶接学会軽構造接合研究委員会：薄鋼板及びアルミニウム合金板の抵抗スポット溶接，産報出版，(2008) 11-31.
68)	安藤弘平・中村študy：点熔接における通電加熱冷却に関する熱時間定数について　板厚，板の材質が異なる場合の通電時間，電流密度の相対的関係（第1報），溶接学会誌，**26**-9，(1957) 558-563.

引 用 ・ 参 考 文 献

69) 安藤弘平・中村孝：点熔接における通電加熱，冷却に関する熱時間定数について　熱時間定数，交流加熱の場合の温度の変動点，溶接学会誌，**26**-12，(1957) 742-746.

70) 浜崎正信：重ね抵抗溶接，(1971) 34，産報出版.

71) 中村孝・小林徳夫・森本一共：抵抗溶接，溶接全書8，(1979) 33，産報出版.

72) 日本溶接協会車両部会：抵抗スポット溶接共同研究報告（第1報表面状況の影響），溶接技術，**24**-2，(1976) 57-67.

73) 近藤正恒・永田浩・西村晃尚・粉川博之：アルミニウム合金板の抵抗スポット溶接における電極先端形状の消耗変化，溶接学会論文集，**28**-2，(2010) 177-186.

74) 溶接学会軽構造接合研究委員会：薄鋼板及びアルミニウム合金板の抵抗スポット溶接，(2008)，174-194，産報出版.

75) 守屋一政：炭素繊維強化可塑性樹脂複合材料の抵抗スポット溶接による接合，日本航空宇宙学会誌，**42**-483，(1994) 259-266.

76) 井上真：溶接における管理システムはどこまで進んだか，溶接学会誌，**58**-8，(1989) 539-543.

77) 大前堯・深谷保博：機誌，**83**-11 (1980)，1371-1378.

78) 斎藤哲夫・角川清夫：溶接学会誌，**36**-12 (1967)，1257-1265.

79) 圓城敏男：溶接学会誌，**50**-4 (1981)，335-342.

80) 橋本達哉・田沼欣司：溶接学会誌，**41**-1 (1972)，19-27.

81) 例えば，中村光雄：溶接技術，**29**-3 (1981)，36-40.

82) 最新接合技術総覧編集委員会：最新接合技術総覧，(1985)，321，産業技術サービスセンター.

83) 時末光・加藤数良：軽金属，**28**-9 (1978)，450-454.

84) 加藤数良・時末光：日本大学生産工学部報告A，**20**-1 (1987)，1.

85) 株式会社豊田自動織機製作所：摩擦圧接協会データシート，実-128 (1987).

86) 株式会社クラタ産業：摩擦圧接協会データシート，実-129 (1987).

87) 鬼鞍宏猷・神雅彦：やさしい超音波振動応用加工技術，(2015)，30，養賢堂.

88) 松岡信一：塑性と加工，**23**-252 (1982)，44.

89) 松岡信一：塑性と加工，**28**-322 (1987)，1186.

90) 松岡信一：アマダ技術ジャーナル，92 (1985)，15.

91) 松岡信一：精密機械，**50**-6 (1984) 969.

92) 日本塑性加工学会編：プラスチック成形加工データブック，(1988)，346-347．日刊工業新聞社.

93) 松岡信一：合成樹脂，**36**-7 (1990)，40.

5 アーク溶接およびガス溶接などの融接法

5.1 アーク溶接

5.1.1 アーク溶接の特徴と種類

　アーク溶接は，融接法の一種である．図5.1に示すように母材と呼ばれる被溶接材と電極との間で，大気圧下においてアークと呼ばれる不活性ガス等からなるシールドガスの気体放電を発生させ，その放電の熱エネルギーにより母材を局所的に溶融し，金属学的に一体化して接合する．自動車，鉄道車両および船舶などの輸送機器，高層ビルや橋梁などの建築物，電力・エネルギーや石油・ガス化学および金属精錬・加工などの各種プラント，ならびに産業機械・建設機械類など，鉄鋼材料をはじめとして多様な金属構造物の製造に汎用的に

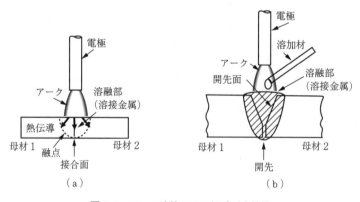

図5.1　アーク溶接による継手形成機構

用いられている接合法である.

アーク溶接では,アークによって母材表面が加熱され,その熱伝導により母材内部まで加熱される.しかし,板厚の厚い母材では母材裏面まで完全に溶かすことが困難となる(図(a)).このため,あらかじめ母材突合せ接合面の端面を切削加工して,突合せ部が溝状形状となるようにする(図(b)).これが開先と呼ばれ,この開先部を埋めるために溶加材が用いられる.溶加材は母材とともに溶融されて,開先を充てんし,突き合わせた2枚の母材板が溶接されて継手が形成されることになる.

継手形状には,**図5.2**に示すように突合せ継手(a)〜(d),重ね継手(e),T継手(f)などがある.また,開先にはI形,V形,レ形,X形などの形状があり,板厚や継手形状に応じて適用される.板厚が厚い場合には,開先内を複数回重ねて溶接する多層溶接や,板表面からのみならず裏面からも溶接する両面溶接法も用いられる.

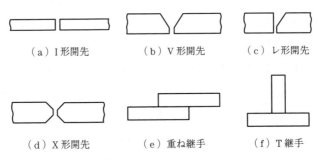

図5.2 代表的な溶接継手と開先形状(X開先は両面溶接,その他は片面溶接)

アーク溶接法は,電極の特徴や溶接部のシールド方法などにより**図5.3**のように分類される.大きくは,非消耗電極式と消耗電極式に分けられる.前者は,電極にタングステンなどの高融点金属を用いることにより,電極が溶融しない形式であり,ティグ溶接やプラズマ溶接がある.一方,後者は,電極材料は母材と同種の金属材料からなり,溶融して溶加材(溶接棒,もしくは溶接ワ

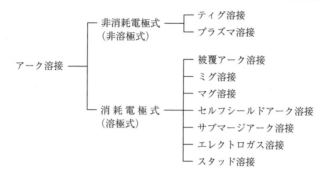

図5.3 アーク溶接法の分類

イヤ）を兼ねる形式であり，被覆アーク溶接，ミグ溶接，マグ溶接，サブマージアーク溶接，エレクトロガス溶接などがこれに属する．

消耗電極式では，溶加材を兼ねた電極材料は，溶接の進行とともに溶融する．このため，電極としての一定の形状（長さ）を保つために，その溶融速度に合わせて送給する必要がある．被覆アーク溶接では，電極である溶接棒は手動で送給されるため，手溶接あるいは手動溶接とも呼ばれる．これに対して，それ以外の消耗電極式アーク溶接では，電極ワイヤ（溶接ワイヤ）と呼ばれる線材として自動的に送給される方式であり，半自動溶接と呼ばれる．

また，母材溶融部や高温に加熱された電極が大気中の酸素や窒素と反応することを防ぐために，その表面を保護する必要がある．そのためにアルゴンおよびヘリウムなどの不活性ガスや，さらに酸素や炭酸ガスなどとの各種の混合ガスを用いる方法をガスシールドアーク溶接法と呼ぶ．その他の方法には，フラックスの分解ガスを用いるセルフシールドアーク溶接法，また溶接部をフラックスで覆うサブマージアーク溶接法などがある．これらの方法では，溶融池やその周辺の高温部はスラグで覆われる．

なお，アーク溶接の自動化の定義は，溶加材の供給および電極を内蔵する溶接トーチの移動をともに人の手で行う手（手動）溶接，溶加材の供給は自動送給であるがトーチ移動は手動で行う半自動溶接，さらに溶加材の供給とトーチ移動の両方の操作を自走台車などの機器を用いて自動で行う自動溶接がある．

なお，ロボットを用いて自動溶接を行う方法はロボット溶接と呼ばれる．

アーク溶接を行うためには，特別なアーク溶接電源が必要である．これには，直流（DC），交流（AC）および交流/直流両用電源がある．直流電源は，サイリスタ制御式から，トランジスタ・チョッパ制御式，さらにインバータ制御式へと，電子機器の発展とともに変化してきた．特にインバータ制御式では電源の小型・軽量化，省エネルギー，およびパルス波形出力の高速制御などに優れている．さらに，これにマイクロコンピュータを組み合わせたディジタル制御式が，近年の主流となっている．交流電源も被覆アーク溶接に用いられてきた古くからの可動鉄心型電源から，近年ではディジタル制御式の交流/直流両用電源が主流になっている．

5.1.2 アーク放電とその制御

アークは大気中における持続的放電現象であり，プラズマと呼ばれるガス原子や分子が，電子とガスイオンに電離したきわめて高温（1〜2万度）の状態にある．アーク溶接では，この高温のアークプラズマによって母材や溶加材を溶融する．図5.4は，後述するティグ溶接における電極と母材間で発生したプラズマアークの温度分布の概念図と，アーク外観写真例（アルゴンガスシールド）である[1]．プラズマアークの放電エネルギーは，アーク電圧

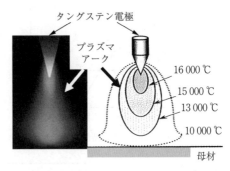

図5.4 ティグ溶接におけるプラズマアークとその温度分布概念図[1]

Vとアーク（溶接）電流Iの積である電力P（$=V \cdot I$）で表される．母材の溶融量や溶加材の溶融量はこの放電電力に依存するため，電流と電圧の制御はきわめて重要である[1]．

溶接電流は，溶接電源の制御によりその値を制御できるが，アーク電圧は，電極と母材間の距離（アーク長）により変動する．図5.5は，電極-母材間距

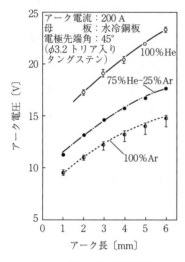

図 5.5 電極-母材間距離とアーク電圧との関係[2]

離とアーク電圧との関係を示す[2]．電流一定の条件においては，電極-母材間距離の増加とともにアーク電圧は増加する．このため，電極-母材間距離の制御は重要な制御因子となる．消耗電極式アーク溶接法では，電極が溶融して，電極-母材間距離が変動するために，特に重要となる．

このようなアーク放電を制御するために，溶接電源では外部特性と呼ばれる特別な電流-電圧特性が付与されている．これらは図 5.6 に示すように 3 種類に大別される[3]．図中の破線はアーク長 L 一定時のアーク特性であり，両者の交点 S でアー

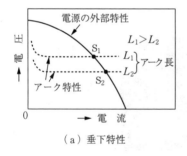
（a）垂下特性

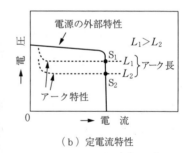
（b）定電流特性

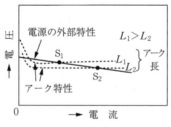
（c）定電圧特性

図 5.6 溶接電源特性（外部特性）[3]

5.1 ア ー ク 溶 接　　　　　　　　　　211

ク放電が安定する.

　図（a）は垂下特性であり，消耗式電極である溶接棒の送給も手動で行われ
る被覆アーク溶接に適用される. アーク長変動による電圧変化に対して電流の
変動幅は小さく，溶け込み深さが安定して制御される. 図（b）は定電流特
性である. 垂下特性と比較すると，アーク長変動による電圧変化に対する電流
の変動はさらに小さくなり，ほぼ一定に保たれる. 非消耗電極式アーク溶接で
あるティグ溶接などに用いられる.

　図（c）は定電圧特性であり，アーク長，すなわち電圧のわずかな変動に対
して，電流は大きく変動する. 細径電極ワイヤを高速で自動送給するために
アーク長が変動しやすい，ミグ・マグ溶接などの消耗電極式アーク溶接法に適
用される. 電極ワイヤの定速送給時において，なんらかの原因でアーク長が
L_1 から L_2 に短くなると，アーク動作点は S_1 から S_2 に移動して電流が急増す
る. その結果，電極の溶融速度が増加してアーク長は増加し，自動的に元の
アーク長 L_1 に復帰する. アーク長が長くなった場合は，逆の効果が作用して，
結果的にアーク長が一定に保たれる. この作用は電源，あるいはアーク長の自
己制御作用と呼ばれる.

　また，アーク電圧は，シールドガスの種類によっても変化する. 一般的に使
用されるアルゴンガスに比べて，電離しにくいヘリウムガスや水素ガスでは
アーク電圧は高くなる. また炭酸ガスのように熱伝導度が大きいガスでもアー
ク電圧は高くなる.

　アーク放電による熱エネルギーのうち，一部は周囲の大気中へ熱伝導や輻射
によって失われる. 発生した放電エネルギーに対して，母材に吸収された熱量
の比率はアーク熱効率 η と呼ばれる. アーク溶接法により異なるが，50％か
ら90％程度とされている. 一般のアーク溶接では，溶接トーチは一定速度（溶
接速度 v）で移動するために，単位溶接長当たりの溶接入熱は $\eta I \cdot V/v$ で表さ
れる. これは，溶接部の溶け込み形状，形成組織，機械的性質，さらに溶接継
手の変形や残留応力などに影響を及ぼす重要な指標である.

5.2 各種アーク溶接法とその特徴

5.2.1 ティグ溶接

タングステンイナートガスアーク溶接（tungsten inert gas arc welding）の略称としてTIG（ティグ）溶接と表示される．タングステンを非消耗電極として用い，タングステン電極と溶融池の酸化を防ぐために，シールドガスとして不活性ガス（イナートガス）であるアルゴンやヘリウムを使用する．またタングステン電極には，電子放出能が高い希土類酸化物（Ce_2O_3，La_2O_3など）を1～2％添加した焼結タングステン電極が一般的に用いられる．**図5.7**に示すように，溶加材は棒またはワイヤとして溶融池表面に供給され，アーク熱により溶かされて溶融池に添加される．通常は溶加材には通電されないが，溶融効率を上げるためにホットワイヤティグ法として，通電加熱する方法もある．

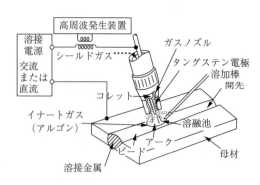

図5.7 ティグ溶接の概説図

ティグ溶接では，**表5.1**に示すようにタングステン電極の極性により，溶接部の溶込み形状や電極消耗量が大きく異なる[2]．溶込み形状は，タングステン電極が陰極（electrode negative，EN）時に溶融部幅が狭く，かつ溶込み深さが深くなる．逆に，タングステン電極が陽極（electrode positive，EP）時では溶融部幅が広く，かつ溶込み深さは浅くなる．ENとEPが交互に現れる交流では，その極性比率によりこれらの値は変化する．

EP極性時には，母材が陰極となるために母材表面の酸化物に陰極点が形成され，そこからアーク中に電子が放出されてアーク放電が維持される．このとき陰極点にはアーク電流が集中するために，酸化物は瞬時に蒸発して破壊さ

5.2 各種アーク溶接法とその特徴

表5.1 ティグ溶接における電極極性効果[2]

電　流	直　流（DC）	直　流（DC）	交　流（AC）
電極極性	マイナス（EN）	プラス（EP）	マイナス/プラス（EN/EP）
溶込み時の模式図	⊖ タングステン電極 ⊕	⊕ タングステン電極 酸化膜 クリーニング域 ⊖	AC クリーニング域
クリーニング作用	な　し	非常によい	良　好
溶　込　み	深く狭い	浅く広い	中　間
電極消耗量	小	大	中間（EN/EP比率による）
タングステン電極径	細くてよい	太いものが必要	中　間

れ，除去される．この効果はクリーニング作用と呼ばれ，アルミニウム合金やマグネシウム合金のアーク溶接においては，この作用を利用して開先表面の酸化皮膜を自動的に除去しながら溶接が行われる．しかし，陰極点が母材表面の酸化物を求めて走り回るためにアークが広がり，このために溶融部の幅が広くなり，溶込み深さが浅くなる．

EN極性時では，タングステン電極表面の希土類酸化物が陰極点となり，アークは電極の直下の陽極である母材表面に集中し，溶融部の幅は狭く，かつ溶込みの深い溶接部が得られるが，溶接前処理として開先面の酸化皮膜の除去が必要である．

アルミニウム合金などに対しては，クリーニング作用の効果を生かし，かつ十分な溶込み深さを確保するために，交流によりEN/EP比率を70～90％程度にまで大きくすることが有効となる．

タングステン電極においても酸化やエロージョンにより，特に電極先端部は消耗しやすく，その形状は変形する．この電極消耗量に関しては，EN極性時にはこれらの希土類酸化物から電子が優先的に放出されるために，電極消耗量は少なくなる．これに対して，EP極性時では電極消耗量は多くなるが，これにはアークから電極表面に突入する電子の結合エネルギーが関与している．

このような特性を生かして,電極極性は溶接する材料に応じて使い分けられる.アルミニウム合金やマグネシウム合金では,交流や直流逆極性 DCEP が用いられ,鉄鋼材料やその他の非鉄金属では直流正極性 DCEN が用いられる.

ティグ溶接は,タングステン電極の消耗を抑制するために溶接電流には制約があり,このため溶接能率は後述するミグ・マグ溶接に比して低いが,スパッタやヒュームの発生がほとんどなく,またガスシールド性にも優れているために,高品質溶接法として用いられる.

5.2.2 ミグ溶接およびマグ溶接

ミグ溶接およびマグ溶接は消耗電極式のガスシールドアーク溶接法であり,図 5.8 に示すように,金属細線ワイヤを消耗電極として用いる.ワイヤ直径は,1.2 mm や 1.6 mm がおもに用いられる.シールドガスとして不活性(イナート)ガスを用いる方法をミグ(MIG)溶接(metal inert gas arc welding)と呼び,炭酸ガスや酸素などの活性ガスを不活性ガスと混合して用いる方法をマグ(MAG)溶接(metal active gas arc welding)と呼ぶ.

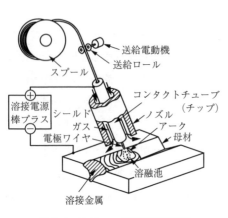

図 5.8 ミグ・マグ溶接の概説図

なお炭酸ガス 100%の場合は,特に炭酸ガスアーク溶接と呼ばれる.いずれも一般的には直流 DCEP が用いられるが,薄板の溶接には交流が用いられる場合もある.

ミグ溶接は,母材表面が安定した酸化皮膜に覆われているアルミニウム合金やマグネシウム合金に対して用いられる.これに対してマグ溶接は,鉄鋼材料に対して用いられる.これは,シールドガス中に酸化性ガスを添加することにより,母材開先表面や溶融池表面に陰極点となる酸化物を形成し,アークを安

定化するためである．なお，この場合，溶融池表面から溶接金属中に酸素が取り込まれるおそれがあるために，電極ワイヤ成分として Mn，Si，Ti，Al などの酸化物形成元素が脱酸剤として微量添加されている．

電極ワイヤは溶加材を兼ねており，ワイヤ送給装置により高速で送給される．大電流で，開先へのワイヤ溶着量が多く，かつ高速度溶接が可能なため，ティグ溶接と比較して高能率な溶接法である．

電極ワイヤは，アーク中に送給されるとアーク熱とワイヤ自体の抵抗発熱により速やかに溶融するために，母材／電極先端間距離を一定に保つことが重要である．このために，ワイヤ溶融速度に応じて，すなわち溶接電流に応じてワイヤ送給速度の自動制御がなされる．

また，電極ワイヤ先端の溶融金属には，下向きの力として重力とプラズマ気流，上向きの力として溶融金属の表面張力が働き，これらの作用の結果，溶融金属はワイヤ先端から離脱して溶融池に移行する．しかし，過熱されるとスムーズに移行せず，溶接部の周囲に溶滴として飛散したり，溶融池表面と接触して爆発的に飛散することがあり，これらはスパッター現象と呼ばれる．

また，このときに大量のヒュームと呼ばれる金属蒸気とその酸化物微粒子が発生しやすい．ワイヤ端から溶滴となって溶融池にスムーズに移行するように，シールドガスの種類や溶接電流のパルス化（パルス溶接）などの電流波形制御が行われる．

ミグ・マグ溶接におけるシールドガスの種類と適用材料との関係は，**表 5.2** のようになる[7]．

表 5.2 ミグ・マグ溶接におけるシールドガスの種類と適用材料[7]

アーク溶接法	シールドガス	適用材料
ティグ溶接	Ar，He，Ar＋He	鉄鋼，非鉄金属
プラズマ溶接	Ar，He，Ar＋He	鉄鋼，非鉄金属
ミグ溶接	Ar，He，Ar＋He	非鉄金属 （Al，Mg，Ti，Cu および Ni 合金）
	Ar–5% CO_2，Ar–2% O_2	ステンレス鋼，高合金鋼
マグ溶接	Ar–20% CO_2	軟鋼，低合金鋼
	CO_2	軟鋼，低合金鋼

5.2.3 サブマージアーク溶接

サブマージアーク溶接は消耗電極式アーク溶接法であり，図5.9に示すようにシールドガスは用いずに，開先内を充てんした粉末フラックス（金属酸化物，ふっ化物，鉄粉などの混合物）内において電極ワイヤと母材間でアークを発生させて，溶接する方法である．溶接電流が1 000 Aを超え，2 000 A程度までの大電流での高能率溶接が可能であり，厚板で，かつ長い溶接長を有する溶接継手形成に適用される．裏当金の工夫により片面裏波溶接[†]が可能である．電極を2～3個直列に並べた多電極方式により，溶接速度のさらなる高速化が図られている．

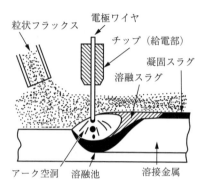

図5.9 サブマージアーク溶接の概説図

フラックスは，アーク熱により溶融，分解し，分解ガスはシールドガスとしてアークを維持する空洞を形成するとともに，溶融したフラックスはスラグとして溶融池表面を覆い，これを大気から保護する．また，このようにアークが堆積したフラックス層の中で発生し，溶接部が厚いスラグに覆われるために，アーク熱効率がティグ溶接やミグ・マグ溶接よりも高い特徴がある．特に，鉄鋼材料に対して用いられる．

5.2.4 被覆アーク溶接およびセルフシールドアーク溶接

これらはいずれも消耗電極式アーク溶接法であり，シールドガスは使用しない．図5.10に示すように被覆アーク溶接法では，被覆溶接棒と呼ばれる心線（鋼線）に，フラックスを被覆した電極棒を消耗電極として用いる．フラックスは分解してシールドガスを発生するとともに，溶融してスラグを形成して溶

[†] 裏波溶接とは，溶接面だけでなく溶接面の裏側にもビードを出したいときに使用される溶接方法であり，板厚全部を溶融する完全溶込み溶接の一種である．

融池を覆い，溶接金属を大気から保護する．また，このとき溶融金属と反応して，脱酸作用や合金元素の添加の役割を果たす．手動で溶接されるため，手溶接とも呼ばれる簡便な溶接法である．

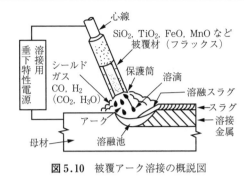

図5.10 被覆アーク溶接の概説図

セルフシールドアーク溶接法は，ミグ・マグ溶接法と同様の溶接方法であるが，電極ワイヤには**図5.11**に示すようにフラックスを内包した線材を用いる[3)〜5)]．被覆アーク溶接と同様の機構により溶接される．シールドガスを別途準備する必要がないために，現地溶接に適しており，またミグ・マグ溶接法と同様に高能率であり，自動化も容易である．

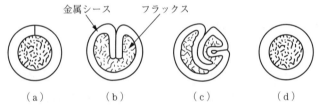

図5.11 フラックスコアード溶接ワイヤの断面形状例[3)〜5)]

5.2.5 その他の関連する融接法

〔1〕 プラズマ溶接

プラズマ溶接は非消耗電極式アーク溶接法である．**図5.12**に示すように陰極であるタングステン電極と陽極である水冷ノズル（拘束ノズルとも呼ばれる）との間でアークを発生させる点が，ティグ溶接と異なる[6)]．

このアーク放電により生成した不活性ガスのプラズマ気流を1mm程度の小径ノズル穴から噴出すると，プラズマ気流は細く絞られてプラズマピンチ効果

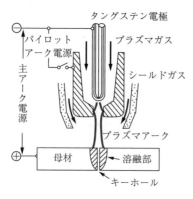

図5.12 プラズマ溶接の概説図[6]

により高温・高圧となる．このプラズマ気流を母材表面に吹き付けることにより，溶融池表面は局所的に深く押し下げられて，キーホールと呼ばれる細穴が溶融池内に形成され，母材裏面まで貫通する．これにより，板厚10mm程度までの1パス貫通裏波溶接が可能となる．ティグ溶接と比較して高効率な溶接法である．また小電流でもアークは安定しているために，微小部材の溶接にも用いられる．

なお，図5.12は，母材も陰極として同時に通電する方式（移行式，あるいはプラズマアーク式）であるが，母材に通電しない方式（非移行式，あるいはプラズマジェット式）もある．

〔2〕 エレクトロガス溶接

エレクトロガス溶接は，消耗電極式ガスシールドアーク溶接法の一種である．図5.13に示すように，開先を形成するように，一定の間隔を開けて2枚の母材を突き合わせて垂直に設置し，この開先両側の開口面に水冷銅当金を取り付ける．そして，炭酸ガスなどのシールドガスを用いた消耗電極式ガスシールドアーク溶接により開先内で溶融池を形成し，溶融池を維持した状態で溶接トーチを上方に向かって垂直に移動して，立向きに溶接する方法である[3]．

母材開先間で形成される溶融池を保持するために，開先両側

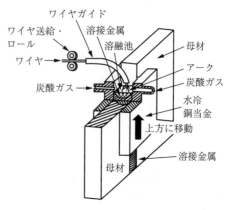

図5.13 エレクトロガス溶接の概説図[3]

の母材表面に押し付けられた水冷銅当金も，溶接の進行とともにスライドしながら上方に移動する．溶接トーチを開先内で適宜，水平振動させることにより，50～60 mm 程度までの厚板の1パス高能率溶接が可能となる．おもに，鉄鋼材料を対象としてプラントや建築鉄骨の厚板溶接に用いられる．

〔3〕 **スタッド溶接**

これはスタッドと呼ばれるボルトや丸棒などを，母材に直接アーク溶接する方法である．図 5.14 に示すように，専用のスタッド溶接トーチのチャック部にスタッドを取り付けて母材に押し付け，通電した状態でスタッドを自動的に引き上げ，スタッド先端と母材間でアークを発生させる[3]．アーク放電を容易とするために，スタッド先端は円錐形状あるいは適当な突起が付けられる．両者が十分に溶融するとスタッドは自動的に母材に押し付けられて，溶接が完了する．また耐熱セラミックス製のフェルールと呼ばれる円筒保護材を用いることにより，溶融池の保持と大気からの保護を行う．溶接時間は数秒以内の短時間である．

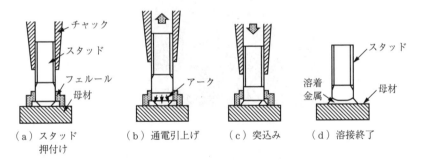

図 5.14 スタッド溶接の概説図[3]

5.3 アーク溶接継手の特徴

5.3.1 溶接継手の形成組織

アーク溶接過程は，短時間での急速加熱・溶融，そしてその後の急速凝固・

冷却の温度サイクルがその特徴である．まず，高温の溶接アークによりアーク直下の母材表面部が局所的に加熱，溶融されて溶融池を形成し，そこにさらにアークによって溶融した溶加材が移行する（これを溶着金属という）．両者が溶融混合し，凝固したものが溶接金属である．

溶接のままの状態では，溶接金属部は基本的には凝固組織（鋳造組織）であり，その機械的性質は加工組織である母材組織に劣る．このため溶加材の成分は，溶接金属の機械的性質が改善されるように合金元素の種類や添加量などが調整されている．

図 5.15 は鉄鋼材料を例とした溶接部断面組織の模式図である．溶融部に形成される溶接金属（weld metal，WM）は，マクロ組織的には鋳造組織である粗大な柱状晶を呈しており，ミクロ組織的にはデンドライト状組織を呈する．溶接金属と母材との境界は溶融境界部，あるいはボンド部と呼ばれる．

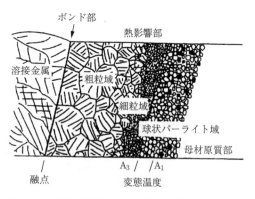

図 5.15 溶接部断面における形成組織（鉄鋼の例）

溶接金属部に隣接して，母材組織が融点以下の温度で，急速加熱とその後の急速冷却の温度サイクルを受けた熱影響部（heat-affected-zone，HAZ）が存在する．熱影響部では，溶融境界部からの距離に応じてそれぞれ異なる温度サイクル（最高加熱温度，加熱時間，冷却速度など）による熱影響を受けるため，その熱影響に応じて母材原質部とは異なる組織を呈する．さらにこれらの熱影響部組織は母材材質にも大きく依存する．

例えば，炭素鋼や低合金鋼などの鉄鋼材料では，相変態を伴うために，加熱温度や冷却速度により形成組織は大きく影響を受ける．相変態温度以上に加熱された領域は硬くて脆いマルテンサイト組織となりやすく，一方，相変態温度以下では微細な焼き戻し組織を呈する．相変態のないオーステナイト系ステンレス鋼やアルミニウム合金などでは，熱影響部組織は再結晶温度以上の加熱域においては，母材よりも結晶粒が粗大化した組織を呈する．また，ジュラルミンのような時効性アルミニウム合金では，熱影響部は析出物の再固溶現象や過時効現象により強度が低下する．

このような複雑な熱影響を受ける熱影響部組織は，後述する溶接欠陥の発生にも深く関係する．

5.3.2 溶接欠陥

溶接部に発生する溶接欠陥は，その特性により，大略，図5.16のように分類される．また，代表的な溶接欠陥をその発生場所により模式的に表すと，例えば図5.17のようにまとめられる．「割れ」は，その発生場所や形状により横割れ，縦割れ，クレーター割れなどと呼ばれ，最も注意すべき欠陥の一つである．

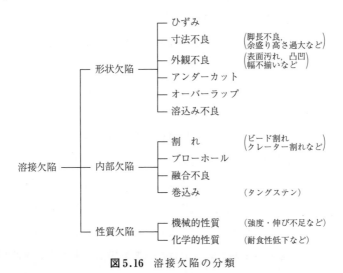

図5.16　溶接欠陥の分類

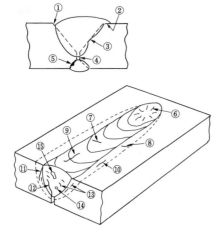

①：アンダーカット，②：オーバーラップ，③：融合不良，④：溶込み不良（溶込み不足），⑤：スラグ巻込み，⑥：クレーター割れ，⑦：横割れ（溶接金属），⑧：横割れ（熱影響部），⑨：縦割れ（溶接金属），⑩：縦割れ（熱影響部），⑪：止端割れ，⑫：ルート割れ，⑬：ミクロ割れ，⑭：ブローホール，⑮：いも虫状のブローホール

図5.17 代表的な溶接欠陥の模式図

〔1〕 溶 接 割 れ

溶接割れは，その発生温度域で，高温割れ（凝固割れ，および延性低下割れ）と低温割れに分類される．

高温割れは，一般的には再結晶温度以上の温度域で発生する割れである．このうち，凝固割れは，溶接金属の凝固中に固液共存温度域において柱状晶などの結晶粒界に低融点の液体が液膜状に残留しているときに，外部からの変形や溶接金属の収縮により引張ひずみが加わることにより発生するものである．一般に鋼では，不純物である硫黄（S）やりん（P）が鉄と形成する低融点の共晶融液が原因となる．またアルミニウム合金でも合金元素に銅を含むジュラルミンなどは低融点の共晶融液を形成するために，同様に発生しやすい．

また凝固後の高温で発生する割れには延性低下割れがある．これは引張応力下において，結晶粒界への不純物元素（P，S，アンチモン（Sb）など）の粒界偏析や微小な粒界析出物により結晶粒界強度が低下することにより発生する．いずれも原因となる不純物元素の低減，および引張ひずみの低減が割れ防止に重要である．また溶接部の残留応力除去のために溶接継手を再加熱処理（応力除去焼きなまし処理）する場合に，しばしば熱影響部で発生する再熱割れも高

温割れであり，特定の合金鋼や高張力鋼などでみられる．

低温割れは，高張力鋼などの高強度鋼の溶接後に，マルテンサイト変態温度（Ms 点）以下の温度において，熱影響部が硬くて脆いマルテンサイト組織を呈し，かつ溶接継手の収縮に伴う引張残留応力が加わっているときに，拡散性水素がルート部などの応力集中部に集積して割れが発生するものである．水素が起因することから水素割れ，あるいは溶接終了後に時間を経て発生することから遅れ割れとも呼ばれる．発生原因因子である溶接金属の水素量の低減，引張残留応力の低減，予熱・後熱による組織の改質などが発生防止に有効である．

〔2〕 気　　孔

溶融池の溶融金属中に取り込まれて固溶していた，水素，窒素，酸素などのガス成分は，凝固時に液相と固相の溶解度の差によって固液界面で液相中に排出される．これが濃化してガス分子となって気泡を形成，あるいは，鉄鋼材料では炭素と酸素の反応により生成した CO ガスが気泡を形成するなどして，そのまま凝固後に溶接金属部に空洞となって残留したものが気孔（ブローホール）である（図 5.17）．溶接材料中のガス成分の低減と，大気中の酸素や窒素，あるいは水分などが溶融池内の溶融金属と反応しないように，十分なシールドを行うことが求められる．

〔3〕 その他の溶接欠陥

その他，図 5.17 に示したように，融合不良，溶接ビード不整（アンダーカット，オーバーラップ，ハンピングビード），溶込み不足などがある．いずれも適切な溶接条件を選ぶことで防止できる．

5.3.3　溶接変形と溶接残留応力

アーク溶接では，溶接部とその近傍のみがアークによって局所的に加熱されて膨張し，続いて起こる冷却によって収縮が生じる．しかし熱影響を受けない周囲の母材部によって拘束され，自由な膨張・収縮が妨げられる．これによって塑性ひずみが生じて，いわゆる溶接残留応力が発生する．一般的には溶接部は引張残留応力，隣接する母材部は圧縮残留応力となる．溶接部の引張残留応

力は，低温割れや応力腐食割れの原因因子となり，また疲労強度などに悪影響を及ぼすために，必要に応じて溶接継手の応力除去焼なまし処理が行われる．

また**図5.18**に示すように溶接継手には，溶接部の収縮や曲がり，そりなどの変形を生じる．適切な溶接条件や溶接工程の選定と，必要に応じてひずみ取り処理が行われる．

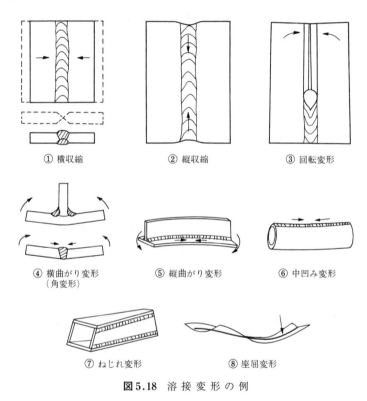

図5.18 溶接変形の例

5.4 ガ ス 溶 接

ガス溶接は，アセチレン，水素，プロパンなどの可燃性ガスと，支燃性ガスである酸素との混合ガスの燃焼炎を用いて，金属を加熱し，溶接する方法である．燃焼炎の温度が約3000℃である酸素アセチレン溶接が一般的であり，薄

板鋼板の溶接に用いられる．酸素水素溶接は火炎温度がこれよりも低いために低融点の金属に用いられ，また酸素プロパン溶接はろう付に用いられる．

　酸素アセチレン溶接は，溶接以外にも，鋼板を溶かして溶融金属を吹き飛ばして切断するガス溶断法としても用いられる．図 5.19 に示すように，吹管と呼ばれるガス混合器とガスボンベおよび圧力調整器から成る簡便な設備のために，現場作業に多用されるとともに，NC 制御方式の自動ガス切断機としても重要な位置を占めている[6]．

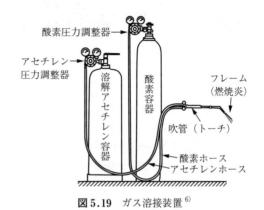

図 5.19　ガス溶接装置[6]

引用・参考文献

1) 三田常夫：はじめてのティグ溶接，(2012)，産報出版．
2) 日本溶接協会編：新版ティグ溶接法の基礎と実際，(1992)，産報出版．
3) 溶接学会編：溶接工学の基礎，(1982)，丸善．
4) 酒井芳也・渡辺俊彦：マグ・ミグ溶接入門，溶接の入門シリーズ (8)，(1992)，産報出版．
5) 日本溶接協会溶接棒部会編：フラックス入りワイヤの実践，(1994)，産報出版．
6) 佐藤邦彦・向井喜彦・豊田政男：溶接工学，(1987)，理工学社．
7) 日本溶接協会溶接棒部会編，マグ・ミグ溶接の欠陥と防止対策，(1991)，産報出版．

そのほかの総論的，あるいはデータベース的な参考文献：
i) 溶接学会編：溶接・接合便覧，第 2 版，(2003)，丸善．
ii) 溶接学会編：溶接・接合工学の基礎，第 3 刷，(1997)，丸善．
iii) 松田福久編：溶接・接合技術 Q&A 1000，(1999)，産業技術サービスセンター．
iv) 松田福久編：溶接・接合技術データブック，(2007)，産業技術サービスセンター．
v) 日本溶接協会 溶接用語事典編集グループ編：溶接用語事典 第 2 版，(2015)，産報出版．

6 ビーム溶接

　ビーム溶接は，熱源として，レーザ，電子ビーム，プラズマ，イオンビームなどを用いる溶接の総称であるが，本章では，溶接に最も多く用いられ，アーク溶接に比べてパワー密度・エネルギー密度がきわめて高く，安定で良好な溶接部が作製できるレーザ溶接と電子ビーム溶接について紹介する．なお，諸外国では，レーザ溶接をレーザビーム溶接という場合がある．

6.1 レーザ溶接

　レーザまたはレーザー（LASER）は，Light Amplification by Stimulated Emission of Radiation「放射（輻射）の誘導放出による光の増幅」という発振原理を意味する造語であり，これまでに多数の種類が開発されている．一般に，レーザは，単色性，指向性（平行性），集光性，制御性および可干渉性（時間的・空間的コヒーレンス）に優れ，レンズまたはミラーで集光させると，高パワー密度／高エネルギー密度（高輝度）の熱源となる．そこで，レーザ溶接は，適切なレーザを選択し，そのビーム形状とビーム径，パワー密度と照射（相互作用）時間を調整することによって，板厚約 10 μm の超薄板から 100 mm を超える超厚板までの継手が作製できる．

　レーザ溶接は，各種溶接・接合法の中で，自動化，省力化，ロボット化，ライン化などが容易であり，各種製品や構造物の高精度・高品質・高速・低変形の溶接法として認められている．

6.1.1 レーザ溶接の特徴

レーザのパワー密度分布と溶接部の溶込み形状の模式図を他の溶接用熱源のものと比較して**図 6.1**[1),2)]に示す.レーザのパワー密度は,アークやプラズマのパワー密度よりも高く,電子ビームと同等に高い.その結果,溶接時にはキーホールと呼ばれる細くて深い穴を形成して,溶込みの深い溶接ビードを作製できる.

電子ビーム溶接では,高真空を維持し,照射部から発生する

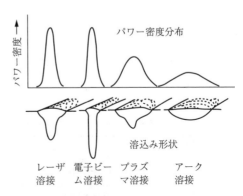

図 6.1 各種溶接熱源におけるパワー密度分布と溶込み形状の比較(模式図)[1),2)]

X 線を防護するためチャンバー内で行う必要があり,鉄鋼材料においては磁性の影響で溶接ビードが曲るため脱磁処理が必要である.しかし,レーザ溶接は,これらの条件を必要とせず,大気圧下で実施することが可能である.しかも,レーザは真空中でも溶接ができ,その場合,電子ビーム溶接と同様にきわめて深い溶接部を形成できる.

また,レーザ溶接はアーク溶接やプラズマ溶接より速い速度での溶接も可能である.オーステナイト系ステンレス鋼薄板において,TIG,プラズマおよびレーザ溶接で得られた溶接ビードの断面写真[3)]を**図 6.2**に示す.

レーザ溶接では,他の熱源に比べてビームを小さい領域に集光でき,溶接金属部(溶融部)および溶接熱影響部(HAZ)の幅が他の溶融溶接より狭く,低変形の溶接継手を作製できる.

図 6.2 ステンレス鋼薄板に対する各種溶接部の断面の比較[3)]

6.1.2 溶接用レーザの種類と特徴

溶接用レーザとしては，パルスまたは連続発振の Nd：YAG レーザ，連続発振の CO_2（炭酸ガス）レーザ，半導体レーザ（以下，laser diode の略称である LD を用いる），LD 励起固体（YAG など）レーザ，ディスクレーザ，ファイバーレーザなどがある．一方，短波長や短パルスのエキシマレーザ，グリーンレーザ，UV レーザ（ultraviolet laser），超短パルスレーザなどは，穴あけや切

表 6.1 溶接用レーザの種類と特徴（2016 年 6 月現在）[2]

連続発振	**CO_2 レーザ**	
	波　長：	10.6 μm（遠赤外）
	レーザ媒質：	CO_2-N_2-He 混合ガス（気体）
	出　力：	50 kW（最大）　（通常）500 W ～ 15 kW
	メリット：	高出力化容易（高発振効率：8 ～ 15%）
	ランプまたは LD 励起 YAG レーザ	
	波　長：	1.06 μm（近赤外）
	レーザ媒質：	Nd^{3+}：$Y_3Al_5O_{12}$ ガーネット（固体）　　ランプ：LD
	出　力：	10 kW（最大）　（通常）500 W ～ 4 kW（発振効率：～ 3%；～ 10%）
	メリット：	ファイバ伝送可能，分岐容易
	半導体レーザ（LD）	
	波　長：	0.8 ～ 1.2 μm（近赤外）
	レーザ媒質：	Al(In)GaAs，InGaAsP など（固体）
	出　力：	50 kW（ファイバ伝送型最大）　（通常）50 W ～ 4 kW
	メリット：	最高効率（発振効率：20 ～ 70%），コンパクト
	ディスクレーザ	
	波　長：	1.03 μm（近赤外）
	レーザ媒質：	Yb^{3+}：YAG，YVO_4 など（固体）
	出　力：	16 kW（カスケード型最大）　（通常）1 ～ 8 kW
	メリット：	ファイバ伝送，高輝度，分岐可能，高効率（15 ～ 25%）
	ファイバーレーザ	
	波　長：	1.07 μm（近赤外）
	レーザ媒質：	Yb^{3+}：SiO_2 など（固体）
	出　力：	100 kW（最大）　（通常）100 W ～ 30 kW
	メリット：	ファイバー伝送，高効率（～ 40%），極細径（10 μm），コンパクト
パルス発振	**ランプ励起 YAG レーザ**	
	波　長：	1.06 μm（近赤外）
	レーザ媒質：	Nd^{3+}：$Y_3Al_5O_{12}$ ガーネット（固体）
	出　力：	1 kW（最大）　（通常）20 ～ 500 W（発振効率：2%）
	メリット：	ファイバ伝送可能，分岐容易
	超短パルスレーザ（フェムト秒・ピコ秒レーザ）	
	波　長：	0.8 ～ 1.1 μm（近赤外）
	レーザ媒質：	チタン・サファイア，Yb(Er)ファイバー，Yb ディスクなど
	出　力：	1 kW（最大）　（通常）1 W ～ 100 W
	メリット：	超短パルス，熱影響が少ない，ガラスの接合が可能など

断に利用されるが,通常溶接には使われない.なお,フェムト秒レーザはガラスの接合用熱源として研究されている.

溶接用レーザの特徴を**表6.1**[2)]に示す.典型的な CO_2 レーザおよびランプ励起 YAG レーザを用いる溶接システムの模式図を**図6.3**[2)]に示す.

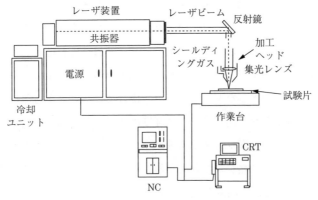

（a） CO_2 レーザ溶接機

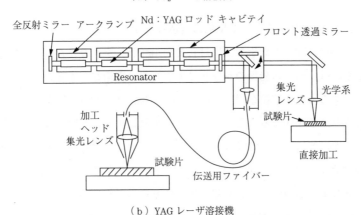

（b）YAG レーザ溶接機

図6.3 CO_2 レーザ溶接機および YAG レーザ溶接機の模式図[2)]

まず,高パワー化が容易で高速・深溶込み溶接が可能である連続発振の CO_2 レーザが開発され,種々の溶接に利用されてきた.欠点は,ファイバー伝送ができない点と,高パワーの場合,アルゴンガスや窒素ガスをシールドに用いるとガスプラズマが生成し,溶込みが顕著に浅くなることである.

一方，ランプ励起パルスまたは連続発振の YAG レーザについては，ファイバー伝送が可能で柔軟性が高く，携帯電話用電池ケースや眼鏡，自動車部品などの各種の微小部品，パイプや車体などの溶接に用いられた．YAG レーザの欠点は発振効率が低く，高パワーではビーム品質が悪いことである．これらの点を改善するため，高発振効率の半導体レーザ，ディスクレーザおよびファイバーレーザが注目され，高パワー化と高品質化・高輝度化が図られている．

現在，ディスクレーザおよびファイバーレーザは，それぞれ高パワーでビーム品質も良く，高効率で高輝度かつパルス化も可能で，アルゴンや窒素ガスとの相互作用も無視できるなど，種々の点で優れていることから溶接用熱源の主流となっている．なお，高パワー・高輝度固体レーザの場合，集光光学系に石英が用いられるが，薄型レンズや保護ガラスとその表面処理状態および保護ガラスの汚れによっては熱レンズ効果が起こり，焦点位置がレーザ装置側に移動することがある [4]ため，注意が必要である．

6.1.3　レーザ溶接現象と溶接部の溶込み形状

レーザ溶接は種々の継手形状に対して利用され，突合せまたは重ね継手を作製する際には，パルス発振のレーザによるスポット溶接，あるいは連続発振のレーザによるビード溶接を行う．そのとき，レーザのパワー密度によって溶接部の溶込み深さが異なる．それぞれの溶接現象の模式図を**図 6.4** [1]に示す．

レーザ溶接部は，表面で吸収されたレーザによる熱の板内部への伝導および融液の対流により形成する浅溶込みの熱伝導型溶接部（図の上段）と，キーホールを有する溶融池からなる深溶込みのキーホール型溶接部（図の下段）に分類される．熱伝導型溶接部の溶込み深さは，通常，材料の融点，熱伝導率，湯流れなどによって決定される．キーホール型溶融溶接部の溶込み深さは，キーホール深さとその先端からの熱伝導または湯流れで決定され，材料中に蒸気圧の高い元素を多く含むほど深くなる [5]．レーザ溶接は，一般にキーホール型の深溶込み溶接で行うことが多い．なお，パルス溶接の場合の（連続した）シーム溶接は，スポット溶接部をラップ率 60 〜 80％でオーバーラップさせて

6.1 レーザ溶接

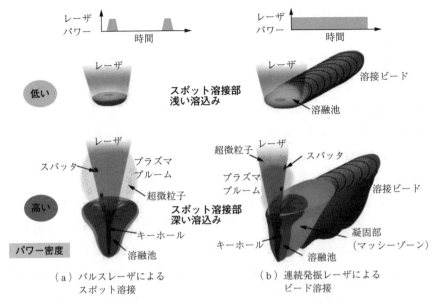

図 6.4 パルスレーザによるスポット溶接現象および連続発振レーザによるビード溶接現象と，溶融・溶込み形状に及ぼすレーザパワー密度の影響[1]

行う．

　レーザが照射されると，材料中の自由電子がレーザの周波数（振動数）に応じて振動し，レーザエネルギーが吸収される．金属の場合，吸収されるレーザは，その波長と材料表面の状態によって通常数%～30%程度であり，波長が短いほどよく吸収される．金属中へのレーザ浸透深さは，1 μm 以下ときわめて浅く，レーザ加熱は極表層で起こる[6]．表面温度の上昇は吸収されたレーザパワー密度と材料内部への熱伝導に依存し，入熱量が多いと溶融が起こり，さらに蒸発が起こる．レーザのパワー密度が高い場合，レーザ照射部表面は蒸発温度以上に加熱されて蒸発が起こり，その反力で表面がくぼみ，深いキーホールを形成する．

　金属のレーザ吸収は，溶接用レーザ（波長 $\lambda = 0.8 \sim 10.6$ μm）の場合，角度依存性と温度依存性がある[7]．偏光の場合，試料の垂線とレーザの入射角の差である角度が大きくなると，s 波の反射は比例的に大きくなるが，p 波はブ

リュースター角近傍で大きく吸収されるようになり，反射が減少し，偏光の影響が顕著に現れる．通常は，偏光の影響が現れやすい直線偏光を避けて，影響の現れない円偏光やランダム偏光が用いられる．

温度が高くなると，結晶中のフォノン（音子）によって電子が散乱され，電気伝導度が減少するので，レーザは一般に金属材料に吸収されやすくなる[6]．また，レーザの吸収は，表面の酸化，強加工を受けていると多くなる．温度が上昇して表面酸化の促進や溶融，さらにはキーホールが形成されると，レーザエネルギーはより一層吸収される[1]．

キーホール内では，内壁面（3 m/min 以上の高速溶接の場合，進行方向前壁面）や底部でレーザがフレネル吸収（多重反射による吸収）され，照射面から金属蒸気が発生し，キーホール口から噴出する．噴出する蒸発物の流れに引きずられ，キーホール開口部周囲の融液がスパッタとして吹き飛ばされる．蒸発物質は，高温であることから高輝度の発光体として見られ，その形状からプルーム（羽毛），あるいはレーザに起因することからレーザ誘起プルームと呼ばれる．また，イオンと電子が検出され一部電離していることから，レーザ誘起プラズマまたはプラズマ・プルームと称される場合もある．

高パワーレーザ溶接時のレーザ誘起プルームまたはプラズマの生成状況とその影響について，**図 6.5**[1]に示す．図中（a）は，ディスクレーザやファイバーレーザによるリモート溶接を，長焦点の集光光学系を用いてガスを吹き付けないで行ったものである．プルームが大きく成長し，それに伴って高温領域が上方に形成して，低屈折率の領域も拡大する．その結果，低屈折率でその分布の異なる領域を通過するときのレーザビームの屈折，あるいは焦点位置の下方移動により，溶込み深さが浅くなることが起こる[8]．通常，波長約 1 μm のレーザでは，レーザとプルームとの相互作用は波長 10 μm のレーザに比べて小さいと評価される[9),10]が，安定な溶込みを得るにはエアジェットもしくはファン，ガス吹付け法などでキーホールから噴出するプルーム高温領域をレーザビーム照射軸から離して，相互作用距離を短くする必要がある．

図中（b）は，波長約 1 μm でビーム径の細い高パワー密度（高輝度）の

6.1 レーザ溶接

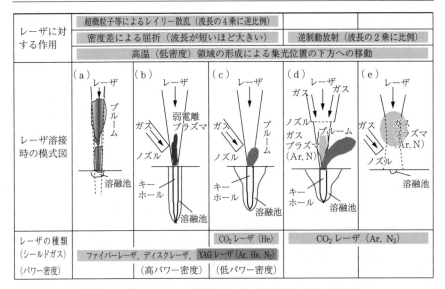

図 6.5 高パワーレーザ溶接時のビード形成とそれに及ぼす
レーザ誘起プルームまたはプラズマの影響[1]

ファイバーレーザやディスクレーザ溶接の場合を示す．レーザ誘起プラズマの温度が約 6 000 K と高くなっても，溶込み深さはパワー密度が高いほどより深く，プラズマの影響による溶込み深さの顕著な減少は見られず，レーザとの相互作用は大きくないと推察される[9)~11)]．

図中（c）は，ビーム径の比較的大きい数 kW パワーの YAG レーザ，ファイバーレーザ，ディスクレーザおよび He シールドガス中での CO_2 レーザ溶接時の状況を示す．この場合，溶込み深さは Ar ガス中での CO_2 レーザ溶接時ほど浅くならない．波長の長い CO_2 レーザでは，5 kW および 10 kW 以上の高パワーの場合，それぞれ図中（d）および（e）に示すように，その作用が波長の 2 乗に比例する逆制動放射により，電離電圧が小さい Ar ガスや N_2 ガスと相互作用をしてガスプラズマを生成し，その逆制動放射によるレーザの吸収が起こるため，溶込みは浅くなる．そのため，10 kW 以上の大出力 CO_2 レーザ溶接では，通常，50% 以上の He を含む混合ガスを利用する必要がある．

一方，レーザ溶接時には，原子，分子，イオン，超微粒子などによるレイ

リー散乱（弾性散乱）も起こる．レイリー散乱光の強度は電磁波の波長λの$1/\lambda^4$に比例することから，レイリー散乱は波長 1 μm 帯のレーザや LD など波長の短いレーザほど大きくなる[1]．その他，微粒子によるミー散乱（煙草の煙などによる散乱）もあるが，その効果は一般に小さい．

レーザ溶接では，いずれの場合も，キーホール口から中性金属の発光によるプルーム（一部励起された金属プラズマ）とクラスタや超微粒子が噴出している．このプルームは低速度溶接の場合，キーホールと連動して激しく前後左右に動く．一方，高速度溶接では，レーザ誘起プルームはキーホール口の直上方向，もしくは若干後方へ噴出する．このような挙動は，キーホール形状とその安定性と関連し，溶融池内部の湯流れや気泡（ポロシティ）生成に影響し，さらには溶接ビード形状にも影響を及ぼす[1]．

6.1.4　レーザ溶接条件とその溶接部の評価

焦点位置でのビーム径とピークパワー密度の異なるファイバーレーザを 10 kW，4.5 m/min でステンレス鋼 SUS304 に照射して得られた溶接ビードの断面を図 6.6[12] に示す．

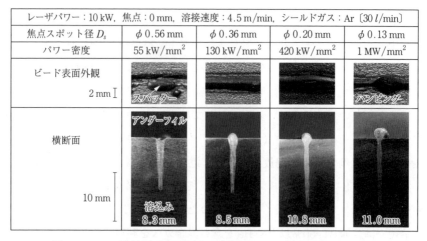

図 6.6　レーザ溶接部の表面外観，断面形状および溶込み深さに及ぼす焦点位置でのビームスポット直径およびパワー密度の影響[12]

ビーム径が小さくなり，パワー密度が高くなるのに従って，溶込みが深くなっている．なお，通常よく利用されるビーム径が約 0.6 mm の場合，スパッターが発生してアンダーフィルの溶接ビードが形成し，逆に，ビーム径が 0.13 mm ときわめて細い場合，ハンピングの溶接ビードを形成する [12]．その間の約 0.2 〜 0.4 mm のビーム径で良好な溶接部が形成された．

スパッターは，プルームの噴出に伴って融液が溶融池より離れた位置に吹き飛ばされることで形成し，それが激しい場合，アンダーフィルビードとなる．一方，ハンピングは，溶融池の表面を後方へ吹き上がる融液量が多く，狭い溶融池を通って後方に流れ，後端部の低温側の表面張力が大きく，盛り上がり，中間部の狭い溶融池が早く凝固して形成する．

高パワーレーザによるキーホール型深溶込みの溶接ビードの形状と溶込み深さは，おもにキーホール深さと湯流れによって決定される．シールドが完全であると，酸素含有量の少ない場合の表面張力は低温側ほど高いため，キーホールから噴出した融液は溶融池幅を広げるように流れ，溶接ビードの表面が広がる．

一方，酸素量が増加すると高温側の表面張力が低温側より相対的に高くなり，溶融池の湯流れは温度の高いキーホールに向かって流れ，溶融池の幅はあまり広がらない [13]．湯流れはキーホール底部先端から溶融池底部の固液界面上部を後方へと起こる．この場合，キーホール先端から気泡が発生してポロシティが生成する場合があり，溶接ビードの底部は半円状を呈する．

さらに，パワー密度が高い場合，深いキーホールが生成し，レーザ誘起プルームはキーホール口から上後方に噴出してキーホール後端の融液が溶融池表面を後方に向って流され，溶接ビードの溶込みは深く，幅の狭い，凸状の余盛を形成する．

ファイバーレーザを 6 kW または 10 kW で，溶接速度を変化させて得られた SUS304 の溶接ビードの溶込み深さを**図 6.7** [11] に示す．6 kW での溶込み深さの比較から，高速度での溶込みはパワー密度が高いほど深い．一方，低速度での溶込みはレーザパワーの高いほうが得られやすい．また，溶接欠陥としては，

低速度の場合，部分溶込みの溶接部にポロシティが生成しやすい．一方，高速度の場合，ビームが太いとアンダーフィルが形成され，ビームが細いとハンピングビードが形成されやすい．

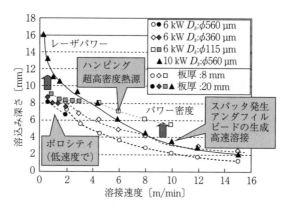

図6.7 ステンレス鋼SUS304のレーザ溶接部の溶込み深さに及ぼすビーム径（パワー密度）と溶接速度の影響[11]

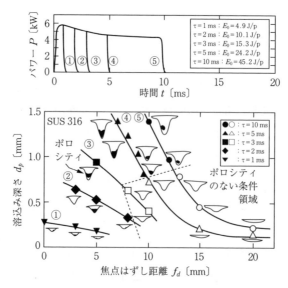

図6.8 パルスレーザスポット溶接部の溶込みおよびポロシティの生成・防止に及ぼす焦点はずし距離とパルス幅の影響[14]

6.1 レ ー ザ 溶 接 237

微小部品の溶接では，パルスレーザによる場合が多い．そのスポット溶接部は，**図 6.8**[14)]に示すように，パルス幅や焦点はずし距離（レンズの焦点位置と試料表面間の距離）の調整により溶込みの深いものや浅いものができる．溶込みは焦点位置近傍でパルス幅が長いほど深くなる．なお，矩形のパルスを照射すると，焦点位置近傍の条件や溶込みの深い溶接部で，ポロシティが発生しやすい．

6.1.5　レーザ溶接欠陥の生成および防止と溶接部の特性

レーザ溶接時には，材料の種類と組成，溶接条件などによって，目違いやギャップによる溶接不良，変形（ひずみ，そり），スパッター発生やキーホールの不安定によるアンダーフィルや穴あき，高温割れ，深溶込み溶接部のポロシティなど，種々の溶接欠陥が発生する．それらの種類，特徴，原因と低減・防止策をまとめて**表 6.2**[15)]に示す．

レーザ溶接欠陥は，通常のアーク溶接と同様に，形状欠陥，内部欠陥および性質欠陥に分類される．特に，ポロシティや高温割れ（溶接金属部では凝固割れ，HAZ（熱影響部）では液化割れ）と呼ばれる内部欠陥が，対処すべきものである．

マイクロフォーカス X 線透視映像撮影装置[16)]を用いて，各種金属材料の CO_2 レーザ，YAG レーザ，ファイバーレーザ，またはディスクレーザによる溶接時のキーホール現象およびポロシティの生成・防止挙動について高速度ビデオでリアルタイムに観察した．レーザ溶接時のキーホール挙動や湯流れ（主流と付随流をそれぞれ実線と破線で表示）の様子および気泡の流動やポロシティの生成状況の模式図を**図 6.9**[15)]に示す．

キーホールの激しい動きとその底部先端から気泡が発生してポロシティとなる生成状況が観察される．一般に，低速度（1 m/min 以下）や中速度（1.5〜2.5 m/min）の場合，気泡はキーホールが崩れることによって，またはキーホール先端部近傍の前壁面から溶融池に向かう強い蒸発によって後壁の溶融部がくぼみ，さらにキーホールの変動に伴って吹き付けられるシールドガスなど

238　6. ビ ー ム 溶 接

表 6.2 各種レーザ溶接欠陥の特徴，原因および低減・防止策 [15]

溶接欠陥	欠陥の種類	欠陥の特徴	原因と低減・防止策
形状欠陥	変形(ひずみ)，そり		●過剰入熱 ●不完全なジグ・拘束条件 ○高速深込み溶接 ○強固なジグによる固定
	外観不良 (裏面の凹凸，汚れ， ビット等)		●スパッタの生成等，不適切な溶接条件 ●蒸発物質の付着 ○低パワー密度溶接 ○蒸発超微粒子の(吹飛ばし)排除
	溶 落 ち		●薄板に対する過剰入熱による貫通溶接 ●過剰入熱による広い溶接ビード幅　●厚板 ○溶接条件の最適化 ○裏板やバックシールドガスの利用
	アンダカット		●高入熱・低速溶接 ●溶融部の物理的特性(粘性等) ○適切な溶接条件
	アンダーフィル		●小さい溶融部と高パワー密度条件によるスパッタの発生 ○低エネルギー・焦点位置で行わない ○パルス溶接での条件最適化
内部欠陥	高温割れ (凝固割れ，液化割れ，クレータ割れ，ビード割れ等)		●低融点液膜の広範囲形成 ●凝固時における引張ひずみの急速な付加 ●凝固時における大きな引張ひずみの付加 ○合金組成の選択 ○パルス溶接での条件の最適化 ○急速(凝固)ひずみ付加の防止
	ポロシティ (気孔，ボア，ブローホール等)		●水素　●蒸発物質，シールドガスの巻込み ●キーホールの急激な崩壊 ○水素源・酸素源の除去　○真空中の溶接 ○安定なキーホールの生成 ○センターシールドガスと流量の選択 ○貫通溶接，前進溶接，パルス溶接等の採用
	重ね部の膨らみ		●低入・大入熱溶接　●薄板上板 ○重ね部の高密着化 ○低入熱・高速溶接，パルス溶接等の採用
	溶込み不足， 融合不良		●高反射率，低パワー密度，高速溶接 ●プラズマ(焦点位置でのパワー低下)の影響 ○高パワー・高エネルギー深溶込み溶接条件 ○目違いの防止
	介在物の巻込み (スラグ，酸化物等)		●表面の酸化，酸素ガス雰囲気 ●介在物の多い母材 ○介在物の少ない母材・ワイヤの採用 ○表面研磨と適切なシールドガスの条件
	合金元素の蒸発損失		●低蒸発温度(低沸点)元素の多量含有 ●低い溶融池温度 ○高速深込み溶接，パルス溶接の採用
	マクロ偏析		●異材の不完全な混合 ○ビームオシレーション等による混合
	ミクロ偏析		●アルミに対する低分配係数の合金元素 ○高速・低入熱溶接 ○溶接後の溶体化熱処理
性質欠陥	機械的性質 (強度，硬度，伸び，衝撃，疲労特性，靱性等)		●軟化部(加工硬化・時効硬化現象の消滅)および欠陥の形成 ○溶接欠陥の低減・防止 ○高硬強度溶接部の作製 ○溶接後の最適な熱処理の採用
	化学的性質 (腐食等)		●応力腐食割れ ●析出物・偏析による粒界腐食 ○低入熱・高速(深溶込み)溶接 ○残留応力の低減・除去(熱処理)

6.1 レーザ溶接

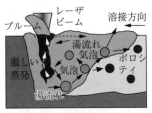
（a）低速度溶接

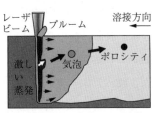
（b）高パワー密度レーザ溶接

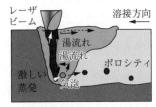
（c）中速度溶接（高パワーレーザ）

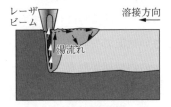
（d）高速度溶接

図6.9 種々の条件におけるレーザ溶接現象（キーホール形状と挙動，プルーム挙動，気泡・ポロシティの発生挙動，溶融池内湯流れ）を示す模式図[15]

が巻き込まれて生成する．

その気泡は，キーホール先端部から溶融池底部を後方上部へ向う湯流れに乗って移動し，その途中で凝固壁にトラップされてポロシティとなる．溶接速度が速くなると，気泡は底部近傍でトラップされるものが多くなる．さらに高速度になると，鉄鋼材料の場合，溶融池内の湯流れが変化し，気泡およびポロシティの発生が抑制される．

なお，高パワー・高パワー密度レーザ溶接の場合，キーホールの途中から気泡が発生し，ポロシティとなることがある．また，レーザとレーザ誘起プラズマとの相互作用が大きく，キーホールが急に浅くなる変動により，ルート部にスパイク状のポロシティが生成することがある．

気泡内部に取り込まれた蒸発物質は，温度が低下すると，一部，酸化物を生成し，残りは固化して内壁に付着する．その結果，ポロシティ内部はおもにシールドガスのみとなり，低圧となる．このため，固体中の拡散が可能な水素

は，冷却中および室温放置中にポロシティ内に侵入し，シールドガスに対する水素の割合は，放置日数の経過に依存して増加する[17].

連続発振レーザ溶接時のポロシティは，キーホールが安定に貫通する溶接，適切な繰返し数とデューティの条件でのパルス変調溶接，前進角の溶接，適切なシールドガス（オーステナイト系ステンレス鋼：N_2 ガス，鉄鋼材料：CO_2 ガス）中の溶接，真空中の溶接などで抑制または防止される[1),2)].

レーザスポット溶接時においてパワー密度が短時間に高くなる条件では，溶融池が小さい状況でキーホールが急速に形成するとスパッターが発生し，アンダーフィルの溶接部が形成される．一方，ポロシティは，レーザパワーの急速な低下によりキーホールが急激に崩壊するために，溶融池の底部，あるいは中央部に生成する．したがって，アンダーフィルとポロシティを防止・低減させるためには，レーザパワーを少しずつ増加させ，比較的大きな溶融池内でのキーホールを徐々に深くし，キーホールが底部から埋まるように徐々にレーザパワーを低下させる方法が有効である[14].

レーザ溶接の場合，アルミニウム合金やニッケル基合金において凝固割れが発生する場合がある．特に，パルスレーザによるスポット溶接部や連続発振レーザによる高速溶接時，または低速深溶込み溶接部でみられる．

レーザ溶接部の硬さは，鉄鋼材料やチタン合金を除いて一般に低下する．特に，時効性アルミニウム合金の場合，時効硬化微小析出粒子がボンド部近傍で消失し，そこから離れた位置で粗大化して過時効となり軟化する．なお，超ジュラルミンなどでは，ボンド部近傍では室温時効で硬化する場合がある．溶接金属部ではミクロ偏析をしているため，硬さは焼なまし材よりは高いが，時効性合金の場合，母材ほど硬化しない．

鉄鋼材料の場合，溶接金属部の引張強さや硬さは母材より高く，通常，溶接継手特性は良好である．$270 \sim 590$ MPa 級鋼は，レーザ溶接部の硬さは母材より高く，溶接時の急冷によりマルテンサイトやベーナイトが生成したためである．

一方，780 や 980 MPa 級鋼の場合，熱影響部（HAZ）の両端で硬さ（強度）

の低下が認められ，高強度の高張力鋼で "HAZ 軟化" 現象が起こることを示している．これは HAZ のボンド部（固液界面）から離れた領域で温度履歴の途上でマルテンサイトが消失し，安定な軟質のフェライトが少量生成したためと考えられる．HAZ 軟化の程度は，入熱の小さいレーザ溶接のほうがアーク溶接などより小さく，レーザ溶接における高速溶接で低減・抑制できる．

引張試験や疲労試験では，HAZ で破断する場合がある．特に，固溶強化または析出硬化型の高張力鋼の場合，強加工を行った析出硬化型で HAZ 軟化が起こりやすい[15]．さらに，1 500 MPa 級高張力鋼では，溶接金属部と HAZ の硬さも低下する．この軟化の程度も，高速度のレーザ溶接で低減できる．

自動車用などの薄鋼板のテーラードブランク溶接では，溶接部の品質は球頭張出し試験法で評価される．張出し高さが高く，溶接部で割れないことが望まれる[15]．強度の異なる鋼材や板厚に差がある鋼材では，弱いほうに変形が集中するため，見かけの特性が低下するので注意が必要である．

一方，造船用などの厚鋼板のレーザ溶接部またはハイブリッド（レーザとアーク併用）溶接部では，良好な低温のじん性が必要とされる．標準シャルピー衝撃試験により評価されるが，溶接ビード部が硬化しその幅が狭い場合，溶接金属部にノッチがあったとしてもそこからの破断が母材側に大きくそれる "FPD（fracture path deviation）" 現象が起こり，見かけのじん性値が高く出る場合があるので注意が必要である．FPD を避けるためにサイドノッチ試験片を用いて評価される場合があるが，値は小さくなる．

6.1.6 レーザ溶接・接合の適用例

レーザ溶接は，高品質・高精度・高柔軟性・高速・深溶込み接合法である特徴を生かすように，精力的に種々検討されている．各工業分野におけるレーザ溶接の実施・実用化例をまとめて**表6.3**に示す．表から薄板のレーザ溶接例が多いことがわかる．実用化は，自動車産業や電子・電機産業を中心にいろいろな分野に広がっている．

表6.3 各種産業分野におけるレーザ溶接実施・実用化例

産業分野	溶接実用化例	産業分野	溶接実用化例
電気機器産業	● 電池ケース，リレーケースの溶接 ● 電気部品のシーム溶接 ● TV 電子銃部品の点溶接 ● 制御盤パネルの点溶接	自動車産業	● 燃料タンクの溶接 ● エアコン用クラッチ板の溶接
		鉄鋼業	● 鋼板のコイル継手 ● 溶接パイプの製造 ● チタン製および鋼製管の溶接
電子産業	● 半導体ケースのシーム溶接 ● ファイバコネクタのシーム溶接 ● コネクタの点溶接 ● Al コンデンサの点溶接	軽工業	● 大型屋根外装パネルの作製 ● アルマイト処理でのラッキング
		重工業	● 熱交換器の溶接 ● 蒸気タービン仕切りの溶接
自動車産業	● トランスミッションギアの溶接 ● ボンネット（Al）板のヘム溶接 ● テーラードブランク溶接 ● 自動車ルーフの3次元溶接 ● AT 部品の溶接 ● モータ，モータコア等の溶接 ● プーリーの溶接	産業機械	● 鋸歯，チェーンソーの溶接 ● ハーメチックのシーム溶接
		航空産業	● ハニカム構造材の溶接 ● 薄肉チューブ，ベローズの溶接
		その他	● 各種小型密封容器のシーム溶接 ● 装飾用貴金属チェーンの溶接

鉄鋼材料関連の応用としては，テーラードブランク溶接や自動車ルーフの3次元溶接，亜鉛めっき鋼板2枚重ね溶接，小型製品の溶接，中薄パイプの溶接，リモートレーザ溶接法などが確立されつつある．

最近では，高張力鋼厚板の深溶込み溶接，ステンレス鋼の水中補修溶接，鉄鋼材料と他の金属や非金属とのレーザ異種接合，金属とプラスチック（CFRP を含む）のレーザ接合，高輝度レーザ・MAG または CO_2 ガスアークハイブリッド溶接による厚板パイプや構造物の溶接，レーザ溶接時のシームトラッキングやモニタリング手法の開発などの研究が精力的に行われ，一部，実用化に至っている．

6.2　電子ビーム溶接

電子ビームは，高真空中において加熱された陰極から放出される電子を高電圧の中空状の陽極により加速し，集束レンズ（電磁コイル）で集束することに

6.2 電子ビーム溶接

よって得られる．この集束された電子ビームは，数十 μm から 1 mm 程度までの微小領域に絞られ，そのエネルギー密度はアークの千倍以上であり，高速かつ高精度に電気的に走査・制御される．

電子ビーム溶接は，高エネルギー密度のビームを被溶接材に投射し，電子の運動エネルギーを熱エネルギーに変換して，被溶接材を加熱・溶融・蒸発させて接合する方法である[18]．

6.2.1 電子ビーム溶接装置

電子ビーム溶接装置は，**図 6.10**[19]に示すように，電子銃を有する電子ビーム発生系，電源系，制御系，計測系，排気系および溶接室（チャンバー）から構成される．

電子ビームの出力は 1 kW から 100 kW まで利用されている．一時，300 kV-100 kW の装置も開発され，溶込み特性に及ぼす高電圧の効果が検討された．通常の装置は，60 kV までの低電圧型か 150 kV の高電圧型に分かれる．高電圧型のほうが同一の出力では溶込みが深いが，電子

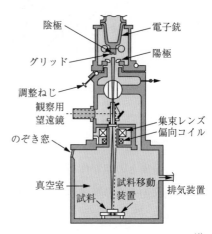

図 6.10 電子ビーム溶接装置の模式図[19]

銃内で放電（アーキング）が起こりやすく，溶接が不安定になる傾向が強い．なお，その対策は高電圧回路の出力を大型の電力管で制御する方式，または入力を高周波インバータで高速に制御する方式で行われている[18]．

現在，電子ビームの高速偏向技術によりウィービング（オシレーション）機能が高められ，ビームの高速移動と高い位置決め精度の実現により，高品位な溶接部が作製されている．計測系として，X 線や反射電子の信号から溶接位置を自動で検出するシームトラッキング機能も実用化されている[18]．

6.2.2 電子ビーム溶接機構

電子を金属に照射すると，電子は金属中の原子と衝突散乱を繰り返しながら金属の内部に侵入する．その深さは 30～60 kV の電圧では数～数十 μm と報告されている．電子は衝突過程でエネルギーを失いながら金属を加熱する．金属は高温に達して溶融し，さらに加熱されると蒸発が起こる．この蒸発の反力でキーホール（キャビティ，ビーム孔などと呼ばれる）が板の深さ方向に急速に形成され，溶接中に深いキーホールの維持により深い溶接ビードが作製される．その溶接時の状況を**図 6.11**[20]に示す．

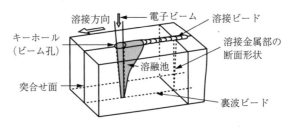

図 6.11 電子ビーム溶接機構の模式図[20]

その溶接機構は，高パワー密度のレーザ溶接時と同様である．ただし電子ビームと金属との相互作用であり，真空中のため，レーザ溶接時に起こるキーホール底部先端から溶融池後方への湯流れは少なく，溶融池内の湯流れは電子ビーム溶接とレーザ溶接では異なる．特に，真空中ではキーホール上部への蒸発が多く，湯流れも上部へ向って起こり，溶融池表面を後方へと流れる．

6.2.3 電子ビーム溶接の特徴

電子ビーム溶接は，高パワー密度の電子ビームの穿孔作用により深いキーホールを形成するため，入熱が2次元的に供給され熱影響部（HAZ）幅が狭く，角変形も少ない．これらの特徴をまとめて下述する[18),19)]．

（1） 深溶込み溶接が可能であり，アーク溶接では多層で作製される厚板の溶接継手が電子ビームでは1パス溶接で可能である（**図 6.12** 参照）．

（2） 溶接部特性のばらつきが少ない高品質な溶接部の作製ができる．

（3） 真空中の溶接のため，ポロシティ（気泡，気孔，ブローホールなどと言われる場合がある）などの欠陥の少ない溶接部が作製できる．
（4） 溶接変形の少ない精密な溶接継手が作製できる．
（5） 小型部品やベローズなどの小入熱溶接が可能である．
（6） 溶融部幅が狭く，熱影響部も狭い．
（7） 高融点金属（WやTaなど），高熱伝導金属（CuやAlなど），活性金属（Ti，Nb，Mgなど）の溶接ができる．
（8） 異種金属（ステンレス鋼-Cuなど）の溶接ができる．
（9） 製品の変色，酸化，窒化などが少ない溶接部が作製できる．
（10） 通常，溶接用ワイヤや溶接棒は不要である．
（11） 溶接以外にも，局所加熱加工（焼入れ，溶解，合金化，ろう付など）が可能である．
（12） 電子ビームの制御が容易で，超高速走査・移動が可能である．

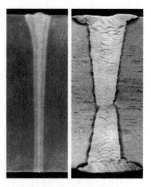

図6.12 厚板に対する1パス電子ビーム溶接部（左）と多層のアーク溶接部（右）の比較 [18],[19]

引用・参考文献

1) 片山聖二：レーザ溶接，溶接学会，**78**-2，(2009)，124-138.
2) 片山聖二：レーザ溶接，ふぇらむ，**17**-1，(2012)，18-29.
3) 山田 猛：溶接学会誌，**63**-4 (1994)，297-302.
4) Reitemeyer, D., Seefeld, T. & Vollertsen, F.：ICALEO 2010, LIA, (2011), 13-20.(CD).
5) 片山聖二，Lundin, C.D.：軽金属溶接，**29**-8，(1991)，349-360.
6) 工藤恵栄：光物性基礎，(1996)，オーム社.
7) Beyer, E., Behler, K. & Herziger, G.：Proc. 5th Int. Conf. Lasers in Manufacturing (LIM-5), Ed. by H. Hugel, Stuttgart, (1988) 233-240.

8) Oiwa, S., Kawahito, Y. & Katayama, S. : Proc. of 28th International Congress on Applications of Lasers & Electro-Optics (ICALEO 2009), LIA, (2009) 359-365.

9) 川人洋介・木下圭介・松本直幸・水谷正海・片山聖二：溶接学会論文集，**25**-3, (2007), 455-460.

10) 川人洋介・木下圭介・松本直幸・水谷正海・片山聖二：溶接学会論文集，**25**-3, (2007), 461-467.

11) Katayama, S. & Kawahito, Y. : Proc. SPIE, Fiber Lasers VI : Technology, Systems, and Applications, Vol.7195, 71951R-1 ~ 71951R-9 (2009).

12) Kawahito, Y., Mizutani, M. & Katayama, S. : Science and Technology of Welding and Joining, **14**-4, (2009), 288-294.

13) 内藤恭章・水谷正海・片山聖二：溶接学会論文集，**24**-2, (2006), 140-161.

14) Katayama, S., Kohsaka, S., Mizutani, M., Nishizawa, K. & Matsunawa, A. : Proc. ICALEO '93, LIA, **77**, (1993), 487-497.

15) 片山聖二：平成 17 年度溶接工学夏季大学教材，(2005) 85-111.

16) Katayama, S., Seto, N., Kim, J.D. & Matsunawa, A. : Proc. ICALEO '97, LIA, **83**, Section G, (1997), 83-92.

17) Katayama, S., Seto, N., Kim, J.D. & Matsunawa, A. : Proc. of ICALEO '98, LIA, **84**, Orlando, USA, Section C, (1998), 24-33.

18) 溶接学会編：溶接・接合便覧；6. 電子ビーム溶接法および機器，(2003), 343-353, 丸善.

19) Web：コベルコ (www.kobelco.co.jp/alcu/technical/almi/1174824_12412htm) (2017).

20) Web：太陽イービーテック―電子ビーム溶接―製品紹介.

7 ろう接

7.1 概　　論

　ろうまたははんだを用いて，母材をできるだけ溶融しないでぬれ現象によって接合する方法をろう接[1]~[6]という．ろう接はろう付とはんだ付の総称である．溶接と基本的に異なる点は，① 母材をあまり溶融しない，② 母材と組成を異にし母材の融点より低い温度で溶融するろうおよびはんだを接合助材として用いる，③ ろう材のぬれ現象によって接合を行う，などである．

　AWS（米国溶接協会）によると，接合の作業温度 800 ℉（およそ 427 ℃）を境に，低い場合をはんだ付（soldering）高い場合をろう付（brazing）と呼ぶ．JIS の作業温度境界は 450 ℃である．

　ろう接につぎのような特徴があげられる．

（1）　接合時に母材の溶融がほとんどない．特に薄物や細線の接合に適する．

（2）　作業温度が母材の融点より低い．そのため，母材の形状や材質の変化から生じる問題が少ない．

（3）　接合が金属の充てんによって行われる．そのため，液体，気体に対する耐リーク（気密性）に優れ，耐気圧や真空を要する機器に適用できる．

（4）　ろう材の組成は母材のそれと一致する必要がないので，異種金属材料間また金属と非金属材料（セラミックスなど）との接合も可能である．

（5）　方法が簡単なため古い歴史を持ち多くの金属工業で手軽に用いられる．

（6）　接合に関与する要因が広範囲にわたる．例えば溶融金属（ろう・はん

だ）の固体金属（母材）へのぬれは，固-液金属間の界面反応に基づくので，液体金属の物性，拡散現象，溶解現象，凝固現象などが関係する．また接合部の金属組織，電気化学反応，機械的性質などが満足されなければならない．

（7）接合強度はろう材の強度が母材の強度より低い場合には，溶融溶接に比較して劣る．しかし適切に行われる場合，ろう材より高い接合強度が得られる．また拡散ろう接の場合，接合界面に挿入したろう材が両部材に拡散して接合されるので，接合強度は大きい．

（8）応用性が大きく適用範囲が拡大しつつある．例えば重厚長大から軽薄短小の具体化，またセラミックス，複合材料，超耐熱材料，超電導材料などの新材料の開発と利用のためにいっそう期待される．

7.2 ろ う 材

ろう材は，接合材（充てん材）であり，多種多様のものがある．ろう材はろう（硬ろう）とはんだ（軟ろう）に分類できる．

7.2.1 はんだ（軟ろう）
〔1〕 基 本 組 成

図7.1に示すようにほとんどの溶融温度は400℃以下である．はんだは，JIS規格では鉛含有はんだ，鉛フリーはんだに分類される．鉛含有はんだは，Sn-Pb系，Pb-Sn系，Sn-Pb-Bi系，Sn-Pb-Ag系に分類される．それぞれの系には，元素の含有量の異なる数種類のはんだが規格化されている．また JIS 規格には，やに入

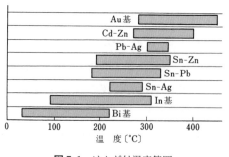

図7.1 はんだ付温度範囲

りはんだ（フラックスをコアにしたはんだ）が鉛含有，鉛フリーはんだ両種類とも規格化されている．さらに電子機器に多用されるソルダペースト（はんだ粉末とペースト状フラックスの混合物）も規格化されている．

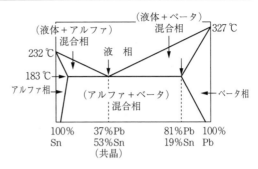

図 7.2 Sn-Pb はんだの平衡状態図

Sn-Pb はんだはすべての組成比で使用される．**図 7.2** の Sn-Pb の平衡状態図に見るように，Sn 量の増加に伴い，合金の融点は 327℃から Sn 61.9%の共晶組成における 183℃まで低下する．その物理的・機械的性質は**図 7.3** に見るように，引張強さ，硬さともに共晶組成で最大値を示す．ろう接に必要なはんだの広がり性（溶融はんだの母材上での広がり，cm^2，cm^2/g，接触角 θ などで表す）も共晶組成で最大値を示す．

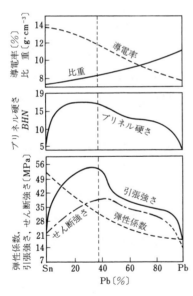

図 7.3 Sn-Pb 合金の物理的および機械的性質

〔2〕**鉛フリーはんだ**

鉛を含まない（鉛含有量：0.1 wt%未満）はんだの総称である．はんだは一般的には錫（すず）と鉛の合金で，これらの組成のはんだの人間との関わりは数千年の歴史があることは周知の事実である．それが 1990 年に入り，廃棄された電子機器のはんだ成分中の鉛が酸性雨により溶け出し地下水を汚染することが問題になり，鉛を含まないはんだの必要性が言われ研究が始まった．2000 年代に入り，環境問題の機運が世界に広がり，2006 年には欧州連合

が有害物質規制を施行し、鉛フリーはんだの使用が主流となった。鉛を含有しないはんだはこれまで多くの組成が発表されたが、現在では、Sn-Ag-Cu が主流であり、作業温度が従来の錫（すず）-鉛はんだと比べて 25 〜 45 ℃ほど高くなり、価格の上昇、接合特性など多くの問題を抱えながら現在に至っている。

現在 JIS に規格されている鉛フリーはんだは、高温系（Sn-Sb, Sn-Cu, Sn-Cu-Ag, Sn-Ag）、中高温系（Sn-Ag, Sn-Ag-Cu）、中温系（Sn-Ag-Bi-Cu, Sn-In-Ag-Bi）、中低温系（Sn-Zn, Sn-Zn-Bi）、低温系（Sn-Bi, Sn-In）に区別されている。

電子機器のはんだのほとんどは鉛フリーであるが、高温はんだの一部では鉛含有はんだに対応する適切な鉛フリーはんだがないため、現在も鉛含有はんだが使われている。

〔3〕 その他のはんだ

工業の多様化によるはんだの要求が一段と厳しくなるのに従い、いろいろな元素を組み合わせたはんだが開発された。特に近年の電子機器における接合のために、温度特性、熱膨張特性、耐食性などに優れたはんだが開発された。はんだの形状も例えば球状（ソルダーボール）、微粉末状、針状、薄板状（液体急冷）などがある。

Sn-Ag, Pb-Ag, Sn-Sb などの二元系、Sn-Ag-Sb, Pb-Sn-Ag, Bi-Pb-Sn などの三元系がある。Sn-Ag は、3.5% Ag の共晶系を中心に、高温はんだとして給湯・給水の銅配管、熱交換機、電子部品に用いられる。Sn-Sb（Sn-5% Sb）は電気特性、特に導電性が Sn-Pb 系よりよいため、電子部品のはんだとして用いられる。In 基や Bi 基のものは 100 ℃以下の溶融範囲を持つはんだである。

7.2.2 ろう（硬ろう）

現在、JIS（JIS Z 3261 〜 3268）に規格化されているものは、**表7.1** に掲げる 8 種類であり、ほとんどの金属材料のろう付が可能である。銀ろうは特に使用範囲が広い。近年セラミックス材料のろう付には新しいろう（Ag-Cu-Ti など）も用いられる。

7.2 ろ う 材　251

表7.1 硬ろう材の種類

名　称	主要元素	添加元素	融点〔℃〕[*1]	JIS 規格
銅および銅合金ろう	Cu, Zn	Ni, Sn, Si, Ag	820 ~ 1 085	Z 3262
銀ろう	Ag, Cu, Zn	Cd, Ni, Sn, Li	620 ~ 800	Z 3261
リン銅ろう	Cu, P	Ag	720 ~ 925	Z 3264
ニッケルろう	Ni, Cr, Si, B	Fe, P	875 ~ 1 135	Z 3265
金ろう	Au, Cu	Ni, Ag	890 ~ 1 165	Z 3266
パラジウムろう	Pd, Ag, Cu	Mn, Ni	810 ~ 1 235	Z 3267
アルミニウム合金ろう	Al, Si[*2]	Mg, Cu, Zn, Fe	580 ~ 615	Z 3263
真空用貴金属ろう	Ag, Au, Pd, Cu	Ni, Sn, In	710 ~ 1 030	Z 3268

＊1　JIS に規定されているろうの液相線温度の最も低いものと高いものを示した.
＊2　この中にはブレージングシートのろうは含まれていない.

〔1〕 銀 ろ う

表7.2 に，銀ろうの組成および溶融温度範囲を示す．表からわかるように，銀ろうの基本組成は，Ag-Cu-Zn 三元系である．銀ろうは使用範囲の広さや使用起源の古さ（歴史的）から，ろうの代表的な存在である．

銀ろうはつぎのような特徴を持っている．① 組成の組合せによってその使用温度範囲が広く，汎用性がある．② ろうの流動性がよく，接合強度が高い．③ 広い範囲の金属（軽金属を除く）およびセラミックスに使用される．④ ろうの成形性，ろう付の作業性がよい．

しかしながら，銀を多く含有することからコストは高い．銀の添加量を少なくするとコストは安くなるが，上記の特徴の多くを失うことになる．

銀ろうの特性をさらに改善するために，基本組成に Cd, Ni, Sn, In, Ti, などの元素を加える．Cd は主元素として使用されることもあるが，安全性の面で問題があり，公害の立場からはなるべく使用を避けるべきであろう．Ni を添加すると強度は増すが，多量に添加すると脆くなる．Sn, In は，溶融温度を低下させるが，添加量はそれほど多くできない．

ろう自身の強さは，組成によっておよそ 200 ~ 400 MPa と異なるが，接合部の設計（間隙，合金組成，接合形状など）が適正であれば，700 MPa 以上の接合強度を得ることも困難ではない．ろう接は一般にフラックスを使用するが，不活性ガスまたは還元性ガス，真空などの雰囲気を用いる場合は不要である．

表 7.2 銀ろうの種類

種類	化学成分 [%]								参考	
	Ag	Cu	Zn	Cd	Ni	Sn	Li	その他の元素合計	固相線温度 [℃]	液相線温度 [℃]
BAg-1	44.0~46.0	14.0~16.0	14.0~18.0	23.0~25.0	—	—	—	0.15 以下	約 605	約 620
BAg-1A	49.0~51.0	14.5~16.5	14.5~18.5	17.0~19.0	—	—	—	0.15 以下	約 625	約 635
BAg-2	34.0~36.0	25.0~27.0	19.0~23.0	17.0~19.0	—	—	—	0.15 以下	約 605	約 700
BAg-3	49.0~51.0	14.5~16.5	13.5~17.5	15.0~17.0	2.5~3.5	—	—	0.15 以下	約 630	約 690
BAg-4	39.0~41.0	29.0~31.0	26.0~30.0	—	1.5~2.5	—	—	0.15 以下	約 670	約 780
BAg-5	44.0~46.0	29.0~31.0	23.0~27.0	—	—	—	—	0.15 以下	約 665	約 745
BAg-6	49.0~51.0	33.0~35.0	14.0~18.0	—	—	—	—	0.15 以下	約 690	約 775
BAg-7	55.0~57.0	21.0~23.0	15.0~19.0	—	—	4.5~5.5	—	0.15 以下	約 620	約 650
BAg-7A	44.0~46.0	26.0~28.0	23.0~27.0	—	—	2.5~3.5	—	0.15 以下	約 640	約 680
BAg-7B	33.0~35.0	35.0~37.0	25.0~29.0	—	—	2.5~3.5	—	0.15 以下	約 630	約 730
BAg-8	71.0~73.0	残部	—	—	—	—	—	0.15 以下	約 780	約 780
BAg-8A	71.0~73.0	残部	—	—	—	—	0.15~0.30	0.15 以下	約 770	約 770
BAg-18	59.0~61.0	残部	—	—	—	9.5~10.5	—	0.15 以下	約 600	約 720
BAg-20	29.0~31.0	37.0~39.0	30.0~34.0	—	—	—	—	0.15 以下	約 675	約 765
BAg-20A	24.0~26.0	40.0~42.0	33.0~35.0	—	—	—	—	0.15 以下	約 700	約 800
BAg-21	62.0~64.0	27.5~29.5	—	—	2.0~3.0	5.0~7.0	—	0.15 以下	約 690	約 800
BAg-24	49.0~51.0	19.0~21.0	26.0~30.0	—	1.5~2.5	—	—	0.15 以下	約 660	約 705

7.2 ろ う 材 253

〔2〕 リン銅ろう

表7.3に示すように，基本組成は Cu-P 系，Cu-Ag-P 系の2種類で，これ
に Ni，Sn を添加したものがある．Sn の添加は溶融温度の低下に効果がある
が，硬さを増し素材の加工性が悪くなる．銅および銅合金のろう付に使用さ
れ，フラックスなしでも接合できる．これは添加するリンが母材表面の酸化物
を還元したり，リン酸化物が溶融ろうの表面を覆い保護する（self fluxing 作
用）ためである．しかし，鉄系材料には，接合界面に鉄-リンの脆い化合物を
形成するため使用できない．銅の接合では，一般に電気・熱伝導が問題になる
が，接合部でもこれらの性質は良好である．

リンの添加量が多いため加工性が悪く，成形は一般に熱間加工で行われる．
近年，Cu-Ni-Sn-P の4元素系の液体急冷法による極薄板（30〜50 μm）のリ
ン銅ろうが製造され，熱交換器などに使用されている．

〔3〕 ニッケル系ろう

表7.4に示すように，ほとんどの組成は多元素系である．ろうはホウ素（B）
またはリン（P）を含むため脆く，板や線などに成形加工することができない．
このため粉末状とし，有機系バインダーと混ぜてペースト状態で使用される．
板などに成形する場合も，バインダーと一緒に加工する．

近年，アモルファス製造技術を応用した液体急冷法によって，板厚 35〜
50 μm，幅 10 cm 以上の薄板が製造されている．有機系バインダーを使用しな
いため，精度の高い接合が得られる．

Ni 系ろう材は，一般に耐熱材料の接合に使用される．ろう付に際して加熱
の温度や時間を十分に取ることで，含有ボロン（B）を母材に拡散して接合部
のじん性を高めることができる．

〔4〕 アルミニウムろう

アルミニウムは，表面に形成される酸化膜（Al_2O_3）が安定で，フラックス
による除去が必要なためろう接が難しいが，現在では各種の熱交換機に使用さ
れている．接合面積が広いものなどには，母材にあらかじめろう材をクラッド
したもの（ブレージングシート）が使用される．

表7.3 リン銅ろうの種類

種類	化学成分 [%]				参考	
	P	Ag	Cu	その他の元素合計	固相線温度 [℃]	液相線温度 [℃]
BCuP-1	4.8~5.3	—	残部	0.2 以下	約710	約925
BCuP-2	6.8~7.5	—	残部	0.2 以下	約710	約795
BCuP-3	5.8~6.7	4.8~5.2	残部	0.2 以下	約645	約815
BCuP-4	6.8~7.7	5.8~6.2	残部	0.2 以下	約645	約720
BCuP-5	4.8~5.3	14.5~15.5	残部	0.2 以下	約645	約800
BCuP-6	6.8~7.2	1.8~2.2	残部	0.2 以下	約645	約790

表7.4 ニッケル系ろう材

種類	化学成分 [%]								参考	
	Cr	B	Si	Fe	C	P	Ni	その他の元素合計	固相線温度 [℃]	液相線温度 [℃]
BNi-1	13.0~15.0	2.75~3.5	4.0~5.0	4.0~5.0	0.6~0.9	0.02 以下	残部	0.50 以下	約 975	約1040
BNi-1A	13.0~15.0	2.75~3.5	4.0~5.0	4.0~5.0	0.06 以下	0.02 以下	残部	0.50 以下	約1010	約1070
BNi-2	6.0~8.0	2.75~3.5	4.0~5.0	2.5~3.5	0.06 以下	0.02 以下	残部	0.50 以下	約 970	約1000
BNi-3	—	2.75~3.5	4.0~5.0	0.50 以下	0.06 以下	0.02 以下	残部	0.50 以下	約 980	約1040
BNi-4	—	1.5~2.2	3.0~4.0	1.5 以下	0.06 以下	0.02 以下	残部	0.50 以下	約 980	約1065
BNi-5	18.0~19.5	0.03 以下	9.75~10.5	—	0.10 以下	0.02 以下	残部	0.50 以下	約1080	約1135
BNi-6	—	—	—	—	0.10 以下	10.0~12.0	残部	0.50 以下	約 875	約 875
BNi-7	13.0~15.0	0.01 以下	0.10 以下	0.20 以下	0.08 以下	9.7~10.5	残部	0.50 以下	約 890	約 890

〔5〕 その他のろう

比較的使用量の多いものは純銅ろう，黄銅ろうである．前者は鉄系材料の炉中ろう付（真空，水素，不活性ガス）に，後者はコストが安価で，接合強度も比較的高いため，鉄系にガスフラックスと併用される．その他，Au，Pd 系が電子関係，航空宇宙機器，装飾，歯科などのろう付に使われる．

7.2.3 フラックス

母材と組成の異なる溶融金属との界面反応（酸化物の除去など）を促進するためにはフラックスが必要である．ただし，ガス雰囲気炉（還元性，不活性，反応性雰囲気）や真空炉でのろう接においては不要である．

〔1〕 フラックスの機能

フラックスの機能は以下に要約される．

① 母材表面の酸化物の分解・除去，および加熱中にろう材や母材の保護の作用をすること．そのためにはフラックスの有効温度範囲は，ろう接温度範囲の上下限より広くなければならない．② 溶融ろう材や加熱中の母材に対して熱的に安定であり，粘性，比重などの物理的・化学的性質が良好であること．③ 溶融ろう材や母材の表面張力や界面張力を減少させ，ぬれ性を促進すること，また必要な元素をろう材中や母材表面に析出できること．④ 治具や人体に対して安全であり，ろう接後の除去が容易であること．

〔2〕 はんだ付用フラックス

母材，はんだの組合せに従って多種多様である．基本的にはいくつかの種類に分類することができる．すなわち，作用・性能から，非酸化性か酸化性に分かれる．また成分から無機系，有機系に分かれる．無機系では，塩素，リン酸，ふっ化水素酸，塩化亜鉛，塩化アンモニウム，塩化第一すずなど，また有機系では，ロジン系，非ロジン系，ハロゲン類，アミン類，などがある．これらを組み合わせ，界面活性剤を少量加えてある．形態は水溶性，ペースト状，粉末状が主体で，やに入りはんだ，クリームはんだ，噴流はんだなど，使用目的に応じて，形状，特性を変える．

〔3〕 ろう付用フラックス

使用する母材，ろう材と作業温度範囲によって成分は異なる．形態はおもにペースト，粉末，水溶性ガス状である．主成分は，ホウ砂，ホウ酸，ふっ化物，塩化物，ホウ化物などである．母材に形成される酸化物の性質によって活性も異なることから，組成も変化させる．ろう付性の面からは，活性の強いものほど良好であるが，その反面，母材を腐食したり，有害なガスが発生する．ろう付後に容易に除去できなければならない．

7.3 継手の形状と設計

継手の形状は，ろう付でもはんだ付でも，接合強度の差こそあれ基本的には同じである．ただし，同じ継手でも接合面積やろう材の量を変える場合がある．また，母材とろう材とのぬれ性も考慮する必要がある．

継手設計には，① 母材とろう，はんだの組合せ，② 継手形状の選択（強さ，気密性），③ 継手構造物に要求される諸性質（機械的性質，気密性，耐食性，耐熱性，電気伝導性，熱伝導性），などを考慮しなければならない．

〔1〕 母材に対するろう材の選択

ろう付は異種材料の接合に用いられるが，接合体の使用環境下での耐久性に注意を払う必要がある．異種材料の組合せによる母材間の電極電位の差，接合界面で形成される合金層の性質，ろう材組織などをあらかじめ予測して，選択することが重要である．

〔2〕 継手の形状の設計

継手形状は，図7.4に示すように基本的には2種類である．重ね継手は，

(a) 重ね継手　　(b) 突合せ継手

図7.4 ろう付用の基本的な継手形状

重ね代の調整によって必要な強度を得ることができる．ただあまり面積を増加させると，接合間隙へのろう材の適正な充てんが難しくなる．また，接合部で板厚が増加する結果，急激な応力変化および応力集中を生じる．

突合せ継手は，接合部で厚さの増加がない．ろう付が適正に行われ，ボイドなどの欠陥が少なく，間隙が十分に狭い場合には，高い接合強度が得られる．図7.5に代表的な継手例を示す．このほかにも例えば気密性が要求される，母材形状が異なる（パイプ／板など），治具固定が困難などの場合には，ほかの形状が求められる．

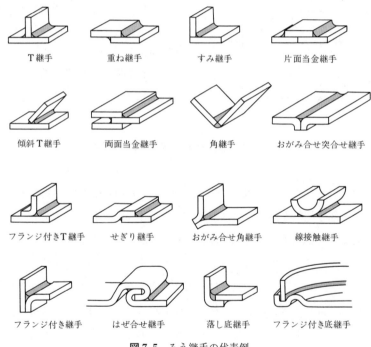

図7.5　ろう継手の代表例

〔3〕　**継手間隙の設定**

接合強度は一定の間隙で最高値を示し，それ以上狭くなると逆に低下する．間隙が必要以上に減少すると，接合部の欠陥（ぬれ不良，空隙など）が増加す

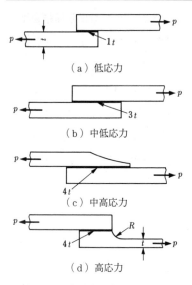

図 7.6 付加応力の大きさによる重ね継手の設計

るためである．空隙の決定には，治具やフラックスの選択，継手形状，母材-ろう材の組合せ．母材表面状態，溶融ろう材と母材との反応性などを十分に考慮する必要がある．

〔4〕 **継手の応力**

継手応力は，溶融溶接と同様に解析することができる．継手部の応力集中を避けるように，また軽量化を図るように設計することが必要である．

図 7.6 に，継手部に付加される応力が低い場合から高い場合における継手の設計例を示す．

7.4 ろう接装置および接合作業

ろう接を行うには，加熱装置が必要である．ろう接装置は，自動か手動か，全体加熱か部分加熱か，また，加熱源に何を使用するかによって分けられる．

最も簡単で，広く用いられる方法は，はんだごてである．加熱した金属ブロック（こて）によって母材，はんだ，フラックスを加熱して接合を行う．こて先（チップ，ビット）の加熱には，電気，ガスなどが使われる．また，こて先の形状，材質や大きさによって接合性が異なる．ろう付では，このはんだごてに対応するのがトーチろう付（炎ろう付）である．これは，加熱源としてガスの燃焼バーナーを用いる．ガスの種類によって発熱量が異なり，使用目的に応じて使い分ける．トーチは炎が単数でも複数でも用いられ，加熱対象物に合わせてその形状も異なる．

自動加熱に，電子部品（基板）に用いられるフローはんだ付など，また，トーチを固定して接合部を移動してろう付を行う方式，その逆に接合部を固定

してトーチを移動する方式などがある。全体加熱は、炉中ろう接がその代表である。また連続式と非連続式とがある。炉中雰囲気としてガス（水素、不活性ガス、分解ガスなど）、真空が用いられる。ディップろう付、ディップはんだ付も、溶融ろう材や化学溶液中に浸漬して行う全体加熱方式といえる。

健全かつ信頼性の高いろう接継手を得るには、つぎのような事項のすべてが適切に行われなければならない。

① ろう材の母材に対する適性選択、② 継手の設計（継手の位置、種類、治具の選択）、③ 前処理（母材の加工、表面処理、ろう材の加工・供給）、④ フラックスおよび雰囲気の選択、⑤ 加熱、冷却方法の選択、⑥ ろう接後の処理（フラックス除去、熱処理）、⑦ 試験、検査。

〔1〕 前 処 理

ろう接の前処理は、おもに母材に対して行われる。つまり、母材の表面酸化物、油類、汚れなどの除去、および表面のひずみ、バリ、変形、継手間隙の不均一性などの除去である。また場合によっては、置きろう（フローソルダー、炉中ろう付などで、あらかじめ接合部にろう材を設置しておくこと）を形成・供給することを考えなければならない。

〔2〕 フラックスおよび雰囲気

フラックスの選択とその使用方法を間違えると、ろう接はほとんどの場合失敗する。フラックスの形態は、電子部品のはんだ付に使用されるフローソルダーから粉末ろう材と混合したペーストまで多様である。フラックスを使用しないガスおよび真空雰囲気で行う場合にしても、温度、湿度、純度などの管理を適正に行うことが重要である。

〔3〕 加熱方法の選択

使用される加熱源は多種多様である。加熱の方法は被接合材への影響、ろう・フラックスへの影響、有効温度範囲、被接合材の大きさ、継手形状、接合後の仕上げなどを考慮して選択しなければならない。炉中加熱、塩浴加熱などの場合は温度は比較的均一になるが、炎加熱、高周波加熱などでは、一般に均一加熱が難しい。

7.5 ろう接の応用

7.5.1 継手の試験・検査

JIS規格に重ね継手に対してはせん断試験,突合せ継手に対しては引張試験がある.機械的試験法として,突合せ部の衝撃試験,疲労試験,硬さ試験などが用いられる.腐食試験については,JIS規格に湿式,ガス腐食がある.

非破壊試験法として図7.7に示すような継手部のX線透過,超音波,磁気探傷,放射線試験など,またガス注入によるリーク試験などがある.なお,ろう接部の欠陥としては,ろうのぬれ不良,ボイド(気孔),フラックスの残査,フィレットの未形成,ろう材の溶け分かれ,溶融ろうによる母材溶解などがあげられる.図(b)に欠陥の例を示す.

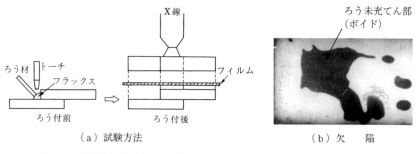

(a) 試験方法　　　　　　　　　　(b) 欠　陥

図7.7　鋼板重ね継手部のX線透過試験.銀ろう(BAg-1)トーチろう付.黒色の部分がろうの未充てん部(欠陥)

7.5.2 実　用　例

わが国の工業技術の動向が重厚長大から軽薄短小へと移行するにつれて,ろう接の適用が増加した.工業分野におけるろう接の実用例は,各分野において見ることができる.また,近年のセラミックス,複合材料などの新材料に対しては,従来の溶融溶接よりもろう接に依存する割合が非常に高い.図7.8にろう接が応用された例を示す.

7.5 ろう接の応用　　　261

（a）電子機器のはんだ付（IC パッケージ部のはんだ付）

熱交換器外観

熱交換器内部

フィン／プレート構造体

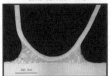
フィン／プレートろう付部

（c）ステンレス製熱交換器（EGRクーラー）（ニッケル系ろう材による真空ろう付）

（b）炉中ろう付によるアルミニウム熱交換器（ラジエター）の製造

黄銅と銅管のろう付　　炭素鋼と超硬合金のろう付
（d）真空ろう付（銀ろう）

チューブ間ろう付部

（e）スペースロケットエンジン・ノズルスカートの真空ろう付

（f）ダイヤモンド粒子の真空ろう付

図7.8　ろう接の応用製品

はんだ付は，電子機器の接合に多用される．電子機器に使用されるはんだは，大部分は Sn-Pb 合金に代って鉛を含まない鉛フリー合金である．一部高温用はんだとして Sn-Pb 系はんだが使用されている．Sn-Ag 系共晶はんだは，ビル内の給水，給湯配管の銅管の一部に使用されている．

ろう付は，熱交換器への適用が多い．ただし，熱交換器の種類，特に使用する素材によって，例えば，自動車用ラジエターのアルミニウムろう付，ステンレス製熱交換器の銅ろう付，また耐腐食用熱交換器のニッケル系ろう付が用いられる．

電気関係では，重電機器における大型発電機，電動機，変圧機，タービン関連機器などの接合に多用される．おもなろう材は，銀ろうで，リン・銅ろうも銀を添加して使用される．また，タービン，原子力関係では，耐熱ろうも使用される．航空宇宙関係では，素材が Ni 基，Co 基などの耐熱材料，高 Ni 系ステンレス鋼などで，ほとんどが真空炉中における場合であり，使用ろう材も，耐熱ろう（Ni 系，Au 系，Pd 系など）である．

セラミックスのろう接は，銀ろう（Ag-Cu 系）に活性金属の Ti，Zr などを添加したろう材によって行っている．一部のセラミックスについては，セラミックス／金属のろう接が実用化されている．

引用・参考文献

1) Soldering Handbook, 3rd edition, American Welding Society, (1999).
2) Brazing Handbook, 5th edition, American Welding Society, (2007).
3) Evans, J.W.：A Guide to Lead-Free Solders, Springer, (2005).
4) Rahn, A.：The Basic Soldering, John Weley & Sons, INC., (1993).
5) Principles of Soldering and Brazing, ASM International, (1993).
6) Schwartz, Mel M.：Ceramic Joining, ASM International, (1990).
7) Wassink R.J. Klein：Soldering In Electronics, Electrochemical Publications Ltd, (1984).
8) Puttlitz, K.J. & Stalter, K.A.：Handbook of Lead-Free Solder Technology for Microelectronic Assemblies, Marcel Dekker, Inc. (2004).

引 用 ・ 参 考 文 献　　　263

参考資料（関連 JIS 規格）

JIS Z 3001-3　溶接用語（ろう接）：日本規格協会（2003）.

JIS Z 3191　ろうのぬれ試験方法：日本規格協会（1963）.

JIS Z 3192　ろう付継手の引張及びせん断試験方法：日本規格協会（1999）.

JIS Z 3197　はんだ付用フラックス試験方法：日本規格協会（1999）.

JIS Z 3198-1～7　鉛フリーはんだ試験方法：日本規格協会（2003）.

JIS Z 3621　ろう付作業標準：日本規格協会（1992）.

JIS Z 3261　銀ろう：日本規格協会（1998）.

JIS Z 3262　銅及び銅合金ろう：日本規格協会（1998）.

JIS Z 3263　アルミニウム合金ろう及びブレージングシート：日本規格協会（2002）.

JIS Z 3264　りん銅ろう：日本規格協会（1998）.

JIS Z 3265　ニッケルろう：日本規格協会（1998）.

JIS Z 3266　金ろう：日本規格協会（1998）.

JIS Z 3267　パラジウムろう：日本規格協会（1998）.

JIS Z 3268　真空用貴金属ろう：日本規格協会（1998）.

JIS Z 3281　アルミニウム用はんだ：日本規格協会（1996）.

JIS Z 3282　はんだ―化学成分及び形状：日本規格協会（1999）.

JIS Z 3283　やに入りはんだ：日本規格協会（2001）.

JIS Z 3284　ソルダペースト：日本規格協会（1994）.

JIS Z 3891　銀ろう付技術検定における試験方法及び判定基準：日本規格協会（1990）.

JIS Z 3900　貴金属ろうのサンプリング方法：日本規格協会（1974）.

JIS Z 3901　銀ろう分析方法：日本規格協会（1988）.

JIS Z 3902　黄銅ろう分析方法：日本規格協会（1984）.

JIS Z 3903　りん銅ろう分析方法：日本規格協会（1988）.

JIS Z 3904　金ろう分析方法：日本規格協会（1979）.

JIS Z 3905　ニッケルろう分析方法：日本規格協会（1976）.

JIS Z 3906　パラジウムろう分析方法：日本規格協会（1988）.

JIS Z 3910　はんだ分析方法：日本規格協会（1990）.

8 要素結合

8.1 概　　論

　締結用機械要素によって二つの部品を結合する要素結合法は，建造物，機械構造物，その他輸送用機械等の接合に古くから用いられている．ねじ，リベット，キーなどによる締結のほか，クリップやファスナーなどの簡易結合がある．

　これらの結合方法には一般につぎのような特徴がある．① 必要に応じて接合の解除，再接合ができる．② 接合部材の組合せに制限を受けない．③ 溶接やろう付のように接合部に高温の温度変化による材質変化，熱変形，残留応力などを生じない．④ 規格化が進んでいるため互換性がある．⑤ 特別な装置を必要としない．⑥ 強度設計も確立されているので信頼性がある．⑦ 接合部材にボルト穴，キー溝などの前加工を必要とする．⑧ 多くの場合，結合（締結）力は要素の弾性変形とそれに対する抵抗を利用する．

8.2　各種の要素結合

8.2.1　ボルト・ナット結合

　ボルト・ナット結合は，ねじによるくさび作用によって締付け力を得て接合する方式で，広範囲に利用されている．**図8.1**に示すように通しボルト，押えボルト，植込みボルトの三つに分類できる．

　スパナやドライバーのような簡単な工具を用いて，容易に二つの部材を締め

8.2 各種の要素結合

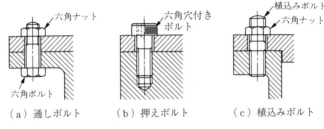

図8.1 ボルト・ナット結合

付け，接合，分解ができる．しかもボルトの材料と寸法，ならびに工具による締付けトルクを適当に組み合わせることによって，所定の大きさの締付け力が得られる．しかし大きな結合力を得る場合には，ボルトの寸法を大きくする必要があるため接合部の容積と重量が大きくなる．また，ねじの締付けには時間と労力を要し，作業性の改善のために，ねじ締付け機械を使用することもある．

ねじ締結要素には，ボルト・ナットのほかに，ドライバーによって簡単に締付けができる小ねじ類，軸とボスの動きを簡易的に止めたり，制限するための止めねじ（**図8.2**），タッピンねじ，木ねじ等がある．一般ねじ部品の種類は多く，形状と大きさによって分類されており，JISに寸法・形状や機械的性質が規定されている[1),2)]．例えば，ボルトの種類には，六角ボルト（B1180），四角ボルト（B1182），皿ボルト（B1179），六角穴付きボルト（B1176），角根丸頭ボルト（B1171），植込みボルト

図8.2 止めねじの使用例

（B1173），基礎ボルト（B1178），アイボルト（B1168），ちょうボルト（B1184）などがある（**図8.3**）．

六角ボルトの代表的な材料はJISでは鋼，ステンレス，非鉄金属に分類されている．精度は部品等級により，強度は強度区分により詳細に規定されているので，使用する際の選定基準となる．

なお，ボルトとナットの組合せについては，ボルト・ナット単体の強度よりも組合せの強度に左右される．おねじとめねじのはめあい強度は，おのおのの

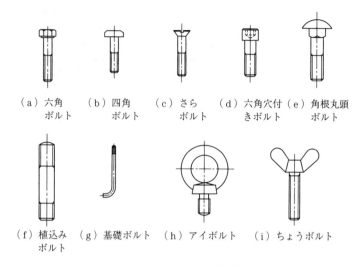

図8.3 ボルトの種類

素材の強さと,はめあい長さによって決定される.一般におねじとめねじの強度が等しい場合,はめあい長さはねじの呼び径 d に対し,$0.6d \sim 0.7d$ 程度必要とされている.ただし,同じねじの呼び径でナットの二面幅が小さい小型六角ナットの場合,ボルトにかかる引張荷重により,ナット締結部側の座面が広がり,ねじのひっかかり率が低下し,ねじ部のせん断荷重が低下するので,はめあい長さを長くとる必要がある.

JIS の鋼製ナットの基本的な考え方は,ナットと組み合わせるボルトの強度区分の最小値がナットの保証荷重と一致するのが望ましいとされている[3].

また,ねじ部品の疲労強度については,JIS B 1081(ねじ部品,引張疲労試験,試験方法及び結果の評価)に,試験に用いる冶具の形状寸法からデータのまとめ方にいたるまできめ細かく規定されている.

ボルトの疲労強度は,ボルトの種類や材質,熱処理,精度によって異なるが,例えば標準的な強度区分ごとの推定値は,**表8.1** の値程度とされている[3].

ねじ類は,安全性,経済性および外観を考慮して用途に合わせて選択し,トルクレンチやナットランナーなどの工具を用いて,適切な締付け力 F,トルク

8.2 各種の要素結合

Tを与えて組み立てる．一般に初期締付け力の目標値をボルトの耐力 σ_Y の $60 \sim 70\%$ の弾性域にとることから，このときの F と T の値は，ほぼ次式から求めればよい [3]．

$$F=0.6\,\sigma_Y A_s,\quad T=K\cdot F\cdot d$$

$$(8.1)$$

表8.1 ボルト・ナット結合体のボルトの疲れ強さ推定値[3]

ねじの呼び	強度区分〔MPa〕		
	8.8	10.9	12.9
M 10×1.25	54	61	67
M 10	50	59	70
M 16	45	53	64
M 24	43	51	61

ここで，σ_Y はボルト材料の降伏点，A_s はボルトの有効断面積，d はボルトの呼び径である．K はトルク係数で一般のボルト・ナット締付けではねじ面の摩擦係数（μ_s）と座面の摩擦係数（μ_w）が $\mu_s=\mu_w=0.15$ を想定して，K の基準値として 0.2 を用いることが多い [3]．

ボルト・ナット結合は，振動などによってゆるみが生じるところでは，ゆるみを止めを用いる．ゆるみ止めにはつぎのような方法がとられる．① 止めナット（ダブルナット）を使用する．② ボルトのシャンクあるいはナットに割りピンを通す．③ ナットを小ねじにより固定する．④ 座金（ばね座金，歯付き座金，皿ばね座金，舌付き座金など）を用いる．

JIS では鋼製ボルトは一般に 300 ℃まで使用してもよく，400 ℃を超える場合には耐熱鋼などの材料を用いる．さらに蒸気タービンやその配管部のフランジ継手などのように高温・高圧下で使用される場合には，クリープ変形を起こして締付け力がしだいに減少するので，使用中にも再締付けを行う．

8.2.2 リベット結合

リベット結合は，**図8.4** に示すように締結要素としてリベットを用い，リベット頂部または脚部を塑性変形することによって2枚以上の板状部品を締結する．接合部の分解にはリベットそのものを破壊する必要があるため，ほかの要素結合を一時的接合とするなら永久的接合ということになる．

リベット結合は，強度の信頼性が高い結合方式として小型部品から航空機，

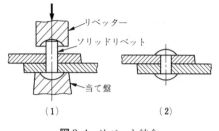

図8.4 リベット結合

建築・橋梁，大型船舶の建造・組立に至るまで広く用いられているが，作業性，経済性などに劣るため，溶接技術の発展に伴いその使用は限られてきている．現在では，おもに高温にさらすと劣化する材料や溶接性や接着性の悪い材料，また構造的に溶接が不可能な場合，あるいは熱変形をきらうなどの場合に用いられる．

リベットの種類には，ソリッドリベット（JIS B 1213，B 1214），フルチューブラーリベット，セミチューブラーリベット（JIS B 1215），スプリットリベット，コンプレッションリベット，ブラインドリベットがある（**図8.5**）．

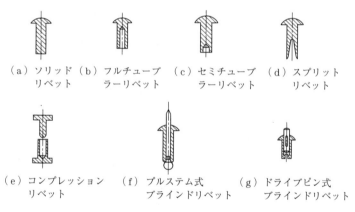

図8.5 リベットの種類

このうちソリッドリベットが最も広く用いられており，セミチューブラーリベットがこれにつぐ．材料は，おもに鋼，黄銅，銅，アルミニウムの線材が使用されており，ソリッドリベットの中の冷間成形リベット（JIS B 1213）では，使用される材料とその強度が**表8.2**のように規定されている．またブラインドリベットは，一方向からのリベット打ち作業を行うだけで，接合が完了する

表 8.2 冷間成形リベットの材料

区 分	材 料	材料の引張強さ〔N/mm^2〕
鋼リベット	JIS G 3505 または G 3539 の SWCH6R 〜 SWCH17R	343 以上
黄銅リベット	JIS H 3260 の C 2600W C 2700W または C 2800W	275 以上
銅リベット	JIS H 3260 の C 1100W	198 以上
アルミニウムリベット	JIS H 4040	78 以上

ように工夫されている（図 8.6）．

リベット継手の強さと板の強さの比をリベット継手の効率という．リベット径を 13 mm，板厚を 7 mm としたときの効率は，一般に 1 列重ね継手で 52%，2 列千鳥重ね継手で 73%，両側目板 3 列突合せ継手で 87% 程度であるとされる．

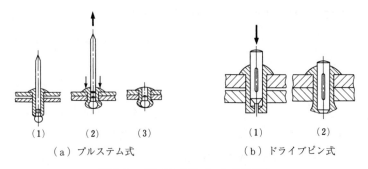

（a）プルステム式　　　（b）ドライブピン式

図 8.6　ブラインドリベットの接合法

8.2.3　公的規格外の要素結合

先述したリベットのように，要素結合は JIS，ISO など公的規格で規定されているものが大半である．しかし，強度向上やさまざまな部材組合せへの要求が高まり，公的規格にはない新しい要素結合が開発，実用化されている．これらの接合方法は基本的には 2 枚の板材どうしの接合に用いられるが，改良が図られ，3 枚以上の板組みおよび軽合金鋳物にも応用されている．

〔1〕　セルフピアスリベット（**SPR**）

SPR は接合体として鉄製リベットを用いる接合方法である．**図 8.7** に示す

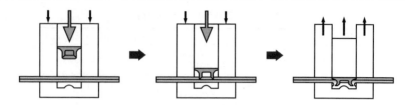

図8.7 セルピアスリベットによる接合

ようにSPRは上側の締結部材を貫通し，SPR自身と下側の部材を塑性変形させて締結力を発揮する．このため，クリンチ（かしめ結合の一種，clinch）に比べて大きな締結力を得ることが可能となる．ただし，クリンチと同様に両側アクセスが求められる．また接合材料に貫通穴をあけないため，気・水密性に優れ，また頭部が平坦になるので外観的にも，流体力学的にも優れている．

〔2〕 フロードリルスクリュー（**FDS**® EJOT® 社）

FDSは接合体として鉄製スクリュー（screw）を用いる接合方法である．**図8.8**に示すように，スクリューを高速で回転することにより発生する摩擦熱で部材を加熱軟化させ，下側部材にめねじを形成して締結する．そのため，締結後にドライバー等の工具で分解が可能となる．材料を軟化させるので接合反力が小さく片側アクセスが可能となるほか，高い強度が得られる．

〔3〕 リフタック（**RIVTAC**® BOLLHOFF 社）

リフタックは，接合体として鉄製タック（鋲）を用いる接合方法である．**図8.9**に示すように，上下部材に高速でタックを打ち込むことにより両部材を貫通させて締結力を発揮する．FDSと同様に片側アクセスが可能であるが非分解構造である．また施工時の騒音が大きいため，防音室が必要となる．

図8.8 FDSによる接合

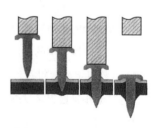

図8.9 RIVTACによる接合

8.2 各種の要素結合

〔4〕フリクションエレメントウェルディング（**FEW**）

SPRもFDSも高強度鋼板（HSS）までは締結可能であるが，それ以上は適用が限られる．そのため，1500 MPaクラスの超高強度鋼板（UHSS）へも適用可能な接合手法として開発されたのがFEWである（**図8.10**）．FEWはFDSと同様にエレメント（element）を高速で回転させることにより摩擦熱を発生させ，上側部材を軟化させて貫通し，さらに下側鋼板とエレメントを摩擦圧接接合する方法である．両側アクセスが前提となるが，厚板の接合が可能となり，かつ板組自由度も向上する．

図8.10　FEW（EJOWELD® CFF）

8.2.4　キー・コッター結合

キー・コッター結合は，キーあるいはコッター（コッターピン）などの締結要素を溝にはめこむ．くさび作用，弾性変形，摩擦などの作用によって軸とボスを固定する．

キーは，**図8.11**に示すように，軸と平行な方向に挿入して，回転軸にベルト車，歯車，軸継手などのボスを固定してトルクを伝達する．したがって，その材料は軸やボスよりもいくぶん硬い炭素鋼や特殊鋼などが使用される．

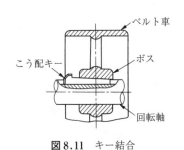

図8.11　キー結合

キーの種類は，その形状によって，平行キー，こう配キー，半月キー（JIS B 1301）に分類される（**図8.12**）．

最も多く用いられる平行キーの場合，軸とボスの両方の溝にキーを挿入する

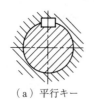

(a) 平行キー　　　(b) こう配キー　　　(c) 半月キー

図 8.12 キーの種類

ので，固定が確実で大きな動力が伝達できる．また半月キーは，テーパー軸にボスを取り付ける場合，キーが自動的に調整されて収まるという便利さのため，自動車，電動機，工作機械などのうちで比較的負荷が小さい場所に広く用いられている．

図 8.13 に模式的に示すように，スプラインは軸にキーの役目をする山形を持たせ，一方でボスにははめあい溝を切ったものである．すなわち，スプラインは，軸とボスの両方に直接歯形を加工して両者をはめこんで結合する．スプライン軸は，キー結合よりも大きな回転力が伝達できる．はめあいを適切に選択することにより，軸とボスを固定したり，滑りキーと同様に，軸方向にしゅう動させたりすることができる．JIS には，角形スプライン（B 1601）およびインボリュートスプライン（B 1603）が規定されている．

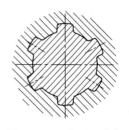

図 8.13 スプライン結合

また，スプラインの歯を細かく歯数を多くした形状の締結要素部品にセレーションがある（図 8.14）．セレーションは動力伝達が比較的小さく，かつ軸とボスの固定位置関係が重要な部分（例えば，自動車のハンドルとハンドル軸等）に用いられている．

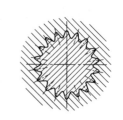

図 8.14 セレーション結合

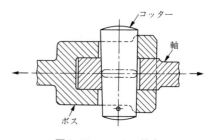

図 8.15 コッター結合

コッターは，**図8.15**に示すように，軸と垂直な方向に挿入して，軸とボスを固定し，軸方向の引張力や圧縮力を伝達する．コッターのこう配の大きさによって，その取り外しの難易が決まる．例えば，取り外しの回数が多い連結棒は，1/5～1/10の大きなこう配を付け，ほとんど取り外さない連結棒では，1/100 程度の小さなこう配にすればよい．

8.2.5 ピ ン 結 合

ピン結合は，ピンを使用した手軽な機械類や日用品類の接合技術であり，用途例は非常に多い．

図8.16のピン結合は，軸とボスを固定し，力の伝達に使用した例である．このような用途には，平行ピン（JIS B 1354），テーパーピン（JIS B 1352），スプリングピン（JIS B 2808）がある（**図8.17**）．その材料はおもに炭素鋼，ステンレス鋼が使用されている．また，鋼製のス

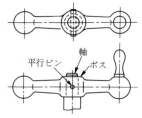

図8.16 ピン結合の例

プリングピンに表面処理を施す場合には，適切なめっきまたは皮膜処理方法を用いて，水素脆化を避けなければならない．テーパーピンは主としてハンドルやレバーの軸への固定，あるいは軸継手の固定に用いられ，JIS ではテーパーの大きさが1/50 に規定されている．平行ピン，テーパーピンでは取付け穴にリーマ加工を必要とする．スプリングピンはキリ穴加工のみで使用できる．ピン結合はキー・コッター結合と比較して，大きな力の伝達には不向きである．

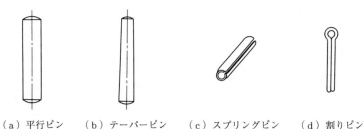

（a）平行ピン　　（b）テーパーピン　　（c）スプリングピン　　（d）割りピン

図8.17 固定ピンの種類

図8.18に，割りピン (JIS B 1351) の使用例を示す．図 (a) は溝付きナットの回り止め，図 (b) は抜け止めである．このほかに，リンク機構用のピン，蝶番用，ローラーチェーン用やコンベアチェーン用などの回転可能な頭付きピン，部品組立の際の位置決め用ノックピンがある．

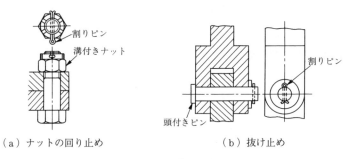

(a) ナットの回り止め　　　　(b) 抜け止め

図8.18　割りピンの使用例

8.3　簡易結合

簡易結合は，組立作業性の向上や結合部の軽量化を図るために止め輪，クリップ，ファスナーなどを用いる簡便かつ分解も容易な接合法の総称である[4]．多くの場合，要素の弾性変形および弾性力を利用している．接合強度は，要素結合などと比べて大きくない．例えば，軸または穴への部品の固定，パネルへの部品の固定，チューブやダストカバーなどの結束，扉などの開閉部，装飾部品の取付けなどに用いられている．接合要素は，鋼のほかプラスチックも多く用いられて大量生産され，安価に供給されている．

図8.19は，止め輪付きラジアル軸受け (JIS B 1509) で，止め輪を用いて，軸方向のスラスト荷重に対して転がり軸受を支持した例で，止め輪固定方式により部品の軽量化と組立の簡易

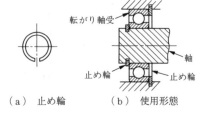

(a) 止め輪　　　　(b) 使用形態

図8.19　転がり軸受用止め輪の使用例

化を図ることができる．このほかJISには，C形偏心止め輪（B 2804），E形止め輪（B 2804），C形同心止め輪（B 2804），グリップ止め輪（B 2804）がある．このうちC形偏心止め輪とC形同心止め輪には軸用と穴用があり，それぞれの着脱を容易にするよう工夫されている．

図8.20のスナップピンとリテーナーは，いっそう接合作業を簡単化でき，自動車用としてJASO（自動車技術会規格）で規格化されている．しかし，止め輪と比べて接合強度が小さく，大きなスラスト荷重を受け持つことはできない．

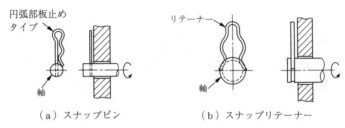

図8.20　軸止め用クリップ

図8.21にクリップの例を示す．図（a）のプラスチックリベットは，パネルやボードなどを2枚以上重ね合せ接合するのに用いられる．図（b）に示すボタンクリップの種類は多く，頭部の形状と色は装飾性を重んじて，足部の形状は使用条件に適するように選択して，ボード，シート，カーペットなどをパネルに固定するのに用いられる．このほかには，電線やパイプなどを結束してパネルに固定するロッドホルダークリップ（**図8.22**（a）），チューブやダストカバーなどを結束するワイヤリングトラップ（図（b））などがある．

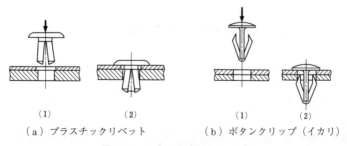

図8.21　パネル固定用クリップ

276   8. 要素結合

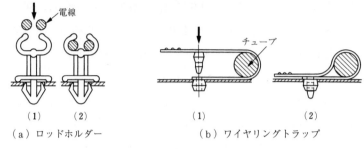

(a) ロッドホルダー　　　　　(b) ワイヤリングトラップ

図 8.22　結束用クリップ

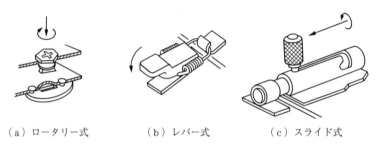

(a) ロータリー式　　(b) レバー式　　(c) スライド式

図 8.23　クイックファスナー

図 8.23 に示すようなクイックファスナーは，ロータリー式，レバー式，スライド式のものがあり，機器の扉の開閉を手で簡単に行える簡易接合要素である．

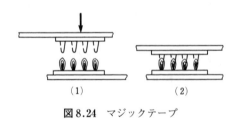

図 8.24　マジックテープ

布地のものには，図 8.24 に示すようなマジックテープがある．

引用・参考文献

1) 日本規格協会編：JIS ハンドブック（機械要素），(2015).
2) 日本規格協会編：JIS ハンドブック（ねじ），(2015).
3) 日本規格協会編：JIS 使い方シリーズ，ねじ締結体設計のポイント（改訂版）(2009).
4) 編集委員会編：最新接合技術総覧，(1984), 469, 産業技術サービスセンター．

9 接 着

9.1 概 論

接合の一つの形態に接着がある．接着剤は日常生活で身近なもので，その用途は模型工作や壊れた陶器の修理から自動車，航空機製造まで数えきれない．日用品，住宅，工業製品のほとんどに使用されているといっても過言ではない．

接着工程の例として模型飛行機の組立を考えてみよう．フレームのバルサ材どうしの界面に液状の接着剤を塗布したのち乾燥することで接着力を得て，新たな構造物を作り出す．すなわち接着は固体物質と固体物質とを液状の接着剤を塗布することで，目的とする構造，形状を作り出す．接着工程は液状の接着剤が固体表面をぬらすことから始まり，接着剤と固体表面との相互作用を経て，接着剤が固化し接着力を発揮する．

紙，木，プラスチック，金属，ガラス，セラミックスなどあらゆるものが被着材とされ，同種または異種間での接着が可能である．接着剤の種類は，大きく分類して20以上を数える．一部に無機物質を素材とするものもあるが，ほとんどの接着剤は天然または合成の有機化合物を主成分とする．接着の詳細については優れた成書[1]があるので参照していただきたい．

9.2 接着のメカニズム

9.2.1 表面でのぬれ

接着剤により良好な接着接合を得るには,いくつかの要素を考慮することが必要である.接着では被着材の接着材によるぬれが第一の要素である.接着剤の分子が被着材へ十分に近づくために,接着剤は接着の過程において液体の状態を有することが必要である.しかし,液状であれば必ず固体表面をぬらすとは限らない.水はガラスをよくぬらすが,ポリエチレンをよくぬらすことはできない.ぬれは,物質固有の表面自由エネルギーに関する現象である.

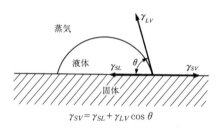

図9.1 平らな固体表面と液体の接触角

固体表面へ小さな液滴をおいたときの平衡状態とその場に働く力の様子を図9.1に示す.θは液体と固体の接触角,γ_{SL}は固体と液体の界面張力,γ_{LV}は液体の蒸気で飽和した液体の表面張力,γ_{SV}は液体の蒸気で飽和した固体の表面張力である.

Young[2]によれば,これらの間にはつぎの平衡式が成立する.

$$\gamma_{SV} - \gamma_{SL} = \gamma_{LV} \cos \theta \tag{9.1}$$

$$\cos \theta = \frac{\gamma_{SV} - \gamma_{SL}}{\gamma_{LV}} \tag{9.2}$$

すなわち,γ_{LV}が小さくなると接触角θが小さくなり,固体表面への液体のぬれがよくなることがわかる.

固体と液体界面の接着に要する仕事W_AはDupre[3]によると,γ_S^0を固体の真空中における表面張力としてつぎの式で示される.

$$W_A = \gamma_S^0 + \gamma_{LV} - \gamma_{SL} \tag{9.3}$$

接着の仕事W_Aは,固体-液体界面を引き離すのに要する単位面積当たりの

エネルギーとして求められる. 簡単のため $\gamma_S^0 \fallingdotseq \gamma_{SV}$ とすると, 式 (9.1) と式 (9.3) から次式が得られる.

$$W_A = \gamma_{LV}\,(1 + \cos\theta) \tag{9.4}$$

式 (9.4) は Young-Dupre の式と呼ばれ, ぬれと接着の関係を示す. γ_{LV} が一定であれば, θ が小さいほど接着は強くなる. ここでの W_A は完全に平滑な表面の場合なので, 実際には表面の粗さを補正することが必要となる.

このような熱力学的なアプローチからも, ぬれは接着にとって重要な要素であることが示されている.

9.2.2 界面での相互作用

被着材の分子と接着剤の分子が十分に近づき, 相互作用が働き結合力が生じる. その相互作用にはいろいろな説がある. 化学結合が生じるとする "化学結合説", 異種物質を接触するときに生じる電気的な結合とする "静電気説", 被着材と接着剤の分子が相互に相手中に拡散するとする "相互拡散説", 被着材表面の空所や割れ目などにくさびを打ち込むように接着剤が入り込むとする "投錨説" などである. それぞれ接着のある一部分の現象を示している.

現在一般的に信じられている被着材と接着剤の相互作用は, おもに分子間力に基づく被着材固体表面へ接着剤の分子が吸着する現象である. このファンデルワールス結合は分散力[4], 配向力[5] および誘起力[6] の総和として生じる分子間力である.

ほかの結合力が加わる場合がある. 極性の高い被着材を極性の高い接着剤で接合する場合には, 水素結合が互いに働くと推測される. また両者が反応基を有する場合には, 一次結合による結合力が加わるものと考えられる. **表9.1**

表9.1 各種結合エネルギーの大きさ

結合の種類	結合エネルギー 〔kJ/mol〕
ファンデルワールス結合	〜8
水素結合	4 〜 42
一次結合	210 〜 840

に,各種の結合エネルギーの大きさを示す.

ファンデルワールス結合は,水素結合や一次結合に比べて結合エネルギーが非常に小さいことがわかる.強固な接着結合を得るには,被着材と接着剤の間で一次結合を持つことが望ましい.

9.2.3 接着剤の固化

液状接着剤がそれ自身の強度を発現するためには,なんらかの方法により固体状となる必要がある.接着剤の固化は溶剤や水の蒸発,化学反応による硬化,溶融状態からの冷却による固体化などの単独または複合した現象による.

図9.2に接着部分のモデルを示す.理想とされる接着モデルでは被着材と接着剤の界面の結合力 F_{AC}, F_{BC} や接着剤の凝集力 F_C が F_A や F_B より大きい.この場合,接着部分を破壊させたときに被着材が破壊する.F_C は界面現象ではなく,接着剤の固化により発現するそれ自身の凝集力であり,被着材の強さや接着部分の要求強度などによって接着剤が選定される.

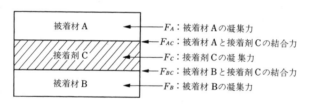

図9.2 接着モデル

9.2.4 接着強度の影響因子

実際の接着接合において,強い接合強度が得られず接合強度が不安定になる場合がある.そのおもな因子として,被着材の表面処理,接合部分の内部応力,接合部分の形状などをあげることができる.

〔1〕 表 面 処 理

被着材の表面に異物が付着していると,表面のぬれ性に影響を及ぼすとともに,接着接合の妨げとなる場合がある.また大面積を接着する場合には,部分

9.2 接着のメカニズム 281

的に接着力の不安定化が起こる.

被着材の表面を清浄かつ均一にするため，表面処理が施される．油性の汚染物を除去するための溶剤による脱脂や，表面に若干の凹凸を与え実効接着面積を増加させるサンドブラスト（ショットピーニング）などがある．アルミニウムなどに対しては特定の構造を持つ酸化被膜を表面に形成させる方法もとられる．各種被着材に対する一般的な表面処理の方法を，**表 9.2** に示す[7),8)].

表 9.2 各種被着材の表面処理[7),8)]

被着材	表面処理
アルミニウム合金	硫酸/重クロム酸エッチング クロム酸アナダイズ リン酸アナダイズ
チタン合金	リン酸塩ふっ素化物処理 PASA-JELL 107
ステンレス鋼	重硫酸塩エッチング 硝酸/ふっ酸エッチング
炭素鋼	乾式ブラスト（ショットピーニング）
繊維強化プラスチック	溶剤脱脂，乾式ブラスト
プラスチック	溶剤脱脂

〔2〕 内 部 応 力

接着接合部には，接着剤の固化の過程で体積変化が生じるため内部応力が発生する．その度合は，接着剤の種類や固化のメカニズムにより異なる．溶剤系接着剤における溶剤の蒸発や，ホットメルト接着剤の冷却による収縮なども大きな体積変化であるが，内部応力はほとんど問題とならない．これらの接着剤の主要成分である高分子物質は，ヤング率が小さいうえに，ガラス転移温度が低く，また室温域ではゴム状態であることから，体積変化が応力の発生と直接には結びつかない場合が多い．内部応力が問題となるのはエポキシ系接着剤で代表されるように高温で硬化し，硬化後のヤング率が高く，またガラス転移温度の高い系である．

内部応力 f は次式により計算できる．

$$f = \int_{T_g}^{RT} E(\alpha_A - \alpha_S) dT \tag{9.5}$$

ここで，$α_A$ は硬化した接着剤の線膨張係数，$α_S$ は被着剤の線膨張係数，E は硬化物のヤング率，T_g は硬化物のガラス転移温度，RT は室温（または実用使用温度），T は温度である．

エポキシ自身，硬化時に開環反応するため約5%の体積収縮を伴うが，硬化温度がガラス転移点より高い場合には，ほとんど内部応力を発生させない[9]．内部応力には，ガラス転移温度と室温（または実用使用温度）の温度差，接着剤のヤング率および硬化した接着剤と被着材の線膨張係数の差が大きく影響する．

図9.3 に各種物質の線膨張係数を示す．ガラスや金属は，有機材料に比べて線膨張係数が小さいので，これらが被着材の場合，内部応力を生じ接着力を不安定にする場合がある．一般的には接着剤を改質し，適当な硬化条件を選定することにより内部応力の低減を図る．

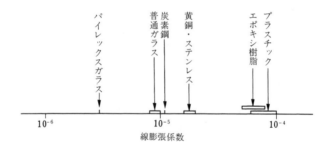

図9.3　各種物質の線膨張係数

〔3〕 **接合部位の形状**

接合部位の形状は，接着強度を高めるために非常に重要である．接着の長所を最大限に利用するためには，接合部位の形状を適切に設計する必要がある．接着接合は広い面積にわたって接着剤が介在して接合部分の強度が保たれるものである．その特性上，面全体で力を受けもつ引張りやせん断型の外力に対しては高い抵抗力を有するが，一部に集中する割裂や剥離型外力に対しては一般に弱い．接合部位の形状は，応力がなるべくせん断や引張り，圧縮型となるように設計されることが望ましい．

表9.3に，重ね継ぎを例に接着部位の形状例を示す[10]．それぞれ特徴があり，接着接合の要求条件に従って選定される．

表9.3 重ね継ぎの種類

名　称	設計形状	特　徴
突合せ継ぎ		設計形状が単純である．接合部位に横方向の力が加わると弱い．
単純重ね継ぎ		設計形状が単純である．引張応力に対し接合部位に割裂の力が加わり弱い．
そぎ継ぎ		接着面全体に均一な応力の分布が得られる．そぎ角を小さくすることで十分な接着面積を確保することができる．
両面あて板継ぎ		突合せ継ぎの欠点を除いたものである．曲げ応力に強く，特に圧縮応力に強い．
二重突合せ継ぎ		引張応力と接着面が同一平面にあり，応力集中が起こりにくい．
二重重ね継ぎ		単純重ね継ぎに比べ，曲げ応力の影響を小さくできる．
二重そぎ重ね継ぎ		二重突合せよりさらに曲げ応力に強い．形状の製作が煩雑である．

9.3　接着剤の種類と特徴

接着剤の素材として，ほとんどの高分子材料や反応性の化学物質が用いられている．**表9.4**におもな接着剤の種類と特徴を示す．

表 9.4 接着剤の種類と特徴

おもな基材	形 状	接着方法	実用温度〔℃〕	特 徴
クロロプレンゴム	液体 水分散	溶剤乾燥 水乾燥	−40〜110	広範囲の被着材に使用可能である．コンタクト性を有する．ゴム系接着剤の中では高強度，高耐熱性である．
ニトリルゴム	液体	溶剤乾燥	−40〜80	耐可塑剤性，耐溶剤性に優れている．ビニール類の接着に使用される．
スチレン・ブタジエンゴム	液体 水分散	溶剤乾燥 水乾燥	−40〜60	プラスチック，ゴム，木材，繊維などの軽量接着用に用いられる．
アクリルエラストマー	液体 水分散	溶剤乾燥 水乾燥	−40〜50	粘着性が高く粘着用に広く使用される．
酢酸ビニル	液体 水分散	溶剤乾燥 水乾燥	−30〜50	広範囲の被着体に使用可能である．木工，合板用途での使用が多い．
エチレン・酢酸ビニル共重合	固体	溶融	−20〜50	ホットメルト接着剤としての代表的な素材．製本，包装分野で使用されている．
ポリプロピレン	固体	溶融	0〜70	包装用ホットメルトとして使用される．
ポリアミド	固体 フィルム	溶融	0〜130	高強度，高耐熱性ホットメルト．製缶用に使用される．シームシーラント，製靴，繊維の用途が多い．
フェノール	水分散 液体 フィルム	乾燥 熱硬化 120〜180℃	−20〜120	水分散系は木材接着用途が多く耐熱性に優れている．フイルム状は金属用接着剤として使用され高い接着強度を与える．
ウレタン	水分散 液体	水乾燥 湿気硬化 熱硬化 120〜180℃ 硬化剤混合	−40〜100	金属，プラスチック，合板に広く使用されている．強靭で柔軟な硬化物が得られる．
反応性アクリル	液体	湿気硬化 硬化剤混合	−20〜100	シアノアクリレート系は高速硬化可能なため，広く応用されている．ゴムに対しての用途が多い．ほかのアクリルモノマー系は金属，プラスチックへの用途が中心である．
エポキシ	液体 ペースト 固体 フィルム	硬化剤混合 熱硬化 120〜200℃	−40〜200	高強度，高耐久性を示す．エンジニアリングプラスチック，金属，フェライト，ガラス，セラミックスなどに用途が多い．
シリコーン	液体 ペースト フィルム	湿気硬化 硬化剤混合	−60〜200	耐寒性，耐熱性，耐湿性，耐有機溶剤性に優れている．高範囲の温度にて可撓性を保持する．強度は比較的低い．高い伸度を有する．
ポリイミド	液体 フィルム	熱硬化 120〜300℃	−40〜350	超高温特性を有する．金属，FRP の用途が多い．
ケイ酸ナトリウム	液体 水分散	水乾燥 熱硬化 150〜300℃	0〜500	無機系接着剤，ガラス，金属，セラミックス用途に用いられている．耐水性に劣る．

9.4 接着強度と耐久性

接着部の強度を評価するには,適切な試験方法を採用しなければならない.接着剤の試験方法はアメリカ合衆国規格 ASTM,アメリカ合衆国軍規格 MIL,国際標準規格 ISO,日本工業規格 JIS などに規定されている.

接着接合では,用途もまた接着剤の素材も非常に多岐にわたるため,ここではおもに金属間接着に限定し,それらの評価に多用される試験方法と接着剤の特性を記述する.

表 9.5 に JIS に規定される代表的な試験方法を示す.接着剤の引張強さは,機械加工で**図 9.4**[11)] に示すような角棒または丸棒を作製し,その端面に接着剤を塗布・硬化後,接着面と直角方向に試験して求める.

表 9.5 試験方法に関する JIS

JIS 番号	名 称
K 6849 (1994)	接着剤の引張り接着強さ試験方法
K 6850 (1999)	接着剤の引張りせん断接着強さ試験方法
K 6852 (1994)	接着剤の圧縮せん断接着強さ試験方法
K 6853 (1994)	接着剤の割裂接着強さ試験方法
K 6854 (1999)	接着剤のはく離接着強さ試験方法
K 6855 (1994)	接着剤の衝撃接着強さ試験方法
K 6856 (1994)	接着剤の曲げ接着強さ試験方法

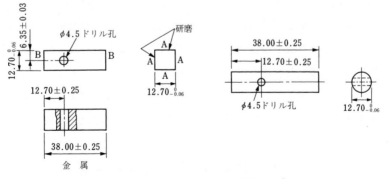

図 9.4 接着剤の引張強さ測定用治具 [11)]

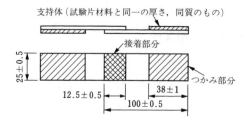

図9.5 接着剤のせん断強さ測定用試験片[12]〔単位：mm〕

図9.5[12]に接着剤のせん断強さ測定用試験片を示す．硬化後接着面と平行に負荷して測定する．

図9.6[13]に接着剤の剝離強さの試験片を示す．試験片の材質は試験結果とともに明示することになっている．試験片の両側を試験機のつかみに取り付け，試験片の剝離時の引張荷重曲線の各頂点の平均値を求める．この場合，単位は通常強さに用いる応力単位（N/mm^2，MPaなど）ではなくN/m，kN/mである．

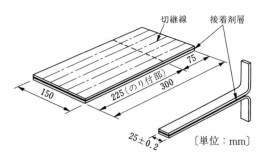

図9.6 接着剤の剝離強さ測定用T形試験片[13]

表9.6に金属と金属の接着に使用される代表的な接着剤についての強度特性（初期強度特性）を示す[14]．一般に，金属間接着の接着剤は高い強度と耐久性が要求され，構造用接着剤と呼ばれることも多い．優れた接着剤は高いせん断強さと高い剝離強さを併せ持つ．エポキシ系の接着剤では，フィルム状熱硬化型接着剤に優れた特性を示すものが多い．

接着接合物の長期的な耐久性の評価は実用上重要な問題である．接着接合部位の劣化は，それが暴露される環境条件，例えば温度，湿度，外部応力（静的または動的外力），さらに接合部位の形状や面積などによって複雑に影響を受けるので，接着部位の長期的強度予測は非常に困難といえる．

短期間に耐久性に関する手がかりを得るために，しばしば促進試験が実施さ

9.4 接着強度と耐久性

表 9.6 金属／金属用接着剤の強度特性 [14]

接着剤	被着材	接着強さ	
		せん断強さ〔MPa〕	剥離強さ〔kN/m〕
二液型エポキシ	炭素鋼	$5 \sim 20$	$2 \sim 4$
	アルミニウム合金（2024 T 3）	$10 \sim 25$	$4 \sim 6$
ペースト状熱硬化型エポキシ	炭素鋼	$15 \sim 25$	$4 \sim 8$
	ステンレス鋼	$15 \sim 25$	$2 \sim 4$
	アルミニウム合金（2024 T 3）	$15 \sim 35$	$2 \sim 4$
	黄 銅	$10 \sim 20$	$2 \sim 4$
	亜鉛めっき鋼板	$10 \sim 15$	$4 \sim 6$
フィルム状熱硬化型エポキシ	アルミニウム合金（2024 T 3）	$20 \sim 40$	$6 \sim 14$
二液型アクリル	炭素鋼	$15 \sim 20$	$6 \sim 8$
	ステンレス鋼	$15 \sim 20$	$6 \sim 8$
	アルミニウム合金（2024 T 3）	$10 \sim 15$	$4 \sim 6$
	亜鉛めっき鋼板	$10 \sim 15$	$4 \sim 6$

れ，接着剤の特性値として表示される．試験期間は 30 日間あるいは，1 000 時間などが多い．促進試験のみの結果から耐久性を予測することは困難なことが多いので，経験的事実や使用実績なども考え合わせる．

長期間の屋外暴露試験の結果が Bodner と Wegman[15] により報告されている．17 種類の接着剤に対して年間高温乾燥季候のアリゾナ州ユマ市，高温多湿季候のパナマ運河地方，そして温暖で四季のあるニュージャージー州ピカティニー軍用施設で行われた．屋外暴露は無荷重下で行われ，初期値からの強度低下，その暴露環境による違い，接着剤の種類による耐久性の違いが測定された．3 地点すべてで 3 年間の強度保持率 50% 以上の優れた耐久性を示す接着剤として，エポキシフェノール系，ニトリルフェノール系のフィルム接着剤をあげている．

Al Pocius ら[16] により，種々のフィルム状接着剤について約 10 年間の長期耐久性試験の結果が報告されている．すなわち，表 9.7 のような接着剤を用いて，アルミニウム合金（2024 T3 材，表面を硫酸-重クロム酸でエッチングしたもの）でせん断試験片（接着面積 25 mm × 12.5 mm）を作成し，60℃-100 % の相対湿度雰囲気中で異なった静的荷重をそれぞれの試験片に負荷して，試

表9.7 各種フィルム接着剤の初期強度特性[16]

接着剤	組成	硬化温度〔℃〕	せん断強さ〔MPa〕						剥離強さ〔kN/m〕
			−55℃	25℃	60℃	82℃	150℃	177℃	25℃
AF-30	ニトリル/フェノール	180	26.2	22.2	15.2	12.5	—	—	5.9
AF-143	ノボラックエポキシ	180	17.9	22.0	18.5	—	21.0	—	1.2
AF-147	ノボラックエポキシ	180	23.6	30.4	28.3	—	16.9	—	3.0
AF-44	ナイロン/エポキシ	120	44.0	44.0	35.6	20.3	—	—	9.8
AF-126-2	ニトリル/エポキシ	120	32.3	32.2	27.9	15.9	—	—	7.1
AF-163K	ポリエーテル/エポキシ	120	41.9	40.8	27.1	24.3	—	—	7.0
AF-163-2K	ポリエーテル/エポキシ	120	44.6	39.7	27.1	26.2	—	—	7.0
AF-191	エポキシ	180	27.6	34.5	—	—	16.0	14.0	6.1
AF-555	エポキシ	180	32.9	37.3	—	—	—	10.8	6.8

験片が破断するまでの期間を評価した．その結果を，図9.7，図9.8に示す．

接着面積が小さく，温度60℃相対湿度100%という非常に厳しい条件においても，破壊荷重の1/3程度の負荷において，優れた耐久性を示す接着剤が認められる．ノボラックエポキシ系では3 500日（約9年）以上，またポリエーテル/エポキシ系においても2 000日以上の耐久性を示す．一方，ナイロン/エポキシ系やニトリル変成エポキシ系は，長期耐湿耐久性が劣っている．これは，素材の吸湿性が高いためである．

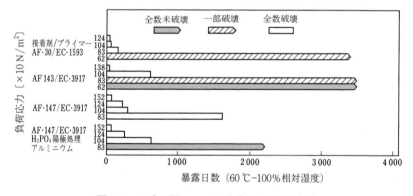

図9.7 180℃硬化フィルム接着剤の耐湿耐久性

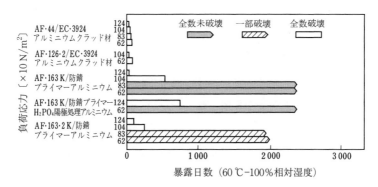

図9.8　120℃硬化フィルム接着剤の耐湿耐久性

9.5　接着の応用

　接着の応用分野は，非常に多岐，広範囲にわたるので，ここではおもに金属間接着の応用例について述べる．

　航空機製造分野でおもに使用されるアルミニウム合金の接着の例として，図9.9に前縁フラップ部分の構造を示す．接着剤は，アルミニウムハニカムコアと外板，アウタースキンとインナースキンの間に使用されている．アルミニウムハニカムコアとけたの間には，特殊な発泡タイプの接着剤が使用されている．航空機では軽量化が非常に重要な課題であり，ハニカム構造が多く用いられる．図9.10に模式を示すハニカム構造では，フィルム状接着剤をハニカムとスキンの間に入れ，圧着熱硬化する．

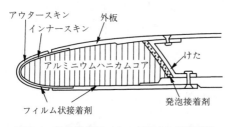

図9.9　航空機前縁フラップ部分の接着構造

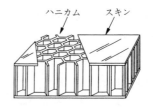

図9.10　ハニカム構造

290   9. 接   着

　一方，自動車工業において用いられる構造用接着剤は，おもに車体組立ライ
ンにおいて冷間圧延亜鉛めっき鋼板を接着するのに用いられ，例えば，ほとん
どの車のボンネットフード，ドア，トランク等のアウターパネルとインナーパ
ネルとの合せ折曲げ（ヘミング）部分に使用されており，これらの部分におい
てはかつてはスポット溶接が多用されていたが，スポット圧痕による外観不良
を解決して仕上がり性を向上し，また，コスト低減を目的として接着に置き換
えられるようになった．また，ホイールアーチのフランジ部の合わせ部分にお
いても，フランジが狭くてスポット溶接が打てないという理由から，構造用接
着剤が多用されるようになってきている．

　さらに，最近では，車体の操縦安定性を向上するためにボデーの剛性を向上
させるという目的でも，点接合のスポット溶接に代わって（あるいはそれと併
用して）面接合の接着剤を車体の接着に使用するという例が増えてきている．
これらの用途においては，一般に熱硬化型一液ペースト状エポキシ接着剤が用
いられ，ボデー溶接組立工程において，塗布，貼合せ，固定（ヘミング，溶接
等）を経たのちに，電着塗装の硬化オーブン中で硬化させられる．

　一方，車体部品の補修用に接着を適用する場合には，上記のような電着塗装
工程を経ないため，常温で硬化できるような二液型エポキシ接着剤が使用され
る．自動車工業では今後もさまざまな用途で構造用接着剤の使用が検討され，
用途が拡大していくものと思われる．特に，燃費向上のための車体軽量化の目
的で異種材料の使用が今後ますます増えるため，接着剤の役割がさらに重要に
なってくると考えられる．

　電気電子工業においては，さまざまな金属，フェライト等で接着が多く使用
されている．**図 9.11** は，モーター用けい素鋼板のラミネートに適用した例で
ある．ローター部，ステーター部けい素鋼板には接着剤がプレコートされてお
り，加熱硬化される．

　図 9.12 はフェライトと金属の接着例である．フェライトとメタルケース，
フェライトとリード線，フェライトどうし，等の接着に熱硬化型ペースト状一
液接着剤が使用されている．

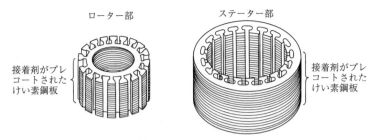

図9.11 モーターのローター，ステーター用けい素鋼板のラミネート接着

フェライトには他によい接合方法がないため接着が多く使用され，長期耐久性に関しても多くの実績がある．特に，自動車に搭載されるような電子部品においては，より高い耐熱性，信頼性が求められるようになってきており，これらの用途においては，例えば，低温から高温にわたる広範囲の温度領域で性能低下が起きないようなものでなければならず，例えば，被着体と接着剤との線膨張係数を近づけるように設計される．

さらに，自動車の軽量化の目的で，電子部品を小型化するような取組みが行われており，そのために従来よりも熱が多く発生し，その熱をでき

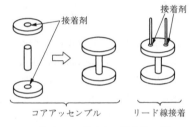

（a）フェライトコアのリード

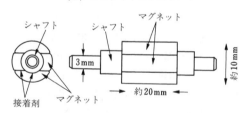

（b）モーターのローター部分の組立

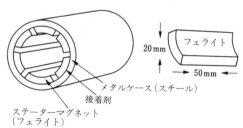

（c）モーターのステーター部分の組立

図9.12 フェライトと金属の接着例

るだけ効率的に外へ逃がすことが求められるため，熱伝導性フィラーを添加した接着剤というものが開発されている．このように，単純に接着性能を向上させるということだけではなく，接着以外の付加価値を設計に組み入れたような接着剤も多く開発され，実用化されている．

引用・参考文献

1) Skeist, I.：Handbook of Adhesive, (1977), van nostrand reinhold company, ケーグル C, V. 著，永田宏二訳：接着接合事典，(1977)，近代編集社．柴崎一郎：接着百科（上・下），(1975)，高分子刊行会．Weyler, D. F. 著，太田稔ほか訳：接着と接着機器の実際，(1975)，高分子刊行会．

2) Young, et al.：Phil. Trans. Roy. Soc., **95** (1805), 65.

3) Dupre：Theorie Mechanique de la Chaleur, (1869), 369, Gauthier-Villars.

4) London, D. F.：Trans. Faraday Soc., **33** (1937), 8.

5) Keesom, W. H.：Phys. Z., **22** (1921), 129.

6) Debye, P.：ibid., **21** (1920), 178.

7) 葭田雄二郎：工業材料，**35** (1987)，195.

8) 3M 社商品カタログ，AF–163–2 (1986).

9) 越智光一：高分子加工，**37** (1988)，538.

10) 芝崎一郎：接着百科（下），(1976)，22，高分子刊行会.

11) JIS K 6849：日本規格協会 (1994).

12) JIS K 6850：日本規格協会 (1999).

13) JIS K 6854：日本規格協会 (1999).

14) 3M 社商品カタログ，EC–2214，JA–7416，EC–2216，EC–1838，AF–191，AF–163，AF–143，AF–147 など.

15) Bodner, M. J. et al.：SAMPE J., (1969), 51.

16) Pocius, A.：Adhesive Chemistry Ed. Leing-Huang Lee, (1984), 617, Pienum Publishing Corp.

10 拡散接合

10.1 概論

　母材の融点以下の温度で行う固相接合には，摩擦圧接，鍛接，熱間圧接，冷間圧接（常温圧接），爆発圧接，ガス圧接などがあり，これらの多くはこれまでの章で解説されてきた．

　拡散接合法も固相接合の一種であり，図10.1のように制御された雰囲気中で接合材を加熱・加圧し，原子の拡散を利用して接合する方法である．JISの定義[1]では，「母材を密着させ，母材の融点以下の温度条件で，塑性変形をできるだけ生じないように加圧して，接合面間に生じる原子の拡散を利用して接合する方法」とある．

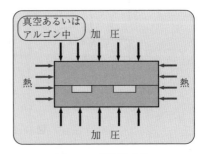

図10.1　拡散接合法

　溶接・接合法の名称のほとんどは，「加熱する手段，加圧する手段」に由来する．一方，拡散接合の名称は接合部の完全化へ原子の拡散を利用する「接合機構」に由来し，名称の観点が異なる．

　拡散接合（diffusion bonding）の用語は，原子力関係部品を接合時の形状変化を少なく接合する論文[2]で，1958年に初めて使用された．それ以前は，国内では「鍛接」，「圧接」，「固相接合」，欧米では「solid state welding」が使用されていた．少ない接合体の変形で接合することに着目した研究は，それ以

降,拡散接合と呼ばれる.

10.2 拡散接合の種類と特徴

拡散接合は,**図10.2**のように分類される.拡散接合では接合促進の目的で,接合面間に金属を挟んで接合する場合がある.この挟む金属を「インサート金属」と呼ぶ.インサート金属が固相状態で接合する場合と,溶融して接合する場合がある.前者を固相拡散接合と呼び,後者を液相拡散接合あるいはTLP接合[3] (transient liquid phase diffusion bonding) と呼ぶ.

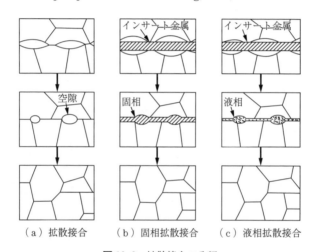

(a) 拡散接合　　(b) 固相拡散接合　　(c) 液相拡散接合

図10.2 拡散接合の分類

例えば,ニッケル基耐熱合金を接合するとき,インサート金属としてボロン,シリコンを含むニッケル合金を使用する.接合部を接合温度に加熱すると,インサート金属が溶融し,融点降下元素のボロンやシリコンが母材へ拡散する.この拡散で接合部の融点が上昇し,液相が減少し最終的に凝固する.この現象を「等温凝固」と呼ぶ.

インサート金属の適用目的は,下記のようになる.
① 固相では,軟質材の利用にて密着促進,高融点金属の利用にて相互拡散

抑制.
② 液相では，接合面における液相での密着促進．共晶反応を利用した接合面の清浄化．

拡散接合の特徴は，接合過程での形状変化が少ないことから，成形した部材を積層接合することで，複雑・中空部品を製造できることにある．

10.3 金属を接合するには

透過型電子顕微鏡内で，皮膜を形成しない金を用いて常温での接合現象を観察した結果[4]を図10.3に示す．透過した電子線を用いて像を観察する透過型電子顕微鏡では，原子配列を観察することができる．

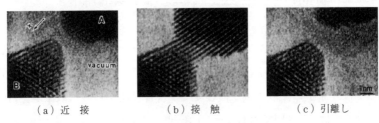

(a) 近接　　　　(b) 接触　　　　(c) 引離し

図10.3　電子顕微鏡内での接合実験[4]

針が近接する様子を示す図（a）では，金の針Bの原子配列が見えることから，電子顕微鏡の電子線の進む方向と，金の針Bの原子配列が平行である．

金の針どうしが接触した様子を図（b）に示す．金の針Aと金の針Bの結晶格子が明瞭に観察されることから，接触と同時に金の針Aがわずかに回転して，接合界面での原子の位置が互いに整合して，接合部が形成されている．逆方向に引き離したときの様子を，図（c）に示す．

清浄な金属どうしが接近すると，溶融しなくても常温で容易に原子的な接合部が形成できる．拡散接合では，このような金属どうしの接合部の形成過程と増加過程が重要になる．

各種金属を大気中で加熱・加圧した際の，接合開始温度とその材料の融点と

の関係[5]を**図 10.4** に示す．縦軸は接合開始温度〔K〕/融点〔K〕の比である．材料の融点に関係なく，接合開始温度は $(0.4 \sim 0.6) T_M$（金属の融点〔K〕）である．

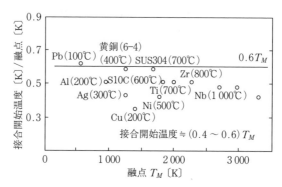

図 10.4 各種金属を大気中で接合した際の接合開始温度と融点の関係．（　）内は接合開始温度[5]

金属中の原子の拡散係数（拡散のしやすさ）は金属の結晶構造が同じであれば，加熱温度〔K〕/融点〔K〕と密接に関連する[6]．例えば，接合開始温度 = $0.6 T_M$ では，原子の拡散係数が同程度で，接合界面からの拡散距離を計算できる．計算では，1 秒間でおおよそ 50 原子層，100 秒間で 500 原子層の拡散が発生して接合することになる．さらに接合温度の上昇と時間の経過で，接合面積が増加することになる．

10.4　接合面積の増加過程

拡散接合した銅接合部の引張破面の一例を，**図 10.5** に示す．破断部を拡大した図（b）では，引張破断時に形成された小さなディンプル（くぼみ）のある接合部の破断領域と，結晶粒界が観察される未接合部が観察される．

拡散接合部の接合面積は，接触部での塑性変形，高温でのクリープ変形や原子空孔の拡散によって成長する．塑性変形，クリープ変形，拡散機構に基づく接合面積は，数値計算[7]できる．**図 10.6** には，接合面の粗さ $R_z = 1.5$，4.4，

10.4 接合面積の増加過程

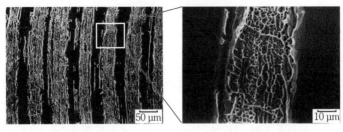

（a）銅の引張破面 　　　　（b）破面部の拡大写真

図10.5 銅の拡散接合部の引張破面の走査型電子顕微鏡写真
（接合温度：800℃，時間：4 min，圧力：5 MPa，粗さ R_z：10 µm）

14 µmの無酸素銅どうしを接合した際の，接合面積割合と接合温度の関係を示している．図中の破線は数値計算結果で，●，▲，■印は実験結果である．いずれの表面粗さにおいても計算値と実験値が一致しており，接合面積は数値計算で予測できる[8]．また，接合面の粗さの減少とともに接合面積が大きく増加する．

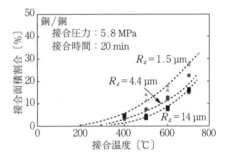

図10.6 各種表面粗さの無酸素銅を接合した際の接合面積割合と接合温度の関係[8]

一方，数値計算から，接合面粗さ R_z = 5 µm では，全接合面積（S）はクリープ変形（S_c）に依存する．しかし，R_z = 0.5 µm では，全接合面積（S）は拡散機構（S_D）が支配的との報告がある[8]．

接合面粗さ R_z が1 µm以上の接合面では，接合面積の増加過程はクリープ変形機構（S_c）が支配的であるので，接合中絶えず接合力が作用する必要がある．接合面の粗さが0.5 µm以下になると，接合面積は拡散機構（S_D）が支配的となる．つまり，接合圧力がなくとも加熱のみで接合できる．その結果，接合体の形状変化を少なく接合できることになる．

接合面の密着を促進する方法として，つぎの3つの方法がある．

① **超塑性現象**　超塑性現象を利用して，超塑性成形技術と拡散接合技術

を同時に行い，チタン合金製の航空機のパネル等が製作されている[9]．

②　液相の利用　　液相拡散接合は，航空機に使用されるニッケル合金の接合に使用されている．

③　拡散の促進　　金属薄膜では粒界や表面における原子拡散が，非常に大きい．この特徴のある薄膜を介して，超高真空中では常温で接合[10]できることから，電子デバイスや，MEMS 等の製作技術として期待されている．

10.5　接合表面皮膜の挙動

　拡散接合は表面での接合現象であるから，表面の数原子層の組成分析ができるオージェ電子分光分析装置を用いた解析が重要である．

　大気中で洗浄した接合面，あるいは引張試験直後の破面をオージェ電子分光分析装置で分析すると，いずれの表面にも多量の酸素，炭素が検出される．接合面には大気中の酸素，炭素と反応した皮膜がある．つぎに，このような皮膜で覆われた接合面を拡散接合し，その接合部をオージェ電子分光分析装置内で破壊して接合前後での表面組成の比較検討がされている．

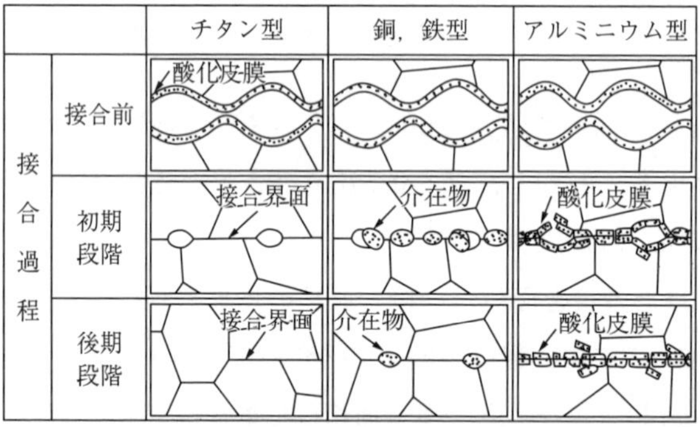

　一方，破面の電子顕微鏡観察等から，接合面の表面皮膜の挙動は**図 10.7**[11]に示すよう 3 つの型に分類できる．

接合過程		チタン型	銅，鉄型	アルミニウム型
	接合前	酸化皮膜		
	初期段階	接合界面	介在物	酸化皮膜
	後期段階	接合界面	介在物	酸化皮膜

図 10.7　拡散接合部での酸化皮膜の挙動[11]

①　チタン型　　接合面間の酸化皮膜が拡散接合の初期に消失し，酸化皮膜が接合部にほとんど影響しない．チタンおよびチタン合金がこの型に属する．

②　銅，鉄型　　拡散接合の初期段階に接合面の酸化皮膜が凝集して，空隙内面および接合部に介在物を形成する．接合の進行とともに凝集が進み，また

母材への酸素の拡散で介在物が減少する．銅，鉄鋼材料がこの型に属する．鉄鋼材料の接合部の介在物は，材料中に含まれる Al，Si，Mn などの不純物元素の酸化物，硫化物である．

③　**アルミニウム型**　酸化皮膜が非常に安定で，拡散接合中に消失しない．接合部の変形によって清浄面が露出し，わずかな接合箇所が得られる．純アルミニウムがこの型に属する．

酸化皮膜の消失の可否は，母材の酸素固溶度に依存する．固溶度が 14％と大きいチタンでは，酸化皮膜は消失しやすい．固溶度が $2×10^{-8}$％とほとんどないアルミニウムでは，接合界面の酸化皮膜は接合中変化できない．

酸化皮膜を有する接合面には，つぎのような清浄化促進で接合性を改善できる．

（ⅰ）　**イオン衝撃法**　真空中で，加速したイオンを接合面に照射すると，表面層がイオンのエネルギーで削り取られ清浄化される．各種異種金属[12]，金属とセラミックス[13]，シリコンウェハーの接合が可能となる．

（ⅱ）　**活性金属による還元反応**　1～2％マグネシウム含有アルミニウム合金[14]~[16]では，450℃以上では接合面のアルミナがマグネシウムで還元されて接合する．

10.6　異種金属の接合

異種金属の拡散接合では，同種金属の接合過程に加えて，① 接合部での相互拡散，② 異種金属の熱膨張差，③ 異種金属間の接触腐食に留意しなければならない．

図 10.8[17] は，異種金属拡散接合部の顕微鏡写真を示す．いずれも常温圧接した接合部を無荷重下で加熱した結果である．

図（a）は二相分離型の例で，鉄と銅の接合部である．相互固溶度が少ないが，少量の銅が鉄中へ拡散して，鉄の粒界近傍の拡散層が黒く観察される．相互拡散によって接合部近傍が固溶強化され，接合部は母材より強くなり，母材

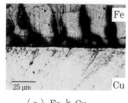 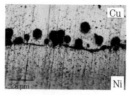 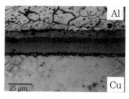

(a) Fe と Cu　　　　　(b) Cu と Ni　　　　　(c) Al と Cu
(1 000 ℃, 8 h)　　　(1 000 ℃, 8 h)　　　(450 ℃, 8 h)

図 10.8　異種金属の拡散接合部断面の顕微鏡写真 [17]
　　　　　（　）内は加熱温度,保持時間

で破断する.ニッケル/銀,鉄/銀,モリブデン/銅の組合せがある.

　図(b)は全率固溶型の例で,銅とニッケルの接合部である.相互拡散に伴い発生し,拡散の速い（融点の低い金属）銅側に発生し,「カーケンダルボイド」と呼ばれる空隙が発生し,機械的性能が低下する.

　図(c)は金属間化合物形成型の例で,アルミニウムと銅の接合部である.接合部に金属間化合物相が形成され,10 μm 以上に成長すると急激に継手強さが低下する.接合強さが低下する化合物厚さの臨界値は,化合物層の機械的性質,継手の形状に依存する.鉄とアルミニウムでの臨界値はこれよりも小さい [17],[18].

10.7　拡散接合装置

　拡散接合装置は,雰囲気制御装置,加熱装置,加圧装置等から構成される.アルゴン中での接合では,空隙内にアルゴンガスが残留し,接合部全面接合するのは困難となり,不活性ガス中での接合は避けたほうがよい.接合雰囲気としては,真空雰囲気（10^{-3} Pa）が最も多く利用されている.

　加熱法は,接合試料を傍熱加熱する方法と直接加熱する方法とがあり,工業的装置にはカーボンヒーターによる傍熱加熱や,接合試料への直接通電加熱法が利用される.実験室装置では,高周波誘導加熱法が多い.

　加圧法としては,モーターや油圧装置を用いて,一定圧力で加圧する方法が

一般的である．接合圧力は 1 ～ 10 MPa であることから，接合面積が大きくなると全体の加圧荷重が大きくなるため，油圧が多く利用される．最近，コスト低減目的で熱膨張を利用した加圧法も利用される．

接合装置は，生産品の形状等に基づいて設計・製作される．接合試料を均一に加熱・加圧する方法，接合体と加圧治具との剥離法等が重要となる．

10.8 拡散接合の適用例

1980 年代以降，接合による形状変化を極力抑制した拡散接合法が注目され，拡散接合製品の生産が始まった．1989 年の適用例の調査報告[19]によれば

① 材料の組合せの観点からは，異種金属の接合例が多い．

② 同種金属の接合時の材料は，鉄鋼材料，チタン合金が多い．

③ 異種金属の接合では，銅合金と鉄鋼，異種鉄鋼の接合例が多く，いずれも相互拡散に伴う問題の少ない組合せである．

④ 製品形状の観点からは，中空部品の組立が非常に多い．

⑤ 拡散接合の採用理由では，高性能化，他の方法では製作不可能，コストダウンの順である．

最近は，金属箔を積層して中空製品を製作する例が増加している．**図 10.9**は，ロケットの推力可変噴射器（プレートレット噴射器，三菱重工業）の製作例[20]である．このプレートレット噴射器の内部構造（図（a））は複雑であ

（a）三次元複雑流路構造

（b）流路加工した
　　　板材の積層

（c）60 枚積層接合体外観
　　　（φ30 mm，厚さ 6.0 mm）

図 10.9 ロケットの推力可変噴射器[20]

る．この内部構造を実現するため，あらかじめ推進薬の流路パターンを YAG
レーザ穴あけ加工したステンレス鋼薄板を 60 枚積層（図 (b)）する．この
積層体を拡散接合（図 (c)）して，三次元複雑流路構造を形成している．そ
の結果，これら流路の選択により推力の幅広い切替えが可能となり，日本のロ
ケットの信頼性の向上に貢献している．

このように，流路を形成した金属箔を積層することで，水素ステーション向
け拡散接合型コンパクト熱交換器[21] が製作されている．

引用・参考文献

1) 日本工業規格，溶接用語−第 2 部：溶接方法，JIS Z 3001-2 (2013).
2) Paproski, S.J. Hodge, H.S. & Boyer, C.B.：Second United Inter. Con. on the peaceful use of Atomic Energy, (1958).
3) Duvall, D.S. Owczarski, W.A. & Paulonis, D.F.：W.J. 53 (1974), 203s.
4) 木塚徳志：日本物理学会誌，**52**-8 (1997), 606−609.
5) 橋本達哉・岡本郁男：固相溶接・ろう付，溶接全集 9，(1979), 13，産報出版.
6) Sherby, O.D. & Simmad, M.T.：Trans. of ASM, 54 (1961), 227.
7) 西口公之・高橋康夫：溶接学会論文集，3 (1985) 303.
8) Wang, A. Ohashi, O. & Yamaguchi, N.：Trans. of MRS of Japan 27 (2002), 739−742.
9) 松田福久：接合・溶接技術 Q&A，849，産業技術サービスセンター．
10) 島津武仁・魚本幸：マテリア，49 (2010), 521.
11) 大橋修・田沼欣司・吉原一紘：溶接学会論文集，3 (1985), 476.
12) 須賀唯知・宮澤薫一・高木秀樹：日本金属学会誌，54 (1990), 713.
13) 高木秀樹・高橋裕・須賀唯知・坂東義雄：日本金属学会誌，55 (1990), 907.
14) 池内健二・小谷啓子・松田福久：溶接学会論文集，14 (1996), 122.
15) 池内健二・小谷啓子・松田福久：溶接学会論文集，14 (1996), 389.
16) 池内健二・小谷啓子・松田福久：溶接学会論文集，14 (1996), 551.
17) 大橋修・橋本達哉：溶接学会誌，45 (1976), 590.
18) 迎静雄・西尾一政・加藤光昭・井上李明・住友賢治：溶接学会論文集，12 (1994), 528.
19) 溶接学会界面接合研究委員会：IJ-6-89，(1989).
20) 都築圭紀・坂本光正・森合秀樹・小林悌宇・日下和夫：三菱重工技報，**37**-3 (2000), 134.
21) http://www.kobelco.co.jp/machinery/products/ecmachinery/dche/download. html (2017).

11 摩擦攪拌接合(FSW)

11.1 概論

摩擦攪拌接合(friction stir welding, FSW)は，1991年に英国The Welding Institute (TWI) によって発明された固相接合技術である[1]．その後，世界各国で研究開発が活発に進められ，すでに，鉄道や船舶等の輸送機器や土木建築構造物を中心に，種々の産業分野で基幹接合技術の一翼をなすに至っている[2]．

FSWでは，非消耗式のツールと称する工具を用いて，密着状態で拘束した接合面とその近傍を攪拌することで接合を達成する．一般的なツールの先端部形状を**図11.1**に示す．ツールの先端部は，ショルダーと称する円柱体端面と，その上部に形成されたプローブと称する小径の突起部で構成される．プローブ部には，材料の攪拌を促進するためにねじを切る等の形態付与がよく行われるが，ツール摩耗が懸念される硬質材料を含む接合では，このような形態付与はせず，単純な円柱状あるいは円錐台状プローブを用いる．

図11.1 一般的なツールの先端形状（ショルダーとプローブで構成）

FSWのプロセスを**図11.2**に示す．突合せ接合を例に，模式的に4段階に分けて説明する．図(a)では，接合面どうしを密着した状態で強固に拘束した被接合材突合せ面の一端に，ツールを回転させながら挿入する．通常，プロー

11. 摩擦攪拌接合(FSW)

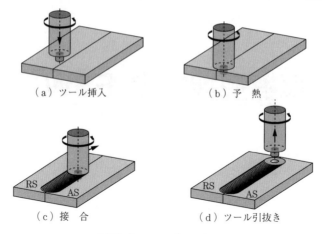

図11.2 FSW プロセス

ブは被接合材の中に完全に埋没し，ショルダーが被接合材表面を強く擦る深さまでツールを挿入する．

所定の深さまでツールを挿入した図（b）では，一定時間その位置で保持して被接合材を予熱する．接合開始時点では，定常状態で接合が進行している時点よりも被接合材の温度は低く，材料攪拌が著しく制限されるため，接合欠陥が発生しやすい．予熱は，このような欠陥生成の抑制のみならず，過大負荷によるツールの破損も防止することができる．

図（c）では，ツールを回転させたまま突合せ面に沿って走行させる．このとき，ツールの運動（回転および走行）が誘起する材料中の塑性流動が，突合せ面近傍の材料組織を破壊し，接合組織を構築する．また，FSW では，走行方向の左右で塑性流動の向きが逆になる．すなわち，FSW では接合組織や継手特性が左右で非対称となる．回転によるツールの運動方向が走行方向と同じ側を前進側（advancing side, AS），反対となる側を後退側（retreating side, RS）と称し区別する．図（c）の例では，左側が RS，右側が AS となる．

突合せ面終端に到達した図（d）では，ツールを回転させたまま被接合材から引き抜く．接合部終端には埋め込まれていたプローブの穴が残る．最後に，ツールの回転を停止し，接合プロセスが完了する．

FSW の発明からわずか20年ほどの間に急速な発展を遂げたのは，この接合技術が従来の溶融溶接では得難い，つぎに示す長所を有するからである．

（1） 固相接合である．したがって，凝固に伴う組成偏析，ブローホール，割れが本質的に発生しない．接合部には樹枝状晶等の凝固組織ではなく，強塑性加工による微細化した組織が形成される．

（2） 接合部の機械的性質が優れている．

（3） 融点（合金の場合は固相線温度）よりも低い温度で接合するため，熱応力およびそれに伴う接合変形を抑制できる．**図11.3**は同じ板厚のアルミニウム合金 FSW 継手の面外接合変形量をアーク溶接継手と比較した例である[3]．FSW 継手ではほとんど面外変形を生じない．

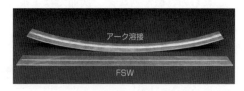

図11.3 6000系アルミニウム合金でのFSW継手と MIG 溶接継手の面外溶接変形量の比較[3]（板厚2 mm，接合長1 000 mm）

（4） 溶融溶接が困難であった高強度アルミニウム合金，ダイカストを含む鋳造合金，複合材料等を接合できる．異種材料の接合にも適する[4]．

（5） アルミニウム合金等低融点材料の接合では，シールドガス必要なし．

（6） 接合中にヒュームやスパッタ，および紫外線等の有害光も発生しない．

（7） エネルギー効率の高い接合法である．

（8） 自動化に適し，専用機械の無人運転等により継手の量産が可能である．

反面，つぎの問題点があり，その解決に向けた研究開発が進められている．

（1） 肉盛が困難である．このため接合中にばりが生じると，それに応じて接合部の肉厚が減少する．同様に，合わせた接合面の目違いやギャップも接合部肉厚の減少要因となる．

（2） すみ肉接合等の継手形状では，開先形状やその組み方に工夫を要する．

（3） 接合終端部にプローブの穴が残る．また，プローブが通過しない継手底部には，FSW 特有の接合欠陥（キッシングボンド）が生じやすい．

（4） 接合装置が受ける反力は大きく，装置や治具に著しく高い剛性が求められる．このため，工場内設備での接合に限定され，現地では困難である．

（5） マイクロ接合等，微小径ツールを使用する場合，ツール回転数が著しく高くなる．

（6） 高融点材料や高強度材料の接合に適したツール用素材が見当たらず，もしくは高価である．このため，低融点金属材料の接合に限られる．

これらの特徴を踏まえ，次節ではアルミニウム合金を中心にFSW技術の要点を解説する．

11.2 施工パラメータ

FSWでは，図11.4に示すように，施工パラメータとしてツール形状のほか，接合条件，材料配置，被接合材料に対するツールの位置や姿勢を指定しなければならない．ツール形状については次節で詳述するが，おもにショルダー径，プローブ径，プローブ長が重要となる．接合条件は，ツールによる材料の加熱撹拌挙動に対して支配的に寄与するパラメータであり，その代表的なものにツール回転数，接合速度，ツール荷重，予熱時間がある．

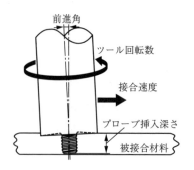

図11.4 ツールの姿勢と接合条件

一方，ツールの位置にはツール挿入深さがあり，ツールの姿勢として前進角がある．前進角は，ツール先端を接合方向へ突き出すように1～5°傾斜させ，ショルダー前縁で材料がバリとして排出されるのを抑制するとともに，ショルダー後縁で接合部を板厚方向に圧縮しながら押し出す．異種材料を接合する場合は，加えて，どちらの材料を前進側，後退側にそれぞれ配置するかが，接合の成否を左右する．また，ツール走行ラインを，接合面から意図的に一定量ず

らすオフセット量を指定しなければならない場合もある．

これらの施工パラメータのうち，ツールの位置や姿勢は一定に保つように制御されるが，接合条件は，接合欠陥を生じることなく接合可能な適正接合条件範囲から，継手に求める特性に応じて選択される．板厚 4 mm の各種アルミニウム合金の適正接合条件範囲を**図 11.5** に示す[5]．アルミニウム合金の種類によって適正接合条件範囲は大きく異なる．さらに，この範囲はツール形状や被接合材料板厚によっても大きく変化する．

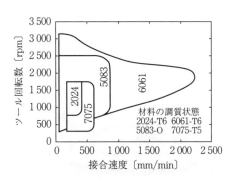

図 11.5 各種アルミニウム合金の適正接合条件範囲（板厚 4 mm，ショルダー径 15 mm の標準形状ツールを使用した場合）[5]

11.3 ツ ー ル

FSW で使用されるツールは，ショルダーとプローブで構成される．プローブは，被接合材の接合面とその近傍を撹拌し，塑性変形を与えることにより FSW に特有の金属接合組織を形成する役割を担う．接合面全域を確実に撹拌するため，プローブ長は接合する板厚より 0.2〜0.3 mm 短い長さに設定する．プローブ径は接合中に折損しないような寸法を選択する．

他方，ショルダーの役割は，接合部近傍の材料表面から熱を供給するとともに，撹拌で継手部から材料がバリとして排出されるのを抑制することである．ツールに前進角を設けた場合は，ショルダー後縁での接合部圧鍛工程も担う．ショルダー径の目安はプローブ径の 3 倍とされるが，被接合材の材質（特に熱伝導率）に合わせて調整される．以上のように，ショルダーとプローブの役割はそれぞれ異なり，求める効果の程度に応じて形状や寸法が種々考案される[6]．

先の図 11.1 に例示したように，プローブには，ねじ形状を付与する場合が

多い.これは材料とツールの接触面積を増加させるとともに,ねじの回転運動によって,ツール回転軸周りだけでなく,板厚方向への塑性流動も促進する.板厚方向の塑性流動は,その外側に逆方向の流れを誘起して対流となるので,これがバリとして系外に排出されないように,ショルダーと裏当て板で挟んで流動範囲を拘束する.例えば,ショルダーにもテーパーやスクロール溝を設けることで,材料の塑性流動がショルダー近傍で回転軸に向くよう制御される.

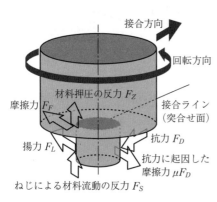

図 11.6 接合中にツールが受ける力とその方向

図 11.6 は,FSW 中にツールが材料から受ける力を模式的に示す.ショルダーは材料表面と接触して押圧するため,その反力 F_Z を受けるほか,回転摩擦力を受ける.押圧力が均一であれば回転摩擦力は相殺されるが,前進角を設けた場合はショルダー後面での摩擦力が前面よりも大きくなるため,接合方向に垂直な成分の力 F_F が相殺されずに残る.

プローブは塑性流動する材料中を運動するため,接合方向と逆向きに抗力 F_D を,接合方向と垂直に F_D に起因した摩擦力 μF_D および揚力 F_L を受ける.そのほか,プローブにねじを切ってある場合は,ねじが軸方向に材料を押し出す反力 F_S も受ける.

ツール用材料は,接合温度においてこれら反力に対して十分な剛性を持って耐えるだけでなく,使用に伴う摩耗を抑え,長期の繰返し使用に耐え得るものを選択せねばならない.アルミニウム合金やマグネシウム合金の FSW では,SKD61 をはじめとする合金工具鋼が用いられるが,鉄鋼材料やそれ以上の高融点材料の FSW では適切なツール用素材がなく,現在も模索が続いている.

図 11.7 は,ショルダーとプローブが独立して回転運動するよう工夫されたツールである.ツールを駆動する主軸は複雑な構造となるが,図(a)に示すように,ショルダーとプローブの回転数を個別に設定することで,適切な入熱

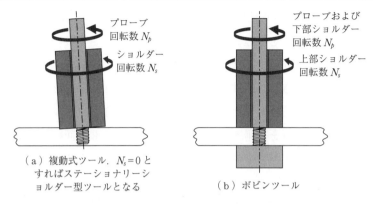

図 11.7 ショルダーとプローブが独立回転するツールの例

と塑性流動状態を創出できる．なかでも，ショルダーを回転させずに接合するステーショナリーショルダー型ツールは，ショルダー形状を自由に設定できることから，T継手のすみ肉接合などの複雑形状材料の接合を可能にするなど，多くの長所を併せ持つ[7]．さらに，ショルダーとプローブの上下動も独立制御することで，板厚変化のある材料の接合や終端部の穴の埋め戻しを可能とする[6]．

図（b）はボビンツールと称され，板裏面を支持する下部ショルダーとプローブが一体化しており，これと上部ショルダーで被接合材をクランプする構造である．このツールは裏当て板が不要のため，裏当て板への固定が困難な形状の接合に有利であり，さらに板厚方向に向って接合面全域をプローブが通過するため，キッシングボンドが発生しない．

11.4 接 合 装 置

接合装置の基本的構成は，立フライス盤とほぼ同じであるが，非常に大きな加工力が作用するため，高い装置剛性が必要である．装置剛性が不足すると，ツール走行線やツール挿入深さが設定からずれて，欠陥が生じる．特にツール挿入深さは，バリの排出量や欠陥発生に対して敏感なパラメータであり，

0.1 mm 以内の精度で適正値に保つことが必要である．このため，センサーを用いてツール挿入深さを適応制御する機能を具備した装置が多い．

図 11.8（a）～（c）に示すように，センサーの種類によって FSW 接合装置は 3 種類に分類できる．位置センサーによりツール挿入深さを直接計測制御する位置制御方式，荷重センサーを用いて主軸方向荷重（ツール荷重）から間接的にツール挿入深さを計測制御する荷重制御方式，主軸の回転負荷を計測して間接的にツール挿入深さを制御する主軸負荷制御方式である．

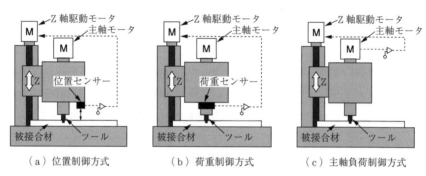

図 11.8　3 種類のツール挿入深さ制御方式と接合装置の基本構成

位置制御方式は，機構が単純で正確であるが，ツール位置と計測位置が異なるため曲面形状への適用が難しい．あとの二つの方式は，ツール挿入深さが増すほど主軸荷重や主軸モーター負荷が増す原理を応用したものだが，接合温度や材質によって大きく変化するため，制御パラメーターとツール挿入深さの的確な関連付けが必須となる．

11.5　接合過程の現象

FSW は，材料の接合部近傍の摩擦発熱と塑性流動を誘引することで接合する．良好な接合を得るには，材料の塑性流動を適切に制御しなければならない．その中で最も重要な因子の一つが温度である．温度は，材料の降伏応力や伸びなどの塑性変形挙動だけでなく，接合組織形成において重要となる回復，

再結晶，結晶粒成長，相変態，固溶，析出，拡散等の諸現象，さらには継手の特性や品質に関わる耐食性，残留応力，接合変形などにも支配的に関係する．加えてツールの材質選択，形状設計，寿命予測においても重要な指針を与える．

　FSW 加工中の材料の温度分布は，各所の微小体積要素に対する入熱と抜熱の挙動を把握することで知ることができる．入熱機構には，ショルダー面と材料間の摩擦熱およびプローブ筒面近傍での加工熱があり，補助熱源を用いる場合はその入熱量も考慮する必要がある．他方，抜熱機構には熱伝導だけでなく，材料の移動による熱輸送である熱伝達も考慮する必要がある．FSW は，溶融溶接に比べて入熱量が著しく低い[8]ため，抜熱対象として，材料だけでなく，裏当て板，拘束治具，ツール，シールドガスなども考慮せねばならない．

　FSW の熱源モデルには，主軸負荷からツールの加工仕事を求める方法[9]と，主たる熱源がツールと材料間の摩擦であることに立脚した方法が提示されている．特に Frigaard らによる後者のモデルは，単位時間当たりの入熱量 Q とツール回転数 N，ショルダー半径 R，ツール圧力 P の相関を明示しており，式 (11.1) で表される[10]．

$$Q = (4/3)\pi^2 \mu P N R^3 \tag{11.1}$$

ここで，μ はツールと材料間の動摩擦係数であり，おおむね 0.3 程度の値をとる．ツール圧力 P はツール荷重をツール底面積で除して求まる圧力である．式 (11.1) から，Q に対して R は 3 乗で効くことがわかる．

　ツール 1 回転当たりの発熱量（Q/N）が一定であるとすると，接合速度 v をツール回転数 N で除して求まる回転ピッチが入熱量の目安となる．回転ピッチの値が大きいほど，ツール 1 回転の間に接合する距離が長くなることに相当するので，単位長さ当たりの入熱量が減少することを意味する．しかし，回転ピッチは時間の次元を有していないほか，抜熱挙動も考慮していない．このため，回転ピッチと最高到達温度を，直接関連づけることはできない．流動が生じる領域の温度計測は非常に困難であり，わずかな報告しか見当たらない[11]．多くは，流動が生じない領域に設置した熱電対等により温度を計測する．

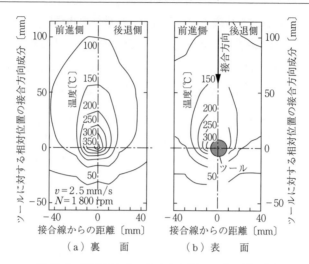

図11.9 7075アルミニウム合金板FSW加工中の温度分布(板厚5 mm,ツール回転速度1 800 rpm,接合速度2.5 mm/s,SKD61合金工具鋼ツール(ショルダー径15 mm,プローブ径6 mm,プローブ長6 mm)およびSUS310ステンレス鋼製裏当材(厚さ10 mm)を使用)[12]

図11.9は7075アルミニウム合金板をツール回転速度1 800 rpm,接合速度2.5 mm/sでFSWしたときの,ツール近傍の材料表面および裏面の実測温度分布である[12]．図から,ツール近傍の高温域において等温度線が前進側に張り出すことがわかる．FSWでは同種材接合であっても塑性流動が生じる領域に近いほど温度分布が接合面に対して非対称となる．さらに異種材料接合の場合は,材料配置が異なれば同じ接合条件を選択しても温度分布が異なる[12]．

FSW中の材料流動を知ることは温度と同様に重要であるが,これを直接観察するのは困難である．このため,実験では材料中にあらかじめ配置されたトレーサーやマーカーの接合前後での位置および形状の変化から推測する方法や,接合部の集合組織解析から変形方向を導出する方法がとられてきた．マーカーを仕込んだ材料のFSW前後でのマーカー位置,および形状の変化から接合中の流動を考察した例を図11.10(a)に示す．ASに配置したマーカーは接合後もASに,RSに配置したものはRSにある．このことから,塑性流動可

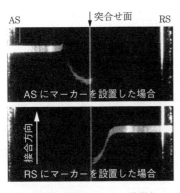
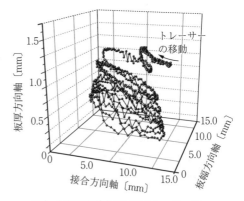

(a) 接合前後のマーカー位置と形状を調べた例[13]

(b) 高輝度X線を用いてトレーサーの運動を3次元追跡した例[14]

図11.10 材料流動に関する研究例

能域の材料が，その域外の材料，ツール，裏当て板で規定された空間を，押出加工の要領で通過するような流動であり，ツールを周回する流動は生じていないと結論づけた[13]．

ところが，近年になって報告された二つの高輝度X線を光源としてアルミニウム板中に配置した，タングステン製トレーサーの運動を立体的に直接追跡した例では，図（b）に示すように，トレーサーは最初にプローブに最接近した後，らせん状にプローブ周りを何度も周回しながら板厚下方へ移動するとともに周回半径を増大させ，最後には停止する挙動が報告された[14]．これらは相反する結論を提示しているようにみえるが，接合条件によりいずれかの流動状態が決まると考える．

その他，数値シミュレーションによる解析も多数報告されているが，前提条件となる熱源モデルや温度分布が適切に設定できないため，精度の高い流動挙動予測を提供できる手法は確立されていない．

11.6　FSWの組織と欠陥

FSWによって形成される継手断面組織の模式図を**図11.11**に示す．継手組

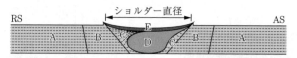

A：母材，B：熱影響部（HAZ），C：熱加工影響部（TMAZ）
D：プローブによる撹拌部（SZ），E：ショルダーによる撹拌部（SZ）

図 11.11 FSW 継手組織の模式図

織は，撹拌部（stir zone, SZ），熱加工影響部（thermo-mechanically affected zone, TMAZ），熱影響部（heat affected zone, HAZ），母材部の四つの領域に分類される．

SZ はツールが通過した領域とその近傍に形成される組織であり，接合過程で最も高温に達するとともに著しく強い塑性加工を受け，動的再結晶により著しく微細な等軸多結晶組織となる．動的再結晶は塑性加工による転位密度上昇と再結晶による転位開放が同時進行する状態であり，転位密度の高い結晶と低い結晶が混在した組織を形成する．

プローブが通過した領域は，多重楕円形組織（通称オニオンリング）を呈することが多いが，薄板の接合や用いるツールの形状によっては観察されない．これは，板厚方向の流動が多重楕円形組織形成に強く関わることによる．板厚方向の塑性流動が抑制される条件では，接合面を覆う酸化膜の破壊と分散が進みにくく，湾曲した帯状の領域に酸化物が連なったレイジーエスと称される組織が見られる．

SZ ではプローブ後方で以上のような組織が形成された後，ショルダー後端部によって板厚方向への圧縮とツール回転方向への流動が重畳する．このとき，ショルダーで形成された SZ に付帯する TMAZ が，プローブにて先に形成された SZ との間に割り込むように形成される．

SZ の結晶組織は，著しい微細化により焼鈍状態の母材よりも高強度を呈するが，加工硬化調質された母材では転位密度低下による軟化が生じることがある．また，時効硬化する熱処理型アルミニウム合金では，溶体化温度よりも高温となる部位で溶体化して軟化するが，時効によりその強度はいくぶん回復す

る．完全に回復しないのは，粒界密度が上昇し，無析出帯の体積分率も増加することによる．一方，溶体化温度に達しなかった部位では過時効状態となり，低下した強度が回復することはない．

TMAZは，塑性加工を受けたが再結晶温度には達しなかった領域であり，流動方向に伸長した結晶で構成され，転位の容易すべり面および容易すべり方向がそろった強い集合組織を呈する．

HAZは塑性変形を受けないが，回復可能な温度に達するため，加工硬化調質材では軟化する．また，強度特性以外の機能でも特定温度以上で変質する場合は，その温度以上に達する領域もHAZに含まれる．母材部は回復可能な温度にも達せず，塑性加工も受けないことから，接合前後で組織や特性に変化が生じない領域である．

以上のように，FSWで形成される継手組織とその特性は，接合過程で受ける塑性変形と温度履歴に関係する．その制御が適切でない場合，欠陥形成や継手特性低下につながる．

FSWで生じる代表的な欠陥には図 11.12 に示す形態があり，接合面に沿って連続した欠陥となる．図（a）の凹状欠陥はショルダー接触面側がくぼむ欠陥であり，板厚減少や応力集中によって継手強度が低下する．FSWが減肉プロセスである限りこの欠陥の完全抑止は難しい．特性に悪影響を及ぼす規模のものの多くは，ツール前進角が過大であること，接合面の間隙や目違い，大きなバリの発生等が原因であり，裏面が隆起している場合は，母材の拘束位置が

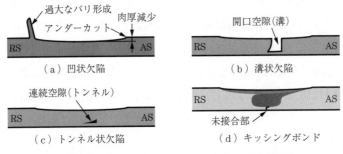

図 11.12　FSW継手に見られる代表的な欠陥の模式図

離れているか拘束力不足が原因である.

図（b）の溝状欠陥，および図（c）のトンネル状欠陥は，材料の流動不足により生じる．この原因は二通り考えられ，一つは撹拌領域の材料温度が低く十分に軟化していないこと，もう一つはツールの回転数が過大で空転状態となり，材料に撹拌運動を伝えることができないことである．前者は撹拌不足，後者は撹拌過剰と称する.

図（d）のキッシングボンドは，母材板厚とツール挿入深さの差が，プローブ底部に形成される撹拌領域よりも大きい場合に形成される未接合部である．ツール挿入深さの設定値と実測値に差があるときは接合装置の剛性不足，それ以外の場合はツール形状と接合条件の組合せが不適切であることが原因である.

11.7 応 用 事 例

FSW は，輸送機器や土木建築構造物などへの適用が活発に進んでいる．従来の溶融溶接（アーク溶接や抵抗スポット溶接など）では困難であったアルミニウム合金の高品質接合の実現，それによる構造の軽量化，施工に要する時間およびコストの縮減など多くの理由が挙げられる．ここではいくつかの成功事例を紹介するが，FSW の応用分野が急速に拡大中であることを念頭に読んでいただきたい.

鉄道車両は，複雑断面形状を有する押出形材を長尺方向に接合して組み立てられるため，従来の溶接法では多大なひずみ修正工程を要した．FSW の適用により，ひずみを抑えた広幅形材の製造が可能となり，アルミニウム合金製鉄道車両の製造に FSW が使用されるようになった．最も早い適用例としては1997 年，700 系新幹線の 6N01 アルミニウム合金製床板の製造が挙げられる．これは**図 11.13** でわかるように，4 枚の 6N01 合金押出形材を同時に FSW を行って製造される[15]．多線同時に FSW することにより接合変形を抑制した施工を実現している.

ロケットや航空機は，主として溶融溶接が困難な高強度アルミニウム合金で

構成されるため，従来はリベット等による機械的締結を採用せざるをえなかった．骨材と殻板の FSW が可能になり，リベット穴での応力集中に伴う疲労強度低下の問題が解消され，薄肉軽量化にも貢献できる．

図 11.14 に示す米国 Eclipse Aviation 社の超軽量ジェット機の例では，大部分の接合に FSW を適用することによって製造時間短縮やコスト低減も達成された[16]．

図 11.13 700 系新幹線用床板への FSW 適用[15]（写真提供：株式会社 UACJ）

図 11.14 Eclipse Aviation 社の超軽量ジェット機[16]

船舶に対する FSW 適用は，主としてアルミニウム合金製上部構造物を対象に進められている．ひずみ修正をほとんど必要としないことから工期を大幅に短縮できることが大きな利点となる．わが国では，超高速貨客船テクノスーパーライナーの建造に用いられた例が代表的である．

自動車では，軽量化を目的としたアルミニウム合金製部材の導入が進められており，その組立に FSW が適用されている．サスペンションアームをはじめとする機構部品だけでなく，図 11.15 に示すアルミニウム合金ダイカストサブフレームと鋼製サブフレームの異種材料重ね接合[17] に FSW が適用されるなど，着実に適用範囲が広がっている．

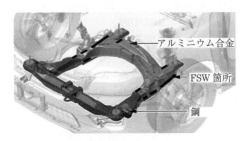

図 11.15 自動車の鋼製フレームとアルミニウム合金製サブフレームの FSW[17]

土木建築においては，橋梁の更新や拡幅においてアルミニウム合金製軽量構造体を採用することにより，橋脚負荷の低減と工事に伴う交通遮断期間の大幅短縮が可能となった．その組立に FSW が適用される事例が増えている．

引用・参考文献

1) Thomas, W.M., Nicholas, E.D., Needham, J.C., Murch, M.G., Temple-Smith, P. & Dawes, C.J.：European patent EP0615480, 日本国特許 JP2712838, (1992).

2) Mishra, R.S. & Ma, Z.Y.：Mater. Sci. Eng. R, 50 (2005), 1–78.

3) 岡村久宣・青田欣也・江角昌邦：軽金属，50 (2000)，pp. 166–172.

4) 青沼昌幸・中田一博：塑性と加工，53 (2012)，869–873.

5) 例えば，中田一博：摩擦攪拌接合 (FSW) 研究の現状とその適用例，溶接学会秋季全国大会技術セッション，(2004)，1–15.

6) Tretyak, N.G.：The Paton Welding Journal, No. 7, (2002), 10–18.

7) Martin, J.：溶接技術，58 (2010)，54–58.

8) Aota, K., Okamura, H., Ezumi, M. & Takai, H.：Proc. 3rd Int. Symp. FSW (CD-ROM), Kobe, Japan, Sept., (2001), Pos20.

9) Khandkar, M.Z.H., Khan, J.A. & Reynolds, A.P.：Sci.Technol. Weld. Join., 8 (2003), 165–174.

10) Frigaard, Ø., Grong Ø. & Midling, O.T.：Metall. Mater. Trans. A, **32A** (2001), 1189–1200.

11) Masaki, K., Sato, Y.S., Maeda, M. & Kokawa, H.：Scripta Mater., 58 (2008), 355–360.

12) Maeda, M., Liu, H.J., Fujii, H. & Shibayanagi, T.：Welding in the World, 49 (2005), No. 3/4, 69–75.

13) Seidel, T.U. & Reynolds, A.P.：Metall. Mater. Trans. A, **32A** (2001), 2879–2884.

14) Morisada, Y., Fujii, H., Kawahito, Y., Nakata, K. & Tanaka, M.：Scripta Mater., 65 (2011), 1085–1088.

15) Kumagai, M. & Tanaka, S.：Proc. 1st Int. Symp. FSW (CD-ROM), Thousand Oaks, USA, (Jun., 1999), Session 3.

16) http://www.oneaviation.aero/eclipse-jet.html, (2017).

17) 佐山満：溶接技術，**63**-8 (2015)，75–80.

12 アディティブマニュファクチャリング

12.1 概　　　論

アディティブマニュファクチャリング（additive manufacturing, AM）は，3D-CAD データを使って，プラスチック，金属，セラミックスの粉末などの材料を層として積み重ね，成形型を使わず立体的な 3 次元形状を造形する方法であり，3 次元積層造形法と呼ばれる．最初の発明は，紫外線硬化樹脂に紫外線を照射し，立体図形を作製する方法として特許出願された[1]．当初は，光造形法，ラピッドプロトタイピングと称される試作技術から，最近は複雑形状の航空機金属部品製造にも応用されている．

積層造形の特徴としてはつぎのようなことがあげられる．

（1）　切削加工，塑性加工，鋳造等では実現不可能な形状を成形可能なこと．

（2）　従来の複数部品の組合せ・接合による組立品が一体成形可能なこと．

（3）　3D-CAD データの利用により形状変更が容易なこと．

（4）　トポロジー最適化設計[2]による製品の軽量化が可能なこと．

12.2　各種アディティブマニュファクチャリング技術

AM として代表的なものを分類[3]し，以下に述べる．

12.2.1 液槽光重合法

液槽光重合法（vat photopolymerization）は光造形法とも呼ばれ，その造形方法を**図12.1**に示す．容器内にある紫外線硬化樹脂にCADデータ形状どおり紫外線レーザ光を照射し，硬化成形する．成形品の土台部分から造形を開始し1層分ずつ硬化しながら造形台を下げ，硬化上面を樹脂液面から降下させながら成形品上部に向けて造形を進め，3次元積層造形を行う．

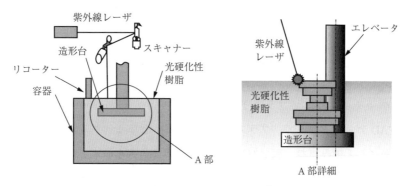

図12.1 液槽光重合法[4]

12.2.2 材料押出し法

材料押出し法（material extrusion）にはストラタシス社が1988年に熱可塑性樹脂を用いて開発した熱溶解積層法（fused deposition molding，FDM法）がある．**図12.2**に示すように，ABSやポリ乳酸等の汎用エンジニアリングプラスチックを直径0.5mm程度のフィラメントとして供給し，加熱ノズルで溶融した熱可塑性樹脂を押し出してステージ上に造形する．最近では，ポリアミド（PA）などの射出成形で使用される熱可塑性樹脂のほとんどがフィラメントとして供給可能となり，射出成形で造られる量産品と同等の試作成形品を得ることができる．

図12.3に示すようにオーバーハング形状の成形において，図（a）に示すオーバーハング部が，図（b）のとおり工程途中までつながっていないため，

12.2 各種アディティブマニュファクチャリング技術　　321

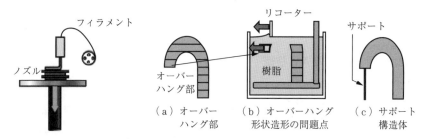

図 12.2　材料押出し法[4]　　図 12.3　オーバーハング形状作製のためのサポート材[4]

そこを支えるサポート（図（c））が必要となる．サポート材には，造形後容易に除去可能な水溶性のポリビニルアルコール（PVA）が用いられる．

12.2.3　粉末床溶融結合法

粉末床溶融結合法（powder bed fusion）は，図 12.4 に示すようにステージ上の粉末にレーザ光を照射し，溶融させて結合する方法[4]で，レーザ焼結法（laser sintering, LS 法，または selective laser sintering, SLS 法）とも呼ばれる．粉末材料としては金属・樹脂・セラミックスが用意されている．造形ステージ上にある樹脂粉末に赤外線レーザ（CO_2 レーザ）を照射し，粉末表面を溶融結合させる．ステージを 1 層分下げて粉末を供給し，照射・接合を繰り返して造形する．

図 12.5 に，粉末床溶融結合法（樹脂焼結法 SLS）を用いて，サポート材を

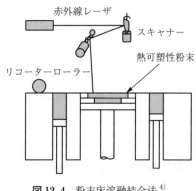

図 12.4　粉末床溶融結合法[4]

図 12.5　樹脂焼結法 SLS により作製されたインテークマニフォールド[5]

必要とせずに作製されたインテークマニフォールド示す[5]．

12.2.4 その他の AM 技術

〔1〕 **結合剤噴射法**（binder jetting）

石膏，耐火材，砂などを敷き詰めた粉末に対して，インクジェット方式で自硬性の接着材となるフラン樹脂を噴射して硬化させる．フェノール樹脂を結合材とした鋳造用砂型の製造[6]や中子の造形に用いられる[7]．石膏等にインクジェットにて着色することもできる．

〔2〕 **材料噴射法**（material jetting）

材料噴射法は，硬化性樹脂，熱可塑性樹脂等の液体状ものを，インクジェット方式で噴射し造形する．この場合，ただちに固化する必要がある．光硬化性樹脂の場合には，紫外線で硬化させることが一般的である．熱可塑性樹脂の場合には，急冷にて固化させる．

〔3〕 **指向性エネルギー堆積法**（directed energy deposition）

図 12.6 に金属系の指向性エネルギー堆積法積層造形装置の動作原理を示す．金属粉末を不活性ガスと一緒にノズルから噴射し，レーザ肉盛溶接技術を応用して，素地に溶融池を形成しつつ金属を堆積させて造形する[8]．

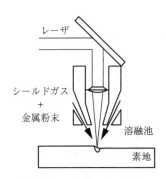

図 12.6 指向性エネルギー堆積法の原理[8]

〔4〕 **ハイブリッド型**

金属系レーザ焼結法（LS 法）に切削装置を加えたハイブリッド型の加工装置が，国内の工作機械メーカーを中心に金属系積層造形装置として開発されている．図 12.7 にハイブリッド型の工程を示す[8]．造形・加工テーブルに金属粉末を数 μm ～数十 μm の厚さにリコーターで敷き詰め，レーザ照射にて溶融焼結させる．この作業を 10 層程度繰り返した後，工程途中で切削加工を行う．これら一連の工程を繰り返して所望の形状を造形する．

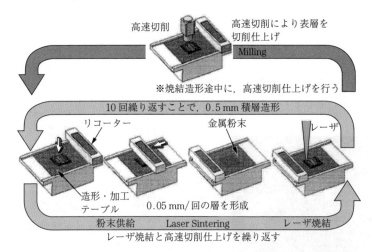

図 12.7 レーザ焼結による積層造形と切削のハイブリッド加工 [8]

12.3 CADデータによる造形設計 [9]

積層造形装置の制御システムで利用できるファイル形式には，STL，VRML，3DS，PLY，OBJ，AMF などがある [10]．**表 12.1** のとおり簡単に説明する．

表 12.1 ファイル形式とその特徴

ファイル形式（拡張子）	特　　徴
STL（.stl）	STL ファイルは，ほとんどの積層造形装置，3D スキャナなどの 3 次元計測装置で利用でき，アスキー形式とバイナリー形式がある．
VRML（.wrl）	インターネット上で仮想 3 次元空間を形成するための形式で，ファイル容量が大きくなる．
3DS（.3ds/.max）	Autodesk 社の 3D Studio（3D Max）のファイル形式である．
PLY（.ply）	3D スキャナ用のファイルで，アスキー形式とバイナリー形式がある．
OBJ（.obj）	3D-コンピュータグラフィクス系のポリゴンファイル形式である．
AMF（.amf）	アディティブマニュファクチャリングとして ASTM，ISO で提案されているファイル形式で，複数の材料も同一ファイルで扱える．
IGES（.iges/.igs）	3D-CAD の代表的な中間ファイル形式である．
SEP（.stp/.step）	製品データとソフトウェア間のデータ交換のための形式である．
DXF（.dxf）	Autodesk 社の AutoCAD で使われているファイル形式である．

12.4 応用事例

12.4.1 企画設計の模型としての利用

光造形法が開発された当初は，形状確認のための模型試作に用いられた．紫外線硬化樹脂が透明であることを利用し，形状確認，干渉チェック，デザイン確認に用いられた．ガスタービン開発において，開発期間短縮のため3Dプリンター部品を代替として，気流・流量試験等の性能試験を行うことが可能であった[11]．

図 12.8　光造形法によるファン[5]

図 12.8 に 3D Systems 社の光造形で作製されたファンを示す[5]．

12.4.2 鋳造への応用

ターボチャージャーハウジングの鋳造において，従来の木型模型を使う方法に比べて，3Dプリンターを利用した場合は初品鋳造品のリードタイムが 1/5 の 2 日間に短縮された[7]．1990 年代半ばより，GE 社，ロールスロイス社で航空機用ジェットエンジン部品への AM の応用について研究開発がなされた．部品に中空部分を形成することにより，軽量化とともに冷却気体の流路を実現できることは大きなメリットである．

図 12.9 に AVIO AERO 社の航空機用ジェットエンジンの TiAl 製タービンブレードを示す[12]．現在，GE 等の航空機ジェットエンジンメーカーでは，業界全体で数百台以上の金属系積層造形装置を用いて複雑形状を有するジェットエンジン部品を量産して

図 12.9　AVIO AERO 社の TiAl タービンブレード[12]
（AVIO AERO 社提供）

いる．航空機部品製造における積層造形装置の利用は，欧米では日本に比べ20年先行しているとも言われている．そのため，積層造形用金属粉末の供給において差が生じているようである．国内製の金属系積層造形装置では，メーカーごとに専用の金属粉末を使用するよう求められることが多い．

12.4.3 金型への応用

レーザ焼結による積層造形後に，高速切削工具により積層高さを高精度に切削する．図12.10に，金属積層造形切削加工複合機で造形した射出成形用金型を示す．これにより従来52部品を組み立てたものが3部品に削減することができ，金属積層造形と切削加工の複合加工機を用いて一体加工し，375時間で仕上げることができた．その際，金型製造コストを最大61％削減できたとの報告もある[13]．

この方法によると，例えば射出成形用金型の水冷管も3次元的に配置することができ，射出成形品の寸法精度向上と成形サイクルタイムの削減が期待される[13]．

図12.11のように複雑なパターンを有するタイヤ成形金型の場合，他の加工方法では困難とされる複雑形状も一体成形できる[12]．

図12.10 金属積層造形切削加工複合機によるハーネス金型[13]

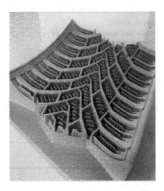

図12.11 タイヤ成形金型[12]

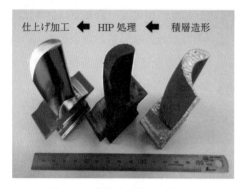

図 12.12 積層造形後 HIP 処理を行ったタービンブレード[9]

なお，金属積層造形法では開孔や閉塞空孔が発生しやすいという課題がある．そこで，熱処理工程においてHIP（熱間静水圧プレス加工）処理により内部欠陥を除去し，通常材料と同等程度まで耐久性を改善した事例を**図 12.12**に示す[9]．

12.4.4 医療への応用

シリコーンゴムやソフトゲル等，軟質素材による施術シミュレーション用の臓器[14]や，人工骨を3次元積層造形機により作製する事例が報告されている[14]．また金属粉末焼結積層造形で造られた金属補綴(ほてい)を**図 12.13**に示す[5]．

材料としては歯科用の Co-Cr 合金，チタン合金，他にアルミナ等のセラミックス粉末も用いられている[5]．

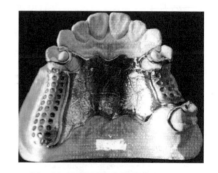

図 12.13 金属粉末焼結積層造形法で作製された金属補綴[5]

経済産業省・国立研究開発法人日本医療研究開発機構が開発を進めている積層造形医療機器開発ガイドライン 2015（総論）[15]には，応用開発のイメージが示されている．

図 12.14 に示すように，人工骨頭等と筋肉組織細胞の接合を促進する患者に合わせたオーダーメイドの積層造形パーツの作製があげられている[15]．

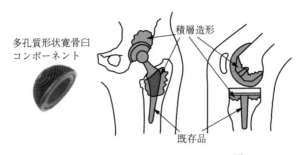

図 12.14　医用材料への応用イメージ[15]

12.5　今後のアディティブマニュファクチャリング

　2013 年の元オバマ米国大統領の一般教書演説に，3D プリンターによる新産業育成が課題となったことで空前の 3D プリンターブームが到来し，通常プリンターのように各家庭・各オフィスに 3D プリンターがあり，製造メーカーではなく消費者が直接生産することが期待された．しかし，溶融押出し法による 3D プリンターは安価になったが，設計することの大変さを消費者が理解するにつれ，このブームは低下した．

　一方，医療機器等のオーダーメイド分野では，医師が設計製造できる装置として積層造形装置は不可欠な存在となってきている．また航空機エンジン部品のような複雑形状部品については，積層造形装置の課題である造形厚さ・速度の遅さに対して，装置を多数配置することで解決する方法が普及しつつある．

　さらに安価な FDM 方式の 3D プリンターを，設計部門，製造部門，企画部門，サービス部門に配置[6]することで，図面や 3D-CG の仮想現実では味わえない，現実感・現物感のある積層造形物を手で触れながら各セクションで仕事ができる．このメリットは大きく，企画・製品設計・製造のプロセスを，よりエンドユーザーに近づけることができる．さらに，3D-データがあれば，いつでもどこでも製作が可能であるという特徴も IoT 時代に適合している．今後の積層造形装置の速度アップが期待される[16],[17]．

引用・参考文献

1) 小玉秀男，特許出願（昭 55-48210）「立体図形作成装置」，(1980).
2) 竹澤晃弘：第 317 回塑性加工シンポジウム，アディティブマニュファクチャリング技術の最前線，(2016)，23-30.
3) Standard Terminology for Additive Manufacturing Technologies, ASTM Standard F2792-12a, (2012).
4) 新野俊樹：Additive Manufacturing 現状と可能性，日本機械学会誌，118-1，(2015)，12-17.
5) 春日都寿利：第 317 回塑性加工シンポジウム，アディティブマニュファクチャリング技術の最前線，(2016)，7-12.
6) http://www.dic-global.com/ja/release/2016/20161226_01.html (2017).
7) 小岩井修二：鋳造技術と AM 技術（砂型鋳造のポテンシャル），日本機械学会誌，118-1，(2015)，18-21.
8) 緑川哲史：第 317 回塑性加工シンポジウム，アディティブマニュファクチャリング技術の最前線，(2016)，13-17.
9) http://www.nikkan.co.jp/articles/view/00412320 (2017).
10) 東京都立産業技術研究センター編，3D プリンタによるプロトタイピング，(2014)，40-47，オーム社.
11) 原口英剛：三菱重工業における 3D プリンタ活用，日本機械学会誌，118-1，(2015)，40-41.
12) 木寺正晃：第 317 回塑性加工シンポジウム，アディティブマニュファクチャリング技術の最前線，(2016)，47-54.
13) 松本格：第 317 回塑性加工シンポジウム，アディティブマニュファクチャリング技術の最前線，(2016)，19-22.
14) 宮瑾・齊藤梓・古川英光：ソフト材料を自由造形する 3D ゲルプリンタ，日本機械学会誌，118-1，(2015)，37-39.
15) 日本医療研究開発機構，積層造形医療機器開発ガイドライン 2015（総論）.
16) 京極秀樹：第 317 回塑性加工シンポジウム，アディティブマニュファクチャリング技術の最前線，(2016)，1-6.
17) 牛島邦晴：AM 技術を応用した金属製三次元セル構造の作成方法，日本機械学会誌，118-1，(2015)，30-31.

13 接合技術の変遷

13.1 金属缶に関わる接合技術

　缶詰は長い歴史の中で広範囲な内容物に適用されるようになり，広く一般に普及してきた．金属缶に関わる接合・複合技術に求められる特性としては，清涼飲料や食品に多用されることから，密封性，耐食性，安全・衛生性などがあげられるが，さらに高速生産性，低コストが重要なポイントである．それらの向上のためにいくつもの新技術開発による変遷を経て今日に至っている．

13.1.1 金属缶の分類

　金属缶を構成で分類すると，図 13.1 のように胴と二つの蓋からなる 3 ピース缶と，側壁と底が一体成型の缶胴と一つの蓋からなる 2 ピース缶とがある．3 ピース缶の胴は長方形の板（ブランク）を円筒に丸めて対辺を接合する．接合部（サイドシーム）の接合方法によって，はんだ缶，接着缶，溶接缶の 3 種類がある．

図 13.1　3 ピース缶（左）と 2 ピース缶（右）

　2 ピース缶には，缶胴の成形方法により，絞り・再絞り缶（draw and redraw can, DR 缶）や，しごき加工で側壁を薄肉化して高い缶高さが得られる絞り・しごき缶（draw and wall ironing,

DI缶),衝撃押出し法によるインパクト缶(impact extrusion can)などがある.

13.1.2 3ピース缶における接合技術

〔1〕は ん だ 缶

サイドシームをはんだで接合している3ピース缶である.素材ははんだ付性に優れるブリキ(すずめっき鋼板)である.接合する両端部を折曲げて互いにかみ合わせ,その隙間に溶融したはんだを滲入させて,密封性と十分な接合強度を得る(図13.2).接合後のサイドシーム部は金属面が露出しているため,その箇所にスプレー塗装によりリペアコートが行われる.

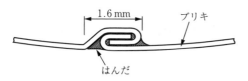

図13.2 はんだ缶サイドシーム部の断面

はんだ缶は最も古くからある3ピース缶で永く使われてきた歴史があるが,はんだが高価なこと,接合部に余計に素材が必要なこと,製缶速度がさほど速くならない等の欠点があり,しだいに他の製缶法に移行し,現在ではほぼなくなりつつある.

〔2〕接 着 缶

1950年代ごろすず資源の枯渇が危惧されるようになり,ブリキに代わる表面処理鋼板の開発が米国および日本で行われた.1961年に"すずを使わないブリキ"として電解クロム酸処理鋼板(electrolytic chromium coated steel, ECCS, 別称 tin free steel, TFS)が世界に先駆けて日本で工業化された.このECCS(図13.3)はブリキと同じ鋼材の原板に,下層が50〜150 mg/m^{2}の金属クロム層,上層が5〜35 mg/m^{2}のクロム水和酸化物層から成る2層皮膜を形成した表面処

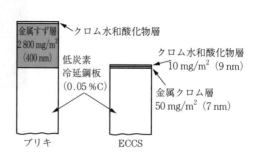

図13.3 表面処理鋼板の皮膜構造の例[1]

理鋼板である[1]．

ECCSは，はんだ付けができず，優れた溶接法の開発も困難を極めていた．しかし，その表面皮膜は有機塗膜との接着力が著しく高いという特徴から，サイドシームの接合方法として有機接着剤による接着法の開発が進められた．その結果1970年以降，工業的に成功したのは接着剤としてナイロンテープを用いる方式の接着缶であった．**図13.4**はその接合部の断面図である．

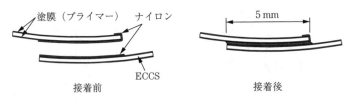

図13.4 接着缶サイドシーム部の断面

まず平板の状態で接合する両方の端部の塗膜面にそれぞれ接着剤となるナイロンのテープを仮接着しておく．このとき内面に位置する側はテープをエッジで折り返して貼りつけることで内面のリペアコートの省略を可能にしている．つぎにブランクを丸めて接合部を高周波誘導加熱で昇温し，重ねて冷却バーで加圧することで，ナイロン接着剤どうしが融着する．ついで接着剤を急冷・固化して接着は完了する．

この接合では，ポリマーのセグメント拡散が生じて接着剤どうしがきわめて短時間に一体化することが高速生産のうえで重要である．後の生産技術の向上によって1ヘッドで毎分1000缶に達する高速製缶が可能になった．

この接着缶はビール，炭酸飲料などのコールドパック専用の3ピース缶としてスタートしたが，後にECCSの皮膜の改良によってホットパック充てん，レトルト殺菌が可能となり，果汁，茶類，コーヒー等の飲料缶市場の伸張とともに生産数量を増やした．接着缶は日本で1970年から2006年までの間に種々の缶型で累計1400億缶あまり製造され[2]，製缶方法として一時代を築いた．

今日，接着缶が適用されていた多様な内容品は後述の溶接缶，TULC，あるいはDI缶に移行して，接着缶はその役目を終えている．

〔3〕溶　接　缶

　溶接缶の溶接方式は，スードロニック法と称するものが現在では主流であり世界的に普及している．丸めたブランクに対して内部と外部にそれぞれ電極ロールを配し，銅ワイヤを介して圧着・通電して抵抗溶接するものである．銅ワイヤが溶接するごとに繰り出されて移動することにより，溶接はつねに清浄な電極面により行われる（図 13.5）．

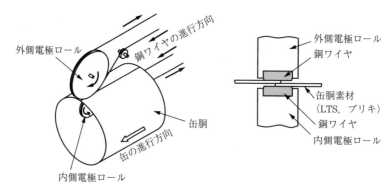

図 13.5　スードロニック溶接法の概略

　溶接缶用素材としては，初期にはブリキだったが，より安価なすず・ニッケルめっき鋼板や極薄すずめっき鋼板（lightly tin coated steel sheet，LTS）が開発され，今日これらが多く用いられている．溶接部およびその近傍は高熱により塗膜が破壊されているので，内外面ともリペアコートが行われる．

　現在の溶接缶の接合部は，オーバーラップ幅が 0.4 mm 程度，厚さは原板厚さの 1.5 倍程度とはんだ缶や接着缶と比較してかなり小さく（図 13.6），異

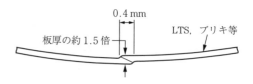

図 13.6　溶接缶サイドシームの断面

質な接合材を使用しないということもあり，ネックイン加工（口絞り加工）で大きな口絞り量をとることが比較的容易である．また缶胴をエキスパンド加工により拡径させたり，回転ロールを用いてくびれた形状を持たせたりするな

ど，意匠性を付与しやすい特性を生かした異形缶も製造されている．

13.1.3 複合材を素材とする2ピース缶

わが国で飲料缶詰が普及していく中で，1980年代には2ピース缶で使用材料が少ないDI缶が主流の一角となってきた．しかしDI缶のプロセスには，絞り・しごき加工に用いた加工油剤の脱脂洗浄で廃水が多く出ること，さらにその後に内外面に塗膜を形成するために大量の有機溶剤の使用と塗膜焼付けの燃焼ガスの排出があり，これらの環境負荷の低減が課題として認識されはじめた．

この課題を解決するためのベースとなる考えは，あらかじめ金属板に被覆を施した複合材を2ピース缶用素材として用いることであった．飲料缶に適用するにはより安価に製造することが望まれる．そのために缶胴側壁の薄肉化率を20〜50％に設定すると，素材から始まって缶胴が完成に至るまでの変形は，相当塑性ひずみとして最大350％を超えることが見積もられた．このような変形において被覆に損傷（亀裂，剥離など）を起こさない加工密着性を持つ複合材も，そのための成形法も未知であったことから新たな研究・開発が進められた．そして1991年にECCSの両面に共重合2軸延伸ポリエステルフィルムを接着したラミネート鋼板を素材として，側壁を薄肉化しながら絞り・再絞りを行う製缶法（TULC®）が日本で開発，実用化された（**図13.7**）．

ECCSとポリエステルフィルムのラミネートは，フィルムの融点（T_m）以上に加熱したECCSの両面から供給されるフィルムを，T_m以下に冷却さ

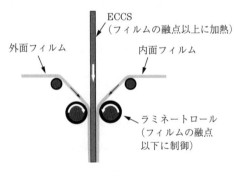

図13.7 TULC®用ラミネート装置の主要部分の概略

れたラミネートロールで圧着することにより行われる．このとき，フィルムの厚さ方向には大きな特性の違いが生じることになる．すなわち，ECCSに接触

した側は溶融して表面処理皮膜に強固に接着すると同時に2軸配向は崩れて無延伸状態になる（メルト層）．一方，ラミネートロールに接触した側の温度はフィルムの融点以下にとどまるため，配向を残した状態を維持する（配向層）．

図13.8にラミネート材の断面構造を示す．このようにして作られたラミネート材は，成形加工時にメルト層が柔軟性を維持しつつ強固に金属に接着して，成形完了まで加工密着性を発揮するとともに，配向層は成形後の缶において高い耐食性と耐衝撃性をもたらす．なお，フィルムに共重合ポリエステルを用いているのは，塑性加工の過程で樹脂が結晶化するのを抑制して，フィルムの亀裂や剥離を防ぐためである．

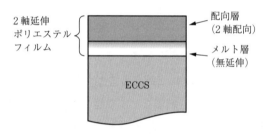

図13.8 ラミネート材の断面構造

TULCはストレッチドローアイアニング（stretch draw ironing）という，それまでにない成形技術を用いている．この方法は絞り・再絞り成形法をベースとして，再絞りの過程で曲げ・曲げ戻し変形の際に被加工材に板厚減少を生じさせ，さらにしごき加工を付加して均一薄肉化を図るというものである．ラミネートフィルムとしごき工具との間の摩擦特性によってドライ成形が可能となった．TULCの製缶システムは加工油剤の脱脂洗浄工程が不要で，固形廃棄物の排出がない等，著しい環境負荷低減が実現されている[3]．今日コーヒー飲料等を中心に広範囲の内容品に適用されている．

スチール缶であるTULCの思想をアルミ缶に展開したものがaTULCで，2001年に実用化された[4]．アルミ合金の基材は接着特性や熱容量がECCSと異なるため，aTULC用のラミネート材製造システムでは，フィルムの代りに

溶融状態のポリエステル樹脂をTダイから膜状に押し出してラミネートロールで圧着する方式がとられている．

13.1.4 缶蓋における接合技術

かつては缶詰を開けるために缶切が必要だったが，1960年代にイージーオープン蓋（EO蓋）が登場し，今日ではほとんどの缶詰が単体で開封可能なEO蓋が使われている．開封方式にはさまざまな形態があるが，共通しているのは缶蓋上にある開封用のつまみ（タブ，tab）を操作して，直近に形成してあるスコア（切り込み線）から破断を生じさせ，さらに切り裂きを継続して開口するということである．

このタブの接合は，別部材のリベット（鋲材）などを用いているわけではなく，蓋のパネル面の一部に張出し加工ならびにコイニング加工を組み合わせて施し，突出した"リベット部"を形成し，タブにあけられた孔に通してかしめることで完成する（**図13.9**）．したがって蓋には貫通する箇所がなく，密封性が維持される．

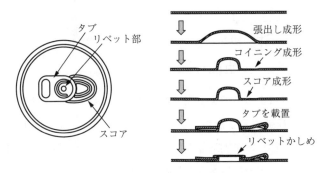

図13.9 缶蓋とタブの接合

EO蓋の素材は，リベット部の成形ならびにかしめ加工で亀裂を生じない，十分な延性とスコアの切り裂き性，耐食性，容器強度，等さまざまな条件を満たす必要があり，日本では5000系アルミ合金（Al-Mg系）が多く使われている．また，この接合の過程で表面の塗膜にも亀裂や剥離が生じない高い加工密

着性を持つ塗料を選択して，多くの場合リペアコートが不要となっている．

タブの接合はプレス金型内でごく短時間に行うことが可能で，蓋のリベット部とタブ本体をともに成形しながら接合するまでを，1台で1800枚/分以上の速度で行う高速製蓋プレスが稼働している．

13.1.5 二重巻締法[5]

金属缶の缶胴に蓋を取り付ける際には通常，二重巻締(まきしめ)（double seam）によって接合される．二重巻締は1897年に米国で完成された方法だが，その基本形態は現在においてもほとんど変わっていない．巻締を行う装置がシーマー（seamer）で，その操作を行う部分を図13.10に示す．

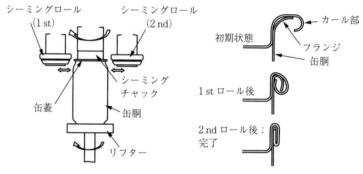

図13.10 二 重 巻 締[5]

リフターの上昇によって蓋を缶胴に押さえつけるシーミングチャックと，蓋の外周に沿って転動する2種類のシーミングロール（1st, 2nd）によって，蓋の周囲（カール部）と缶胴端部のフランジを重ねて巻き込む塑性加工により圧着する．カール部内面にはあらかじめシーリングコンパウンドが塗布されており，巻き締め後のカール部とフランジとの間の隙間を満たすように介在して，充てん後に缶詰内部に生じる陰圧にも陽圧にも耐える高い密封状態をつくる．

この接合方法は，缶を高速回転させ1秒ほどで完了できる．高速の充てん・巻締機では，複数ヘッドにより毎分2000缶以上の缶入り飲料が製造される．

13.2 ク ラ ッ ド 材

13.2.1 金属/樹脂複合材料

近年，燃費効率の向上を目標とする自動車，航空機など移動体の「軽量化」の要請がますます高まっている．

エンジニアリングプラスチックス，炭素繊維強化複合材料（CFRP）やアルミニウム，高張力鋼，超高張力鋼などを自動車部品の適材適所に配置することで車両の軽量化を図る"マルチマテリアル化"の潮流が欧州から日本へも波及し，そのキーテクノロジーとなる「異種材料との接合技術」の開発についても不可避・不可欠であることが強く認識されるようになった．

このような中，さらなる軽量化効果が期待可能な"金属/樹脂複合材料"についても見直され，さまざまな試みがなされている．

国連気候変動枠組条約（パリ協定）発効，排ガス・燃費規制など世界規模の環境規制強化，燃費不正問題などを背景にしたエンジン車から EV（電気自動車）へのシフトなど，"時代の要請"への対応が迫られている[6)~10)]．

〔1〕 従 来 技 術

従来の金属/樹脂複合材料は大別して，（a）ラミネート化粧金属板，（b）金属/樹脂サンドイッチ板の2種類がある．いずれも，表皮金属層，樹脂層の種類，厚み，および機械特性，樹脂/金属間の接着界面特性など材料設計上の全体最適化により，さらなる軽量化，実用特性，および量産性の付与が可能である[11)]．

（**a**）　**ラミネート化粧金属板**　ラミネート化粧金属板は，意匠性，機能性を兼ね備えた樹脂フィルムを種々の金属板（厚さ：約 0.15 ～ 1.6 mm）の，片面または両面に積層させた複合材料である．その代表的な実用化例としては，樹脂フィルム積層鋼板（**図 13.11**）や樹脂フィルム積層アルミニウム板（**図 13.12**）がある．これらは，内装材や照明器具，インバータケース，コンデンサケースなど多くの分野に展開され，樹脂フィルム層により反射性，防汚性，絶縁性などの機能付与，深絞りやヘミング曲げなどの塑性加工が可能である[12)]．

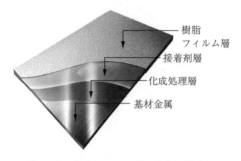
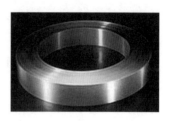

図13.11 樹脂フィルム積層鋼板の積層構成例「商品名ヒシメタル™」(出典：三菱ケミカル社)[12]

図13.12 樹脂フィルム積層アルミニウム板（ロール）「商品名アルセット™」(出典：三菱ケミカル社)[12]

（**b**） **金属/樹脂サンドイッチ板**　従来の金属/樹脂サンドイッチ板は，ソリッド樹脂（無発泡），発泡樹脂，樹脂製ハニカムなどをコア層として，その両面に表皮金属板を積層したものであり，代表的な実用化例としては，① 建材用サンドイッチ板，② 制振鋼板，などがある．

① **建材用サンドイッチ板**　建材用サンドイッチ板については，1970年代初頭から製品化が始まり，今日に至っている．表面にアルミニウムや鋼板，ステンレスなどを，心材に樹脂を使用した3層構造からなる金属/樹脂サンドイッチ板（**図13.13**）であり，現在では世界各国で使用される建材となっている．サンドイッチ構造に由来する軽量性・高剛性に加え，表皮層，コア層の組

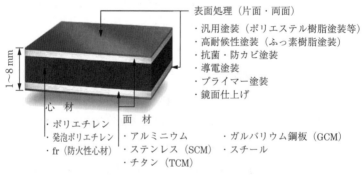

図13.13 建材用サンドイッチ板の積層構成「商品名アルポリック™」(出典：三菱ケミカル社)[12]

合せ構成により,さまざまな意匠・機能特性を発揮する.

平滑性,加工性,耐久性,耐衝撃性,防火性,断熱性・遮音性・振動減衰性,光触媒機能によるセルフクリーニング性などの機能付与が可能である.併せて,意匠・塗装品質,保守・経済性,リサイクル性,安定した品質を兼ね備えている[12].近年では軽量・高剛性・難燃・高外観などの特性を生かして,大画面ディスプレイ筐体など,建材以外の幅広い用途にも展開されている.

これら建材用サンドイッチ板は,軽量・高剛性化が第一の目的であるため,断面二次モーメントの向上を図るために,用途に応じて,金属層と樹脂コア層を含む総厚みは1〜8 mmと厚いものが適用されている.このため,加工性については,深絞りなどの塑性加工はできないが,曲率の大きなR曲げ,切断,裁断,および接着剤やリベットを用いた接合が可能である.この建材用サンドイッチ板のリベットを用いた接合については,つぎのa),b)の2通りの方法が例示される.

a) 貫通リベットによる接合　貫通リベットは,一方向から作業できる接合方法である（**図13.14（a）**）.

b) 非貫通リベットによる接合　非貫通リベットは,建材用サンドイッチ板の心材中でシェルの爪が開く構造（図（b））となっている.建材用サン

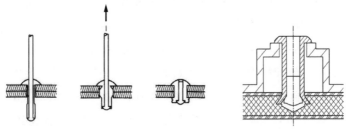

図 13.14　建材用サンドイッチ板の接合方法例
　　　　　（出典：三菱ケミカル社）

ドイッチ板と被締結材（アルミ型材など）とを強固に締結するためには，シェル頭部と爪の間に適度な厚みを有する「台座」が必要となる．

② **制振鋼板**　　制振鋼板は1980年代に研究開発が活発化し，1990年代に実用化に至ったもので，表皮鋼板と粘弾性樹脂コア層からなるサンドイッチ材である．塑性加工性，溶接性などとの兼ね合いから，樹脂コア層は約50 μm程度の薄いものが適用されている．その制振特性を活用し，オイルパン，エンジンカバー，モーターカバーなどの各種防音，防振カバーが実用化されてきた[13),14)]．

この制振鋼板は，樹脂コア層が介在するために無垢の鋼板に比較して塑性加工性はやや劣るものの，鋼板と同様の曲げ加工，深絞り加工，打抜き加工や抵抗溶接やアーク溶接が可能である[15)]．近年の樹脂・金属代替により，主要用途であった洗濯機外板需要が減少，その生産・供給体制が見直されつつある．

〔2〕　**近年の開発動向**

日本における"ものづくり"は，金属分野では板金プレス，樹脂分野においては射出成形の文化である．戦後の歴史的経緯を背景に繊維強化樹脂複合材料は，その材料コストが高価であることに加え，専用の成形設備の導入が必要なため，過去半世紀近くにわたり普及してこなかった．

しかしながら，近年注目されている炭素繊維強化熱可塑性樹脂複合材料は，軽量化に対する強い社会的要請を背景に，コスト採算性，量産性，リサイクル性など数多くの課題があるものの，軽量性・剛性・強度，形状設計の自由度を活用しながら，その改良開発が勢力的に進められている．一方，金属/樹脂複合材料はこの対極に位置し，（a）冷間塑性加工可能な軽量化・金属/樹脂サンドイッチ板，（b）金属/樹脂一体化成形部品など，近年の開発動向が興味深い．

（**a**）　**冷間塑性加工可能な軽量化・金属/樹脂サンドイッチ板**　　近年，欧州では軽量化構造部材向けに板金加工と同等の優れた量産性，コスト，性能，リサイクル性をベンチマークとした"冷間塑性加工可能な軽量化・金属/樹脂サンドイッチ板"の研究開発が進められている．前述の制振鋼板からすれば，

まさに「温故知新」的な位置づけにある。

表13.1は板金をベンチマークに，繊維強化樹脂複合材料，金属/樹脂複合サンドイッチ板など各種材料について，現時点での量産性・コスト・性能・リサイクル性など，これらの材料が有するパフォーマンスを4段階評価，比較したものである．冷間塑性加工性が付与された金属/樹脂サンドイッチ板のパフォーマンスは，繊維強化樹脂複合材と板金との特性差異を補完し得るものであり，マルチマテリアル化に向けた寄与が期待できる．

表13.1 各種材料のパフォーマンスの比較

材　料	板　金 (金属材)	繊維強化 熱硬化性樹脂	繊維強化 熱可塑性樹脂	金属/樹脂 サンドイッチ板
量産性 ・成形サイクル ・形状設計の自由度	◎ △	×〜△ ×〜○	△〜○ △〜◎	○〜◎ △
コスト ・材料費 ・後加工費 ・塗装費 ・試作時金型費 ・既存設備利用の可否	◎ ◎ ◎ ◎ ◎	×〜△ × ×〜△ ◎ ×〜△	×〜○ × × × ×〜△	○ ○ ○ ◎ ○〜◎
性能（軽量性・剛性・強度など）	×〜○	◎	○	○〜◎
リサイクル性	◎	×	△	

① 金属/樹脂サンドイッチ板の軽量性について　　金属/樹脂サンドイッチ板の軽量性のポテンシャルは，層構成にもよるがマグネシウム合金と同等以上である（**図13.15**）．これは，鋼材と等価剛性とした場合の比曲げ弾性率を基軸に鋼材を100%として，代表的な自動車用各種素材について，軽量化の比率を試算，比較したものである．

この軽量化・金属/樹脂サンドイッチ板に冷間塑性加工性を付与するためには，以下の設計

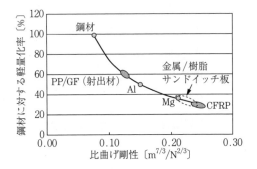

図13.15 自動車用各種素材の軽量性の比較

指針を踏まえる必要があり，さまざまな試みがなされている．

②　冷間塑性加工性付与軽量化・金属／樹脂サンドイッチ板の材料設計指針

金属／樹脂サンドイッチ板の曲げ剛性 D は，下記の近似式（13.1）で概算可能であり，金属層が樹脂コア層に比べ薄い場合には，金属層の曲げ弾性率と厚み，金属層と樹脂コア層を含めた総厚みで決まり，樹脂コア層の曲げ弾性率の寄与はわずかである[16]．

$$D = \frac{1}{2} \left\{ E_m \cdot t_m \cdot (t_m + t_c)^2 \right\} \tag{13.1}$$

D：曲げ剛性，E_m：金属層の曲げ弾性率，t_m：金属層の厚み，t_c：樹脂コア層の厚み

一方，金属／樹脂サンドイッチ板の曲げ強度，引張強度，耐衝撃強度，塑性加工性などの機械特性は，表皮金属の種類，厚みにもよるが，表皮金属層が薄くなるにつれて樹脂コア層の機械特性が少なからず支配的となってくる[11),17),18)]．

したがって，冷間塑性加工が可能な軽量化・金属／樹脂サンドイッチ板の設計指針として，実用性能を踏まえながら下記 1）〜 4）について考慮する必要があり，とくに下記 4）の特性を有する樹脂コア層の選択が鍵となる．

1）　表皮金属層にできるだけ比弾性率および引張強度，引張伸びの高い金属を適用する．

2）　表皮金属層の厚みをできるだけ薄くしながら，サンドイッチ剛性が最大になる表皮金属および樹脂コア層厚みを選定する．

3）　表皮金属層と樹脂コア層での凝集（母材）破壊が起こる十分な剥離強度を確保する．

4）　樹脂コア層の機械特性として，圧縮では降伏しやすく，引張りでは降伏し難い材料を選定する[19]．

③　冷間塑性加工性を有する軽量化・金属／樹脂サンドイッチ板の開発事例

樹脂コア層にポリカーボネート樹脂（厚さ：0.5 mm）を，表皮金属層に大気中で加熱酸化処理したチタン板（厚さ：0.2 〜 0.3 mm）を適用し，これらを単に重ねた状態で冷間深絞りプレス成形をすることで，樹脂コア層と表皮

金属層とが接合されたサンドイッチ成形体が得られることが確認されている（**図13.16**）．ここでは樹脂/金属層間の事前接着や接合は一切行っておらず，金型や設備コストの低減，および量産性の向上が期待できる[20]．

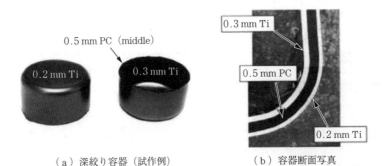

(a) 深絞り容器（試作例）　　(b) 容器断面写真

図13.16 チタン樹脂サンドイッチ板の深絞り加工（出典：兵庫県立大学）[20]

欧州では，表皮金属層に鋼板（厚さ：外板用；0.2〜0.25 mm，内板用；0.2〜0.5 mm）を，樹脂コア層に特殊な熱可塑性樹脂コンパウンド材（比重約1 g/cm^3，厚さ0.3〜1.0 mm）を適用し，**図13.17**（a）に示す冷間加工可能な金属/樹脂サンドイッチ鋼板（以下，開発材と記載）による自動車部品の実用化検討が進められている．部品用途としては，フード，ルーフ，ドア等の外板部品，およびフロアパネルやダッシュボード，リーンフォースメント，ファスナー，ブラケット等の内板部品等が想定されている（図（b））．

この開発材は，表皮金属層の鋼板，および樹脂コア層の種類，厚みにもよるが，等価剛性の鋼板に対して20〜50％の軽量化，冷間塑性加工（図（c）），ならびに鉄と同様のリサイクルプロセスの適用が可能である．

さらに，本開発材は抵抗スポット溶接性（図（d））についても確認されている．実用性を踏まえて模擬的に試行された代表例ではあるが，本開発材と被接合材（相手材）とが下記1）〜4）に示した配置の組合せによる接合例においても実証されており，実際にはわずかな条件変更のみで抵抗スポット溶接が可能である．これにより，開発材からなる部品と，その周辺の被接合材の対象となり得る一般鋼板製部品，あるいはdual phase鋼（以下，DP鋼と記載），

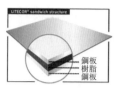

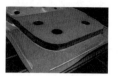

（a）金属/樹脂サンドイッチ鋼板の構成　　（b）想定される自動車部品用途　　（c）深絞りの加工

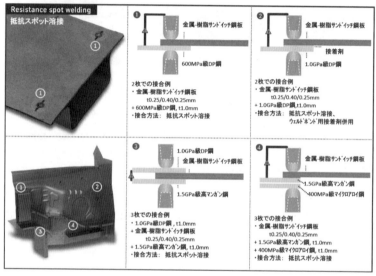

（d）溶接方法（抵抗スポット溶接の代表例）

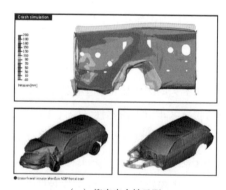

（e）衝突安全性予測

図13.17　冷間塑性加工（深絞り）可能な自動車外板用金属/樹脂サンドイッチ鋼板「商品名 litecor®」（出典：独 thyssenkrupp 社）

熱間プレス用鋼等の高張力鋼板製部品（例えば，トンネル，Aピラー，ファイアウォールクロスメンバー，補強材等）との接合に適用可能である．

1） 開発材と600 MPa級DP鋼とを直接接合．

2） 開発材と1.0 GPa級DP鋼とを接合する際に，ウェルドボンド用接着剤を併用して接合．

3） 開発材を1.0 GPa級DP鋼と1.5 GPa級高マンガン鋼の間に挟み，同時に接合．

4） 開発材と400 MPa級マイクロアロイ鋼の間に，1.5 GPa級高マンガン鋼を配置するように積層し，同時に接合．

また，ボルト締結やレーザ溶接などの接合方法については，本開発材の樹脂コア層の座屈強度，クリープ変形，耐熱性などにより，課題を残すとしている．なお，衝突安全性（図13.17（e））についても確認されており[21]，軽量性と生産性，実用性を兼ね備えた材料への進展が期待される．

一方，日本ではさらなる軽量化に向けて，表皮金属層にアルミニウムを用いたサンドイッチ板が提案されている．表皮金属層にアルミニウム板（厚さ：0.15 mm）を，樹脂コア層にポリプロピレン系樹脂を適用したサンドイッチ板を冷間プレス成形後に樹脂コア層を加熱発泡させることで，等価剛性の鋼板に比較して80％の軽量化を実現している．ただし，樹脂コア層の影響のため，溶接，ボルト締結などに課題があるとしている[22]．

（b） 金属／樹脂一体化成形部品　樹脂／金属一体化成形部品は，樹脂成形時にあらかじめ成形された金属部品を用いてインサート成形し，金属と樹脂の物性，加工性など相互補完した部品を成形するものであり，さまざまな接合手法が提案されている[23]．一体化手法としては，大別して下記の ① リブ・ボス形成，② サンドイッチ構造，閉断面構造の形成の二つの方法があり，金属／樹脂複合板に比べて形状設計の自由度が高い．

① リブ・ボス形成　射出成形または熱プレス成形時に，金型内に配置された押出加工や板金プレス加工された金属製部品を基材として樹脂成形（裏打ち）により，金属製部品で製品剛性を確保しながら，リブ，ボスなど通常の金

属加工ではコストアップとなる複雑形状部（3次元形状部）を，樹脂の加工特性を活用して形成する手法（インサート成形）である．

② **サンドイッチ構造，閉断面構造の形成**　断面2次モーメントの向上を目的に，金型内に配置された金属製部品と射出成形または熱プレス成形による樹脂コア層形成により，サンドイッチ構造や閉断面構造を形成することで軽量・高剛性な部品を得る手法である．

13.2.2　金属/樹脂複合材料の接合法

〔1〕　**金属と樹脂の接合法**

金属層と樹脂層の接合法は大別して，（a）各種表面処理によりアンカー構造を形成する方法，（b）化学的修飾反応により親和性を高める方法がある．その他，これらの方法に加えて，熱硬化性，光硬化性など，反応性接着剤や熱可塑性接着フィルムなどを併用する方法などがあげられる．金属と樹脂の組合せ，被着面積，製造プロセス，加工プロセスに応じてこれらの接合法を選択することで，金属/樹脂複合板や金属/樹脂一体化成形品への適用が可能である．

（**a**）　**各種表面処理によりアンカー構造を形成する方法**　　各種表面処理としては，① ウェットプロセス（化学エッチング，陽極酸化など），② ドライプロセス（レーザ照射，ブラストなど）の表面処理があげられる．これらの手法により金属表面に微細な多孔質構造によるアンカー構造を形成し，金属・樹脂界面の比表面積の増大と形状効果により物理的に接合強度を向上するものであり，近年活発に技術開発が行われている．

① **ウェットプロセス**　　あらかじめアルカリ処理，酸処理後にヒドラジン水溶液に浸漬することで，表面に孔サイズ $20 \sim 50\,nm$ の微細多孔質膜（ディンプル）を形成（**図13.18**）した金属製部品や金属板を射出インサート成形し，樹脂と一体化（**図13.19**）することで，高い接合強度（$40\,MPa$ 以上），優れた耐高温高湿性，耐サーマルショック性能を有する金属/樹脂一体化部品が製造可能である．すでに ECU カバー，パソコン，モバイルフォンの筐体などの用途に展開，実用化に至っている．

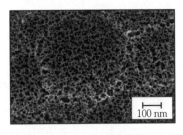
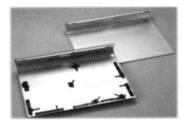

図13.18 ヒドラジン水溶液浸漬処理後のアルミニウム表面（SEM像）[24]

図13.19 プロジェクターのトップカバー[24]

　また，金型キャビティ内に並行に配置されたウェットプロセスを適用した2枚のアルミ製板金部品（厚さ：0.25 mm）の隙間（4 mm）に超臨界発泡成形により樹脂を注入，PP発泡樹脂コア層（厚さ：4 mm）とするサンドイッチ構造を形成させた自動車シート用のサイドフレーム（**図13.20**）が提案されている．これにより，鋼板製部品（等価剛性厚み：1.6 mm）に対して70％の軽量化を実現している[24]．

図13.20 サイドフレーム（試作品）（出典：大成プラス社）[24]

　このほか，アルカリ性電解液中で交流電解処理により，複雑な樹枝状の多孔質構造（孔径：10〜30 nm，厚み：100〜300 nm）を有する酸化皮膜をアルミニウム表面に形成することで，従来の硫酸アルマイト処理やリン酸クロメート処理よりも，密着強度と湿熱耐性が向上し，高い信頼性を得ることが可能であることが報告されている[25]．この方法は大面積の表面処理に向いている．
　最近では，接着剤と水溶性樹脂からなる多相系熱硬化性樹脂を用いて，熱硬化反応により誘起される相分離（スピノーダル分解機構）を利用して，共連続

相を形成した後，水溶性樹脂を選択的に抽出することで，金属表面にアンカー層を形成する方法が提案されている．このアンカー効果により，金属と被着体の熱可塑性樹脂との接合強度が数倍向上することが確認されている[26]．

② **ドライプロセス**　レーザ照射により金属表面に種々の多様な断面構造を有する多孔質膜を形成した後に射出インサート成形することで，金属一体化成形部品を製造する方法が複数提案されている．これらは，金属表面に対して選択的にレーザ照射することで，樹脂との接合が必要な部位のみに表面処理が可能である．いずれも成形現場での表面処理が可能であり，高い接合強度を発現する．また，湿式処理のような廃液処理が不要となるなどの利点がある．

特殊な走査条件下で直接レーザ照射することで特異な3次元網目構造を金属表面に形成させ，これを金型内に配置して熱可塑性樹脂を射出インサート成形する（**図13.21**）[27]．

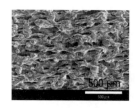
（a）レーザ照射表面図

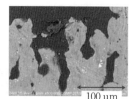
（b）レーザ照射接合部断面図

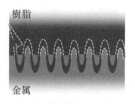
（c）ステッチアンカー概念図

図13.21　ステッチアンカーの構造（出典：ダイセルポリマー社）[27]

この特異構造内部に樹脂が入り込み，ステッチアンカー（縫込み構造）と呼ばれる"樹脂/金属界面"を形成，高い接合強度を発現する．本法は，熱可塑性/熱硬化性樹脂，ゴム，接着剤，溶射金属を問わず，被着体にほとんど制限がないことが特徴である．

また，レーザ照射によりチタンを主成分とした混合粉末を金属基材溶融部に投入し，燃焼合成反応させることで，金属基材上にポジティブアンカーと呼ばれる隆起微細構造を有する合金層を形成させる方法も提案されている（**図13.22**）．本法は射出成形はもちろんのこと，熱プレスのような低圧成形に適

13.2 クラッド材　　349

（a）表面形態　　　　　　　（b）樹脂/金属接合界面

図13.22　ポジティブアンカー構造（SEM画像）（出典：輝創社）[28]

用した場合でも高い接合強度を示す点においてユニークである[28].

（b）　化学的修飾反応により親和性を高める方法　　前述のアンカー効果のような物理的作用による接着・密着強度の向上方法のほか，金属と樹脂の両方に反応性を有する薬剤を用いて，金属表面に反応性被膜を形成する方法がある.

近年注目の方法は，トリアジンチオール系誘導体の薄膜を金属表面に形成し，接着剤を使用せずに金属と樹脂を接合する方法である.

トリアジンチオール系誘導体の研究の歴史は古く，1980年代より産学連携の共同研究が開始され，鋼板の防錆処理[29]やABS樹脂との接着メカニズム[30]，ニッケルとエポキシ接着剤との接着強度向上[31]に関する研究報告がある．最近では，金属のみならず，ガラスやセラミックスと樹脂との接合が可能であり，樹脂の種類についても，熱可塑性（結晶性・非晶性）/熱硬化性を問わない化学的接合技術が提案されている．レーザ溶着，射出インサート成形などに適用できる[32].

〔2〕　**金属/樹脂複合板の接合方法**

ラミネート化粧鋼板製部品の接合法では，相手材により接着，樹脂溶着，溶接など種々の方法を選択ができる．樹脂ラミネート層が熱可塑性樹脂の場合にはそのまま接着層として活用でき，基材の金属面を活用した溶接も可能である.

一方，金属/樹脂サンドイッチ板で造られた部品の接合は，樹脂コア層が介在するため接合方法に制約が生じる．リベットやボルトなどによる機械的締結

では，樹脂コア層のクリープや座屈強度の問題が生じやすく，締結面積をなるべく広く取る必要がある．したがって，樹脂コア層の材料設計においては，耐熱クリープ性や座屈強度を考慮する必要がある．このため，樹脂コア層への発熱によるダメージの抑制が期待できるファイバーレーザの適用や摩擦攪拌接合法（FSW）の適用など，新たな接合技術の開発が望まれる．

〔3〕 **欧米のマルチマテリアル化にみられる接合法について**

（**a**） **接着剤による接合**　マルチマテリアル化が先行している欧米の自動車メーカーは日本に比較して，車両組立時の異種材接合法として，接着技術を多用する傾向にある．

接着層により異種材料間界面における電食を抑制することが可能であり，接着投影面積の増加に伴い車両の捩れ剛性も向上する．また，溶接よりも接着剤とリベットとの併用のほうが，接合強度が高いという[33]．日本における接着剤技術の信頼性獲得，普及に向けて，接着のメカニズムの解析[34),35)]と実用評価上の長期信頼性との相関把握が重要である．

（**b**） **リベット・ファスナーによる接合**　欧米ではリベット・ファスナーと接着剤との併用により，自動車のみならず，航空，家電分野など幅広い分野で利用されている．すでに独，英，米国の大手自動車メーカー/OEMによりCFRP製部品やアルミニウム製部品への採用実績がある．

以下，最近の次世代エコカーの軽量化マルチマテリアルボデーの組立における，代表的な採用事例について3種類の方式を示す（**図13.23**）[36)]．

① **光硬化型接着方式ファスナー**（図（a））　光硬化型接着剤を用いる接合方式である．金属とCFRPなどさまざまな異種材料間との接合はもちろんのこと，樹脂層の影響を受けやすい金属/樹脂複合板の接合にも適用可能であり，光硬化型接着により，5秒未満でファスナーを形成することができる．

② **釘状タック打込み方式**（図（b））　下穴なしで，打込み速度40 ms/個で釘状タックを片側から打ち込むファスナーである．独Mercedes-Benz社「SL，GLA，C，E」，および米国Tesla社にて適用されている．

③ **セルフピアスリベット方式**（図（c））　下穴なしで，リベットを打ち

(a) 光硬化型接着方式ファスナー（対 CFRP）「商品名 NSERT®」　　(b) 釘状タック打込み方式（対 CFRP＋鋼材）「商品名 RIVTAC®」　　(c) セルフ・ピアス・リベット方式（対サンドイッチ材）「商品名 RIVSET HDX®」

図 13.23 欧州自動車メーカーにおける接合法（採用事例）（出典：独 BÖLLHOFF 社）[36]

込むファスナーであり，両側からのアクセスが可能である．近年，800 MPa 級の高張力鋼はもとより，1 600 MPa 級の超高張力鋼までもリベッテイングが可能となってきている．

13.2.3　非鉄系クラッド複合板

クラッド複合板としては，クラッドされる材料の位置に応じて全面（オーバーレイ），端部（エッジレイ）および面内（インレイ）に大別される．このうち，貴金属クラッド銅条で接点材料として多く利用されているエッジレイ，インレイは，冷間圧接法あるいはめっき法で製造されているが，貴金属使用量の低減のために近年はめっき法が主流になってきている．

ここでは，全面クラッドされている非鉄系クラッド複合板として，熱交換器，航空機材等に工業的に大量に利用されているアルミニウム基クラッド板材について概説する．

〔1〕　アルミニウム基クラッド複合板の製造工程

アルミニウム基クラッド複合材は，おもに熱間圧延法により製造されている．その製造工程を**図 13.24** に示す[37]．心材となる鋳塊（スラブ）に，最終のクラッド率に相当する厚板（皮材）を，両面あるいは片面に組みつけて熱間圧延圧接を行う．組みつけられた状態での厚みは 400 ～ 600 mm，幅は一般に 1 000 ～ 1 500 mm であり，航空機用では 2 500 mm 程度に及ぶこともある．ク

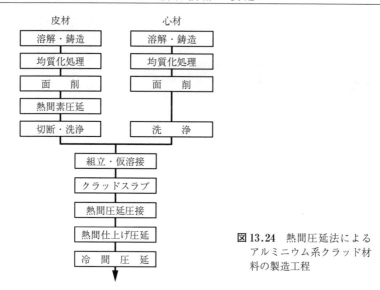

図 13.24 熱間圧延法によるアルミニウム系クラッド材料の製造工程

ラッド率は 1 ～ 25% と幅広いが，通常は 2 ～ 10% 程度のクラッド率が多い．

最近，スラブ鋳造時に直接クラッドスラブを製造する方法[38]が開発され，研究段階ではあるが薄板のクラッド鋳造も検討され始めている[39),40]．

〔2〕 熱交換器用クラッド材

ブレージングシートとも呼ばれている熱交換器用クラッド材は，自動車用・産業用エアコンのコンデンサーやエバポレーター，ラジエター，オイルクーラー等の自動車用熱交換器等に，国内では 5 000 トン / 月以上生産されており，アルミニウム板の主要な用途の一つである．

オゾン層破壊防止を目的に，エアコン用冷媒の脱フロン化の流れが加速し，冷媒として CFC12 から HFC134a に，さらに地球温暖化係数の小さな自然冷媒（CO_2，アンモニア，炭化水素等）への切替えが進んでいる．これら冷媒の変更に伴う熱交換器の設計変更や，熱交換器の小型化，軽量化への対応として，アルミニウム材料にも高強度，高耐食性が要求されてきた．板厚は 0.06 ～ 3.0 mm，クラッド率は 1 ～ 25% と幅広いが，通常は 8 ～ 12% が多い．

アルミニウム製熱交換器のおもな製造方法として，ノコロックろう付法（非腐食性フラックスを用いて，炉内に窒素ガスを導入してろう付を行う方法），

真空ろう付法（高真空中で酸素の供給をなくすことにより，アルミニウム材料表面の再酸化を防止してろう付する方法）等がある．**図13.25**にノコロックろう付法の模式図を示す．

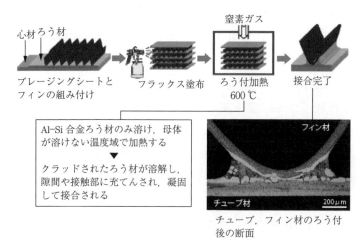

図13.25 ノコロックろう付法の概略模式図[42]

ブレージングシートに要求される特性として，① ろう付性（必要な部位にフィレット形成できること），② 耐食性（冷媒，冷却液通路のチューブが貫通しないこと），③ 耐サグ性（ろう付中に高温座屈しないこと），④ 強度（軽量薄肉化されても高強度であること），⑤ 熱伝導率（熱放散させるために，高熱伝導であること）などがある．

心材と皮材との組合せを**図13.26**に示す．ブレージングシートとしてクラッド板が利用されている理由は，おもにろう付性や耐食性の確保である．皮材には，心材よりも低融点のAl-Si系合金をろう材として，耐食性を確保するため

図13.26 クラッド材の代表的な種類

に Al-Zn 系合金を犠牲陽極材として用いる．

　犠牲陽極材とろう材とを片面ずつ合わせた材料の代表例は熱交換器のチューブ材であり，狭幅条の犠牲層側を内側にしてロールフォーミング加工し，高周波突合せ溶接によりパイプを扁平加工してラジエターチューブができあがる．最近の熱交換器の小型化・軽量化への対応として，チューブ材には押出し材も多用されてきている．

　ろう材（皮材）としては，7～13% の Si を含む Al-Si 系合金を用い，心材（Al-Mn 系合金）との融点差を 40℃ 以上としている．フラックスろう付ではおもに 4343，4045 が利用されている．真空ろう付法では，Mg の蒸発による酸化被膜の溶解あるいは除去を目的に，それらに 0.2～2% の Mg を添加した 4004，4005 あるいは 4N01 が使用されている．心材には，ある程度の強度が要求され，また溶融ろうによる溶解を少なくするために，比較的融点の高い 3000 系合金（Al-Mn 系合金）および 6000 系合金（Al-Mg-Si 系合金）の中でも Mg 添加量の少ない合金が利用されている[43]．

　アルミニウム合金ろう材およびブレージングシートに示されるその種類は非常に多く，ここでは JIS Z 3263（2002）[44]における記号の読み方を**図 13.27** に示す．実際には JIS 規格以外にも，顧客の要求に応じて使用材料や構成が新規開発されており，最近では 4 層クラッド材も実用化されている[44]．

図 13.27　JIS Z 3263 におけるブレージングシートの呼び方[44]

〔3〕 **航空機用クラッド材**[37]

心材の防食を目的として，犠牲陽極材を複合させたクラッド材を，米国アルミニウム協会規格ではアルクラッド材と称している（JIS 規格ではすべて「合せ材」で統一している）．代表的な材料としては，**表 13.2**[45] に示すようなアルクラッド 2024，アルクラッド 7075 があり，飛行機胴体の外板，フレーム，ストリンガー，尾翼の外板等に採用されている．

表 13.2 米国アルミニウム協会における合せ板の構成 [45]

種　　類	使用合金		皮材	種　　類	使用合金		皮材
	心材	皮材			心材	皮材	
2014 合金　合せ板	2014	6063	両面	7075 合金　7008 合金合せ板	7075	7008	両面
2219 合金　合せ板	2219	7072	両面	7475 合金　合せ板	7475	7072	両面
2024 合金　合せ板	2024	1230	両面	7178 合金　合せ板	7178	7072	両面
3003 合金　合せ板	3003	7072	両面	No.11　ブレージングシート	3003	4343	片面
3004 合金　合せ板	3004	7072	両面	No.12　ブレージングシート	3003	4343	両面
6061 合金　合せ板	6061	7072	両面	No.23　ブレージングシート	6951	4045	片面
7075 合金　合せ板	7075	7072	両面	No.24　ブレージングシート	6951	4045	両面
7075 合金　片面合せ板	7075	7072	片面	1100 合金　合せ板（反射板）	1100	1175	両面
7075 合金　2.5%合せ板	7075	7072	両面	3003 合金　合せ板（反射板）	3003	1175	両面
7075 合金　2.5%片面合せ板	7075	7072	片面				

〔4〕 **今 後 の 展 望**

クラッド材の特性向上に関する研究開発はいまでも数多くなされており，最近は耐食性の劣る Mg にアルミをクラッドした材料の開発，レーザを用いたクラッド技術に関する論文も増えている．しかし，クラッド材の応用事例が増えるにつれて，そのリサイクル性が課題といえる．材料の機能を向上させるためにクラッドされる異種材料をそのまま溶解した場合の成分は，当然ではあるが不純物が多く，既存の材料に直接は戻せず，純金属あるいはスクラップどうしによる希釈を行ってリサイクルされているのが実情である．

今後，自動車等への構造部材として異材接合によるマルチマテリアル化が進むと想定されるが，製品としてのリサイクル性に加えて部品，材料のリサイクルについての検討も必要と考える．

13.3 マイクロジョイニング

13.3.1 微小部品の接合

　半導体などの電子部品に代表される微小部品の組立や配線に，微細かつ高精密，高信頼性，高生産性の接合が多用されている．各種の接合が行われているが，総称してマイクロジョイニングと言われている．

　マイクロジョイニングはマイクロエレクトロニクスの分野で最も多く応用されており，特に半導体部品（パッケージ）において**図13.28**[46)]に示すように目覚ましく進展した．また，この分野は技術の陳腐化も早く，多岐にわたる接合技術があり日進月歩している．

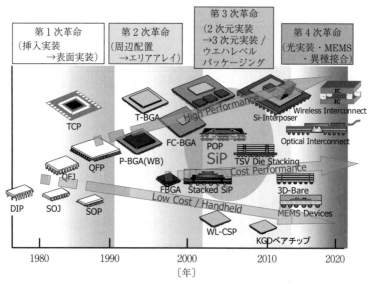

DIP：dual In-line package, SOJ：small out-line j-leaded package, SOP：small out-line package, QFJ：quad flat j-leaded package, QFP：quad flat package, TCP：tape carrier package, P-BGA (WB)：plastic-ball grid array (wire bonding), T-BGA：tape-BGA, FC-BGA：flip chip-BGA, FBGA：fine pitch-BGA, SiP：system in package, POP：package on package, TSV：through-silicon via, WL-CSP：wafer level-chip scale package, KGD：known good die

図13.28　半導体パッケージの変遷およびロードマップ[46)]

13.3.2 ワイヤボンディング

半導体素子の集積化は今日急速に進んでいるが，集積回路（IC）チップの入出力の方式は基本的には変っていない．チップの周辺に配置したボンディング電極を介してリードと結線する．ワイヤを用いて結線するものをワイヤボンディングという．この方法を模式的に**図 13.29**[47]に示す．接合の原理は，ワイヤの金属原子が母材に拡散して界面に連続的な原子構造を形成するものである．エネルギー源には，熱圧着や超音波が単独あるいは併用で用いられる．

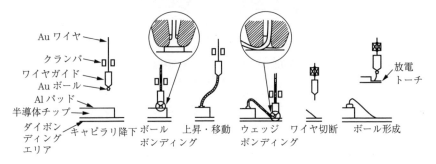

図 13.29 ワイヤボンディングの過程[47]

IC チップ上の入出力電極は，厚さ 1 μm 弱，面積約 100 μm×100 μm の Al 蒸着膜である．これに Au ワイヤを配置し，300〜400 ℃に加熱し加圧して塑性流動させる．このとき Al 蒸着膜表面にあるナノメートルオーダの酸化膜が破壊し，両金属の新生面どうしが接触し相互拡散を生じて接合が完成する．**図 13.30**[48]には，Au ワイヤと Al 電極膜の接合界面における微視構造を示す．

酸化膜の破壊と両金属の反応は接合界面のしゅう動によって促進されるので，熱圧着時の超音波印加は，比較的低温での接合を可能にする．熱圧着と超音波を併用したネールヘッドボンディングは，現在では最も多く用いられている．まずキャピラリに通された Au 線の先端を放電トーチによって溶融させ，直径 70〜80 μm のボールを形成する．ついで超音波振動併用熱圧着（第一ボンディング）を行い，ワイヤをチップに結線する．つぎにワイヤが弧を描くようルーピングさせてリードに第二ボンディングを行う．温度，加圧力，超音波

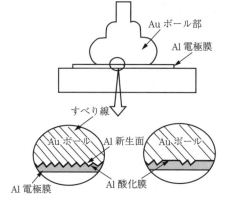

(a）理想的な接合界面状態　　（b）不十分な接合状態

図 13.30　Au ワイヤと Al 電極膜の
接合界面の模式図[48]

出力は重要なパラメーターであり高精度の制御が必要である．

このような一連の動作を行う装置としては全自動ワイヤボンダーがある．ボンディング位置を自動認識し，毎ワイヤ 0.1 ～ 0.3 秒の速度で結線する．ワイヤは，一般的に 20 ～ 30 μm 径で Au のほか Al，Cu も用いられている．

最近では高密度実装のニーズの高まりにより，**図 13.31**[49] に示すような線径 15 μm の極細線で 35 μm の狭ピッチに対応したものもある．また，接合性やルーピング性を向上させるためにワイヤ純度や合金組成の最適化が実施されている．

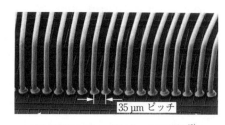

図 13.31　35 μm 狭ピッチ接続例[49]

13.3.3　その他の結線方式

IC チップとワイヤの接続には，より生産性を上げるため，あるいはより高密度狭ピッチ化を実現する多ピン化のために，ワイヤボンディング方式とは異なる方式が実用化されている．それらの技術を**図 13.32** に示す．

〔1〕 **T A B** (tape automated bonding)

接続用のリードを設けたポリイミドフィルムキャリアを,入出力電極の上に金のバンプを設けたICチップに合わせ,多端子同時に熱圧着する.生産効率がよく多ピン狭ピッチ化に有利であるが,多品種への対応は困難である.

〔2〕 **フリップチップボンディング**

あらかじめICの入出力電極上にはんだバンプと呼ばれる突起を形成し,これをパッケージ,あるいは基板のリードに直接載せ,加熱するこ

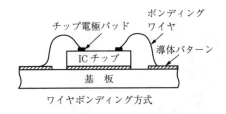
ワイヤボンディング方式

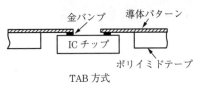
TAB方式

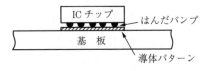
フリップチップ方式

図13.32 各種のIC実装方式

とによりはんだを溶融して接合する.ICチップ下面の周辺,もしくは全面にバンプを設けることでより短い距離で接合可能となり,生産効率がよく,多ピン化,超小型化に適している.今後,3次元パッケージの実用化が進むにつれ,本技術はますます重要になる.一方,接合部検査の困難性や専用チップの必要性などの問題がある.

〔3〕 **そ の 他**

異方性導電性フィルム (anisotropic conductive film, ACF) や異方性導電性ペースト (anisotropic conductive paste, ACP) など[47),50)]を用いるものもある.

13.3.4 フリップチップボンディング用はんだバンプ形成技術

はんだバンプ形成技術としては,ペースト印刷法,ボール搭載法,電気めっき法などがある.

〔1〕 **ペースト印刷法**

ステンシルマスクを用いてはんだペーストを電極上に印刷し,リフロー(溶

図 13.33 バンプ中に存在するボイド例

融）することでバンプを形成する手法である．材料コスト，装置が安価で，スループットが高いことが特徴である．ただし，狭ピッチ化への対応性，バンプ高さばらつき（コプラナリティ）やバンプ中に発生する空隙（ボイド）などの課題がある．図 13.33 にバンプ中に存在するボイド例を示す．

　はんだペーストは，はんだ粉末とクリーム状のフラックスを混練して得られる．最も一般的な樹脂系フラックスは，ロジン，溶媒，活性剤，チクソ剤などで構成されている．ペースト中のフラックスの重量比は一般的には 8〜15% であり，体積比として約 50% 前後となる．

　フラックスの機能としては印刷に適したペーストのレオロジーを付与し，フラックスに対して比重の高いはんだ粉末の沈降を抑制し，印刷後のペースト形状を保持し，リフロー時のはんだ粉末表面の酸化膜除去および溶融はんだの再酸化を抑制するなど，さまざまな役割を担っている．

　はんだ粉末は，球形のほうが不定形のものよりペーストのレオロジーが安定しており印刷性もよく，また粉末の酸化が少ないことから，リフロー時のはんだぬれ不良やはんだボールの生成抑制にもつながる．粉末粒径としては，狭ピッチ化に対応すべく Type 6（5〜15 µm），Type 7（2〜12 µm），Type 8（2〜8 µm）と微粉化が進んでいる．

　合金組成としては，任意のはんだ組成で調整が可能であるが，環境配慮に伴う鉛フリー化の進展により Sn-Ag-Cu 系が主流となっている．

〔2〕 **ボール搭載法**

　約 80 µm 径のマイクロボールを電極上に搭載し，リフローすることでバンプ形成する手法である．マイクロボールの寸法管理は厳しいため，形成されたバンプ高さばらつきは非常に小さくでき，ボイドも少ないという特徴を有する．ただし，マイクロボールを高精度で搭載しないとあるべきところにバンプがないというミッシングバンプが発生しやすく，スループットの低下につなが

りやすいという課題もある.

ボール搭載法のプロセスとしては，ステンシルマスクを用いた印刷法や噴霧法によりフラックスを電極上に塗布し，このフラックスの粘着力を利用してマイクロボールを搭載する．マイクロボールの搭載にはステンシルマスクを用いた振込み法や，貫通穴を設けた配列板にマイクロボールを吸引する手法がとられる．その後，検査装置・リペア装置を用い，過剰搭載があれば除去し，未搭載があれば再搭載が行われる．その後，リフローすることでバンプを形成する.

フラックスは搭載されたマイクロボールの仮固定だけでなく，電極表面およびマイクロボール表面の酸化膜除去によるぬれ性向上の役割も担っている．マイクロボールは任意のはんだ組成の利用が可能である.

ボール搭載精度が悪ければ，またフラックスの軟化による流動性が高ければ，搭載したマイクロボールはリフロー時に移動し，隣接するマイクロボールと溶融結合し，ミッシングバンプが発生することもある．供給するフラックス量，搭載時のマイクロボールの位置ずれ，リフロープロファイル，フラックスの材料選定には十分に注意を払う必要がある.

〔3〕 電気めっき法

外部電源を用いてめっき液中のはんだ成分を電極上に析出させ，リフローによりバンプを形成する手法である．フォトリソグラフィを用いた手法であるため，狭ピッチ化など微細なバンプ形成には有利な手法である．ただし，通電するためにシード層を形成する必要がある．めっき液成分の調整が難しいため，はんだ組成の選択に制限があること，装置の価格が高くスループットが低いなどの課題もある.

〔4〕 そ の 他

最近では，溶融はんだをマスクなどの開口部を通して電極上に供給し，バンプを形成する手法[51]や，Cuめっき液を用いて形成したCuピラー（Cuバンプ）を微小はんだで接合する手法[52]なども提案されている.

13.3.5 マイクロろう接

微細部品の電極とプリント配線板の電極を接続するために，マイクロろう接もエレクトロニクスの発展とともに進歩してきた．**図 13.34** に部品実装方式によるマイクロろう付の概念図を示す[53]．

部品実装法	概　念　図	特　　徴
挿入実装	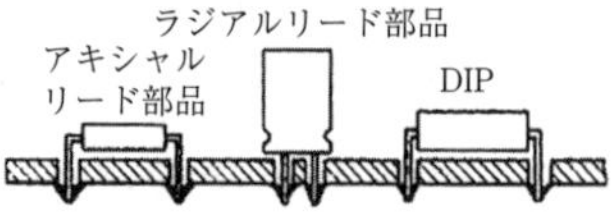 ラジアルリード部品 アキシャルリード部品 DIP	・プリント配線板のスルーホールにリード線を挿入し，一括してソルダリング ・スルーホールの孔ピッチで実装密度が制約される
表面実装	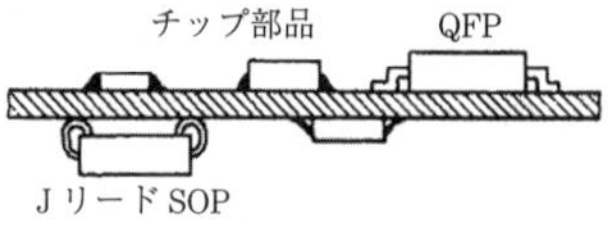 チップ部品　QFP Jリード SOP	・プリント配線板の表面に部品をソルダリング ・片面，混載，両面実装ができる ・プリント配線板の孔を必要とせず表面実装部品は小型化可能
半導体ベアチップ実装	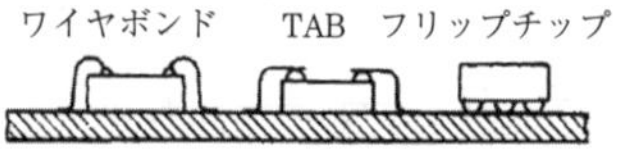 ワイヤボンド　TAB　フリップチップ	・半導体のベアチップをプリント配線板に実装 ・高密度実装が可能 ・ベアチップとの実装の信頼性がポイント

図 13.34　部品実装方式によるマイクロろう付の概念図[53]

　プリント配線板の穴（スルーホール）にリード付き部品を挿入する挿入実装方法と，プリント配線板の表面に設けられた電極上に部品を搭載する表面実装方法（surface mount technology，SMT）の二つに分類される．

　挿入実装は，プリント配線板実装の初期から広く採用されてきたが，部品の種類とパッケージ形態の多様化，小型化が進むにつれて，表面実装への移行が進んでいる．マイクロろう付時，挿入実装では一般的に溶融はんだを用いるフローソルダリング方式であるのに対し，表面実装ではあらかじめはんだペーストを接合部に供給し，部品搭載後に加熱処理するリフローソルダリング方式を用いる．

　マイクロろう接は，溶融したはんだ合金が銅と相互拡散層を形成して接合する．部品側は各種の異なる母材金属で構成されているが，その表面の多くは，はんだめっき仕上げが施されており，溶融接合できる．

リフローソルダリング方式には，ホットエア（熱風）の対流による循環によって基板全体をはんだの溶融温度まで上昇する方式，赤外線加熱による方式，熱伝達の大きな不活性液体を加熱して得た蒸気中に基板を入れて気化潜熱を利用する VPS（vapor phase soldering）方式，局所的にレーザ加熱，抵抗加熱，ホットエアを利用する方式など[53]がある．部品の損傷が少なく，短時間に確実に接合できる方式が追究されている．

今後のマイクロろう付は，高密度実装を行うためにより狭ピッチの接続が進み，はんだ材は部品の種類や用途により，部材の耐熱性や基板の反りなどの観点から低温はんだ化が進み，一方，高温環境下でも接合の信頼性を確保し得る Pb を含有しない高温はんだの開発も追究されるであろう．なお，異方性導電性接着剤法，ポリマー型導電接着剤法，レーザ光を利用する直接接合法，微小な金属粉末を用いた焼結接合法[54]など，ろう付によらない部品接続方法も日進月歩していくであろう．

13.4　最近の接合技術の動向

13.4.1　近年の動き

20世紀における科学技術はその成果によって工業化を急速に進展させてきたが，接合技術も製品製造分野では欠かせない重要な技術と位置づけられてきた．21世紀を迎えるころから，科学技術の急速な進歩に伴って材料分野においても新素材の開発が盛んとなった．生産現場においても，新しく開発された金属材料だけでなく高分子材料やセラミック材料も含めた，いわゆる三大材料における新素材の取り扱いが増加した．

特に，わが国では省エネ社会を推進する背景から，自動車や航空機などの搬送機器分野における軽量材料の利用範囲が広がっている．例えば，金属材料では難燃性を有するマグネシウム合金[55],[56]の開発が，また高分子材料では炭素繊維強化型樹脂 CFRP[57],[58]の開発が盛んに進められている．このため，これら新素材利用に対応して接合技術の開発要求も強くなっている．

364   13. 接合技術の変遷

　日本塑性加工学会主催で開催される春秋講演会やシンポジウムなどにおける接合技術に関する最近の動向をみると，超音波や電磁気による圧接，構造締結（機械的結合ともいう），通電加熱や放電プラズマによる焼結，溶射，コーティングなど多くの報告がある[59]．従来から知られている接合法による報告も行われているが，研究内容はより接合性を高めた工夫が行われている．

　具体的に塑性加工を利用した最近の研究内容をいくつか紹介しよう．固相接合により金属的接合を実現する新しいスポット接合法[60]，H形コイルによるアルミニウム積層板の電磁圧接法[61]，高張力鋼板のメカニカルクリンチング[62]，圧入プロジェクションによる新しい固相接合[63]，チタン箔の超音波接合法[64]，衝撃せん断によるアルミニウム材料の接合法[65]，高強度アルミニウム合金の摩擦攪拌接合（FSW）[66]，異種金属板の摩擦攪拌スポット接合[67]，水中衝撃波による爆発圧接法[68]，樹脂薄板と金属薄板の打抜きリベット締結法[69]，異周速接合圧延[70]，加圧突合せレーザ接合法[71]，深絞り加工による樹脂と金属のクラッド[72]，ショットピーニングを応用した異種材接合[73]など，が報告されている．

　他に，物質を接触のみにて接合する手法として常温接合がある．原子レベルの接合メカニズムであるが，接触だけでは接合力は小さく表面活性化状態を利用した接合が一般的である．半導体分野で実用化されているものの，その広がりに期待したい接合技術のひとつである．

　接合の評価技術については，力学的作用，材料組合せ，温度・湿度といった使用環境など，その接合強度に及ぼす要因が多岐にわたるため標準化が困難であり，現状では個々の製品や状況に応じて評価試験を行っている．最近では，疲労特性へのニーズもあるが，今後の進展が待たれる．

13.4.2　機能性接合要素

　従来の接合法では，圧接や溶接のように母材強度に達するような接合法が要求され主流であった．しかし，2001年にわが国では循環型社会を形成していくために必要な3R（リデュース，リユース，リサイクル）の取組みを推進す

るため,資源有効利用促進法という法律が施行された[74].自動車業界や電機・家電業界ではすでに法律の施行以前より,リサイクル性を考慮した製品開発や設計に取り組んでいた.このような国の推進もあり,接合技術においても再使用と再資源化を考慮した新しい接合方法の開発が求められるようになった.

要素結合された複合体において,外力の作用なしで解体可能な方法が検討されている.例えば形状記憶材料の利用がある.樹脂系の場合,塑性変形による接合と加熱による分離によって,異種材継手に対する解体法が考案されている[75].金属系の場合,家電製品などの解体作業容易化のため,**図 13.35** に示すように,特定の温度に加熱すると自発的に数秒で解体する易解体ねじを用いた方法が開発されている[76].

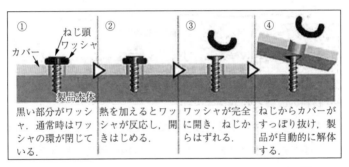

図 13.35 金属系形状記憶材料による易解体のメカニズム[76]

一方,環境に優しい接合技術の開発が進められている.例えば,メカニカルクリンチング[77]やセルフピアスリベット[78]による板材の締結がある.これらの加工ではエネルギー消費が低く,熱量や騒音も小さいことが特徴である.**図 13.36** に示すセルフピアスリベットによる締結技術では,溶接が困難な異種金属どうしや樹脂と金属の組合せの締結を可能にする[79].この締結ではスポット溶接やクリンチング締結よりも高い締結強度が得られるため,車体や電化製品などの接合部に採用されている.

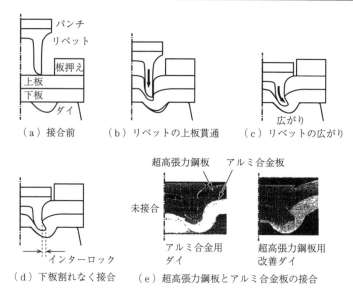

図 13.36 セルフピアスリベットによる接合メカニズムと接合例[79]

13.4.3 材料の改質と特性開発

　塑性加工で取り扱うおもな材料は金属であり，そのほとんどが数種類の金属を溶かし合わせて造る合金である．しかし，溶融の困難な異種金属の組合せに対しては，微細な異種金属粉末の状態で焼結する粉末冶金法で製造されている．

　粉末どうしの接合である焼結は 20 世紀初頭に技術が確立され，モリブデンやタングステンのような高融点金属の成形から炭化物や窒化物などの成形も行われた．成形した焼結部品は，複雑な形状でも高強度と耐摩耗性を実現できることが特徴である．現在，材料の改質や特性を向上させるため，プレス成形により機能性のある金属粉末を固化して焼結を行い，製品精度の高い機械部品を造る製法に広く利用されている[80]．特に，均一な密度の焼結体を得る場合，等方的に圧力が作用する冷間静水圧加圧法（CIP）や熱間静水圧加圧法（HIP）が行われている[81]．

　最近，金属粉末の新しい成形法として 3 次元積層造形法による付加加工技術が急速に注目されている[82]．現在，一般に 3D プリンタとして広く知られるよ

うなり，高精度で高価格の製造向けの装置から，精度は十分ではないが簡単に取り扱いのできる低価格な装置まで幅広く市場に出ている．もともとは紫外線の照射による樹脂の硬化を利用した積層造形技術であったが[83]，光造形法として技術進歩が行われた[84]．現在はレーザや電子ビームを利用することによって，樹脂粉末だけでなく金属粉末の積層造形に確立された新たな加工技術となっている．例えば金属粉末の場合では，産業機器，自動車，航空宇宙，再生医療などの分野において広がりをみせている[85]．

表13.3に，代表的な造形方式とその特徴を示す[86]．3Dプリンタは造形方法の多様化に伴い，今後も新たな装置の開発や材料の開発により，大いに発展すると考えられる技術である．

表13.3 三次元積層造形法の種類と特徴[86]

種　類	特　徴
バインダー噴射	・粉末にバインダーを噴射して固めて積層 ・着色が比較的容易
材料噴射	・溶融した樹脂を噴射しながら積層 ・インクジェット法とも呼ばれている
粉末溶融	・粉末を焼結あるいは溶融する工程を繰り返して積層 ・レーザ焼結とも呼ばれている
溶融堆積	・レーザあるいは電子ビームで溶融物を堆積させて積層 ・高精度の製品の作製も可能
シート積層	・紙のようなシート材を接着剤で貼り合わせて積層 ・精密鋳造などの模型に利用
光造形	・光硬化樹脂を紫外線あるいはレーザ照射で積層 ・古くから開発された方法
材料押出し	・熱で溶融した樹脂をノズルから押し出して積層 ・3Dプリンタの中心となっている方法 ・数種類の樹脂の組合せが可能

引用・参考文献

1) JIS G 3315：日本規格協会（2008）．
2) 「トーヨーシーム缶」東洋製罐株式会社，（2003）．
3) 今津勝宏ほか：第46回大河内賞受賞業績報告書，（1999），1-10，大河内記念会．
4) 今津勝宏ほか：塑性と加工，**45**-527（2004），979．

5) 缶詰用金属缶と二重巻締〔新訂II版〕, (2014), 日本缶詰びん詰レトルト食品協会・日本製缶協会.

6) 特許庁, 平成25年度特許出願動向調査報告書 (概要), 「構造材料接合技術」, 48-49.

7) 経済産業書, EV/PHVロードマップ検討会報告書 2016年3月23日発行.

8) 日本自動車工業会 2016年2月発刊「環境レポート 2016 自動車の環境負荷低減に向けた取り組み」.

9) 福田佳之：軽量化への取り組みを進める自動車メーカー〜日本の材料メーカーは海外との提携や総合的な提案力強化が不可欠〜, 株式会社東レ経営研究所, TBR産業経済の論点, No.15-03, 1-9.

10) 新エネルギー・産業技術総合開発機構研究評価委員会, サステナブルハイパーコンポジット技術の開発, 事後評価報告書 平成26年3月発刊.

11) 宮入裕夫：サンドイッチ構造, 養賢堂.

12) ヒジメタルTM, アルセットTM, アルポリックTMは三菱ケミカル株式会社の商標である.

13) 松本義裕：川崎製鉄技報, **20**-1, (1988), 27-33.

14) 緋田泰宏：川崎製鉄技報, **23**-4, (1991), 351-353.

15) 向原文典：川崎製鉄技報, **23**-2, (1991), 142-148.

16) 機械工学便覧9章, 有機高分子材料, B4-155, (1989), 156.

17) Colombo, C., et al.：Impact behavior of 3-Layered metal-polymer-metal sandwich panels, Composite Structures 133 (2015) 140-147.

18) Sokolova, O.A., et al.：Deep drawing properties of lightweight steel/polymer/steel sandwich composites, ARCHIVES OF CIVIL AND MECHANICAL ENGINEERING 12 (2012) 105-112.

19) 牧野内昭武：プラスチックの冷間塑性加工, 高分子26, 3月号 (1977).

20) 原田泰典：金属/樹脂積層板の深絞り加工性, 第65回塑加連講論, (2014), 91-92.

21) ThyssenKrupp社 ATZextra 108-111, October 2014 thyssenkrupp InCar plus；litecor ® は ThyssenKrupp社の登録商標です.

22) 日経テクノロジーオンライン 2010年5月20日掲載, 『人とくるま展』鋼板を80％軽量化 (http://techon.nikkeibp.co.jp/article/NEWS/20100520/182759/?rt=nocnt) (2016/12/01 現在).

23) 桝井捷平：プラスティクスエージ, 2016年1月号, 62-64.

24) 黒岩剛毅：NMT (Nano Molding Technology), 技術の可能性, 型技術, **30**-1, 2015年1月号および大成プラス株式会社提供資料.

25) 長谷川真一：KO処理表面と樹脂との密着メカニズム, 古川スカイレビュー No.9, (2013), 64-67.

26) Uehara, F., & Matsumoto, A.：Metal-Resin Bonding Mediated by Epoxy Monolith

Layer, Appl. Adhes. Sci., 4, Article No.18 (2016).

27) 板倉雅彦：レーザーを使用した金属/樹脂接合技術『DLMP』について，レーザー協会誌，**41**-1, 22-26.

28) 前田知宏：ポジティブ・アンカーによる軽金属とプラスチックの直接接合，軽金属溶接，**53** (2015), 10, 391, および提供資料より転載．

29) 森邦夫：トリアジンチオールを用いる金属表面の機能化，表面実装技術，**35**-5, (1988), 210-218.

30) 河野隆年：トリアジンチオール化合物処理冷間圧延鋼板と ABS 樹脂の接着，日本ゴム協会誌，**6**-4, (1994), 277-282.

31) 佐々木英幸：ニッケルのトリアジンチオール処理によるエポキシ接着剤との接着強度向上，岩手県工業技術センター研究報告書，第 12 号 (2005).

32) 平井勤二：ガラス，セラミックス，金属部材と樹脂の新規な化学的接合技術，塗布と塗装 2012 年 2 月号（春号），22-27.

33) 橋村徹：自動車マルチ・マテリアル化技術の進展，人とくるまのテクノロジー展 2016 フォーラム，「自動車の未来を拓く材料技術の最新動向」セミナーテキスト，43-46.

34) 小原田・安田：樹脂膜/金属間の接着力発現メカニズム解析，株式会社東レリサーチセンター，The TRC News, No.113 (Mar. 2013).

35) 中前勝彦：樹脂-金属間の接着・接合のメカニズムの界面化学的考察，表面技術，**66**-8, (2015), 19-20.

36) 独 BÖLLHOFF 社カタログおよび提供資料より転載．ONSERT®, RIVTAC®, RIVSET HDX® は，独 BÖLLHOFF 社の登録商標である．

37) 塑性加工学会：接合，塑性加工技術シリーズ 19 (1996), コロナ社．

38) 特表 2007-523746, ノベリス．

39) 中村亮司・田中裕一・羽賀敏雄・原田陽平・熊井真次：鋳造工学，86, (2014), 223-228.

40) 中村亮司・筒井あかり・羽賀敏雄・原田陽平・熊井真次・寺山和子・新倉昭男：軽金属，**64**-9, (2014), 399-406.

41) https://www.uacj.co.jp/products/sheeting/brazing-sheet.htm (2017).

42) 施工法委員会：軽金属溶接，**46**-8, (2008).

43) JIS Z 3263 (2002), JIS ハンドブック 2016 非鉄，日本規格協会．

44) 鶴野昭弘：R&D 神戸製鋼技報，**48**-2, (1998), 78.

45) アルミニウムハンドブック 第 7 版，アルミニウム協会．

46) マイクロ接合・実装技術編集委員会編：マイクロ接合・実装技術，株式会社産業技術サービスセンター，(2012), 272.

47) 日本溶接協会マイクロソルダリング教育委員会編：標準マイクロソルダリング技術第 3 版，日本工業新聞社，(2011), 13-14.

48) マイクロ接合・実装技術編集委員会編：マイクロ接合・実装技術，株式会社

産業技術サービスセンター，(2012)，301.

49) マイクロ接合・実装技術編集委員会編：マイクロ接合・実装技術，株式会社産業技術サービスセンター，(2012)，299.

50) 菅沼克昭：ここまできた導電性接着剤技術，(2003)，工業調査会.

51) 青木豊広ほか：Proc.Mate' 2016，**22**，(2016)，25-28.

52) 本多進：半導体素子の2D～3D実装技術動向と狙うべき方向，エレクトロニクス実装学会誌，**18**-3 (2015)，130-136.

53) 日本溶接協会マイクロソルダリング教育委員会編：標準マイクロソルダリング技術第3版，日本工業新聞社，(2011)，94-127.

54) 菅沼克昭編著：鉛フリーはんだ 技術・材料ハンドブック，工業調査会，(2007)，209-211.

55) 森久史・上東直孝・辻村太郎・石塚弘道・花木悟・清水和紀：車両構体への難燃性マグネシウム合金の適用，鉄道総研報告，**25**-10，(2011)，35-38.

56) 佐藤邦洋：難燃性マグネシウム合金ダイカスト，アルトピア，**44**-11，(2014)，9-13.

57) 石川隆司：自動車構造部品への炭素繊維強化プラスチック（CFRP）の応用の展望（CFRTPを中心に），精密工学会誌，**81**-6，(2015)，489-493.

58) 森下一・大木基史：炭素繊維強化熱可塑性プラスチックの製品開発，材料試験技術，**60**-3，(2015)，180-186.

59) 日本塑性加工学会ホームページ，http://www.jstp.jp/ (2017).

60) 三輪田結理・阿部英嗣・寺野元規・石黒太浩・湯川伸樹・石川孝司・菅沼友章：異種金属薄板の冷間鍛造によるスポット接合技術の開発，平25塑加春講論，(2013)，263-264.

61) 岡川啓悟・石橋正基・相沢友勝・椛沢栄基：電磁圧接による板厚の異なる3枚のアルミニウム薄板の同時圧接，平25塑加春講論，(2013)，265-266.

62) 安部洋平・森謙一郎・西野彰馬・加藤亨：超高張力鋼板におけるメカニカルクリンチングと抵抗スポット溶接の強度比較，平25塑加春講論，(2013)，267-268.

63) 野末明・神田亮・山口裕之・金原理：圧入プロジェクション接合法の特徴，平25塑加春講論，(2013)，273-274.

64) 山口諒・清水徹英・Yang Ming：超音波縦振動を用いた極薄金属箔接合に関する基礎的検討，平25塑加春講論，(2013)，109-110.

65) 山下実・手塚達也・服部敏雄・佐藤丈士：衝撃せん断を利用した接合法の基礎実験，平25塑加春講論，(2013)，249-250.

66) 広瀬正和・桑山和也・野口拓也・岡田孝雄・中村俊哉・町田茂・浅川基男：2024-T3摩擦攪拌接合継手のき裂進展特性，64回塑加連講論，(2013)，27-28.

67) 青山光・林伸和：アルミニウム板と銅板の摩擦攪拌スポット接合，64回塑加連講論，(2013)，29-30.

引 用 ・ 参 考 文 献　　　　371

68) 森昭寿・有藤翔太・藤田昌大・外本和幸：水中衝撃圧によるアモルファス金属箔の線接合に関する研究，64 回塑加連講論，(2013)，99-100.

69) 海津浩一・日下正広・木村真晃・木之下広幸：アクリル薄板とアルミニウム薄板への打抜きリベット締結法の適用，65 回塑加連講論，(2014)，85-86.

70) 森順平・小山秀夫・小林謙一・安藤美紀子：異周速接合圧延における新生面表出法の影響，65 回塑加連講論，(2014)，95-96.

71) 飯塚高志・武久翔紀・坂田笙輔：SPCC/A5052P-O 突合せレーザ接合材の引張特性評価，65 回塑加連講論，(2014)，109-110.

72) 原田泰典・上山穣：金属/樹脂積層板の深絞り加工性，65 回塑加連講論，(2014)，91-92.

73) 原田泰典・布引雅之・高橋勝彦：ショットライニング熱処理法による軽金属の表面改質，65 回塑加連講論，(2014)，97-98.

74) 経済産業省，http://www.meti.go.jp/ (2017).

75) 春日幸生：プラスチック等のひずみ回復機能を用いた複合体作製と解体法，天田金属加工機械技術振興財団研究概要報告書，(2008)，27-30.

76) 吉田一也：資源リサイクルを考慮した易解体ねじの開発，熱処理，**49**-4，(2009)，187-193.

77) 村上碩哉・荒木康之・山本尚規：メカニカルクリンチングのはくり強度に及ぼす変形パラメータの影響，平 19 塑加春講論，(2007)，91-92.

78) 岩瀬哲・笹部誠二：各種アルミニウム合金へのセルフピアスリベットの適用，自動車技術会学術講演会前刷集，(1999)，83-99.

79) 安部洋平：軽量自動車用部品のプレス成形技術の開発，塑性と加工，**49**-575，(2008)，1162-1163.

80) 徳岡輝和・山本龍・工藤健太郎・津守不二夫・三浦秀士・西岡隆夫：焼結 Ni 合金鋼歯車におけるメゾヘテロ組織及び転造の歯元曲げ疲労特性に及ぼす影響，粉体および粉末冶金，**58**-6，(2011)，350-354.

81) 藤川隆男・真鍋康夫：雰囲気制御 HIP 処理技術および装置技術の開発，粉体および粉末冶金，**58**-4，(2011)，220-224.

82) 中野禅・佐藤直子・清水透：3D プリンタの可能性 金属積層造形技術の量産加工展開，日本ガスタービン学会誌，**42**-5，(2014)，433-438.

83) 小玉秀男：3 次元情報の表示法としての立体形状自動作成法，電子通信学会論文誌 C，**64**-4，(1981)，237-241.

84) 堀口真裕・鈴木健介・高瀬一也・佐藤貞雄：光造形による光硬化性樹脂複合材平歯車の成形加工と歯車特性，成形加工，**20**-2，(2008)，131-137.

85) 中本貴之：3D プリンターでのものづくりを考察する 金属積層造形法を活用した新たなものづくりと機能制御，機能材料，**34**-9，(2014)，25-30.

86) 京極秀樹：積層造形技術の現状と応用展開，スマートプロセス学会誌，**3**-3，(2014)，148-151.

索　　引

【あ】

亜鉛めっき鋼板	187
アクチュエータハウジング	77
アーク長	210
——の自己制御作用	211
アーク電圧	210
アーク熱効率	211
アーク放電	209
アーク溶射	151
アーク溶接	18, 206, 207
アーク溶接電源	209
圧延シーム接合	67
圧延接合	53
熱間加圧焼結	179
熱間加圧接合	178
圧縮残留応力	71
圧接下限表面積	52
圧接限界	49, 52
圧接限界線	52
圧接法	189
厚肉円筒	139
圧　入	118, 131, 134, 137, 140, 145, 174
圧　粉	166
圧粉磁心	177
圧粉体	171, 172, 173, 174
アディティブマニュファクチャリング	319
アプセット溶接	184
アルクラッド	2
アルミダイカスト薄肉管	77
アルミニウム基クラッド複合板	351
アルミニウム合金	187

アルミニウム被覆鋼線	81
アンカー効果	71
アンカー構造	346

【い】

イオン衝撃法	299
イオンプレーティング法	158
鋳掛け	5
異材継手	99
異種金属	299
——の接合	61
異種材	8, 73
異種材接合	148
異種材料	188
異速圧延接合	67
一次結合	279
一体化動作	8
イナートガス	212
陰極点	213
インサート金属	294
インパクト缶	330

【う】

ウェットプロセス	346
ウェット法	148
ウェルドボンド	188
打込み鋲接	13

【え】

液　相	110
液相拡散接合	167, 294
液相焼結	168
液槽光重合法	320
エレクトロガス溶接	218
延性低下割れ	222

【お】

遅れ割れ	223
オージェ電子分光分析	298
押し込み	68
押込み角度	68
押込み荷重	70
押込み接合法	68
押込み量	70
押出しかしめ	126
オープンバット法	191
折曲げ締結	117, 121
温・熱間加工	53

【か】

加圧荷重	74
加圧時間	191
加圧部段差面積	80
加圧力	185, 187
外硬内軟複合材	83
介在物	299
開　先	207
解　体	8
外部特性	210
化学的接合	106
拡　散	296, 298
拡散接合	47, 50, 189, 293
拡散接合型コンパクト熱交換器	302
拡散接合装置	300
拡張表面活性化接合	27
撹拌部	314
カーケンダルボイド	300
かしめ	44
かしめ接合	134

索　引　373

かしめ継ぎ締結	125	

【か行】
かしめ継ぎ締結　125
ガス圧接　293
ガス式溶射法　149
ガスシールドアーク溶接法　208
ガス溶接　224
ガス溶断法　225
ガソリンインジェクタ　76
刀鍛冶　5
可変バルブタイミング機構　77
カムインナーピース　70
カムピース　71
ガラス転移温度　281
簡易締結　10, 13
還元反応　299
嵌　合　73
間接結合　15
間接結合方式　10, 12

【き】
機械的締結　19
気　孔　176, 179, 223
気孔率　177
基　材　8
機能設計　15
機能接合　162, 163
機能創製　14
キーホール　218
凝固割れ　222
共晶組成　249
凝着・焼き付き　71
極性比率　212
局部溶着法　10, 147
金属学的結合　44
金属間化合物形成型　300
金属系積層造形装置　324
金属ジェット　96, 97
金属/樹脂サンドイッチ板　338
金属/樹脂複合材料　337
金属積層造形切削加工複合機　325

【く】
釘状タック打込み方式　350
組　立　8
クラスターイオンビーム法　160
クラッド　95
クラッド鋼　64
クラッド複合板　351
クリーニング作用　213
クリープ変形　296
クリンチ　270
クローズバット法　191

【け】
形状接合　162
軽量化　79
結合荷重　75
結合効率　80
結合剤噴射法　322
結合助材方式　10, 12, 15
結合溝　73
建材用サンドイッチ板　338
検査方法　188
原子配列　295

【こ】
高温 TFT 薄膜トランジスタ　29
高温圧接　189
高温割れ　222
恒久的な接合　10
航空機　23
航空機用クラッド材　355
高周波溶接　185
硬脆材の結合　73
高性能セラミックス　7
構造締結　12, 116, 120
構造用接着剤　286
拘束リング　79
後退側　304
極低温用異材継手　99
コスト低減　79
固　相　110

【固】
固相圧接　147
固相拡散接合　178, 294
固溶強化　299
混　合　9
混合則　9
混合体　9
コンフォーム連続押出し　83

【さ】
再圧縮・再焼結工程　169
再結晶温度　53, 191
再結晶温度比　50
サイジング　175
最適接合・複合プロセス　14
再熱割れ　222
材料押出し法　320
材料噴射法　322
サブマージアーク溶接　216
酸化物　299
3 次元積層造形法　319
酸素アセチレン溶接　225
酸素固溶度　299
サンドブラスト　281

【し】
ジェットエンジン　23
シェービング接合法　89
紫外線硬化樹脂　319
指向性エネルギー堆積法　322
自動溶接　208
絞り・再絞り缶　329
絞り・しごき缶　329
締まりばめ　134, 139
シーム溶接　180, 184
締め代　134, 139, 141
弱接着　26
シャフト　70, 71
充てん率　68
しゅう動　179
主部材　8
常温圧接　293
常温接合　26
焼　結　148, 169, 170, 171

索　　引

焼結温度	168	接　合	8	**【そ】**	
焼結拡散接合		接合圧力	60		
	170, 171, 172, 173	接合温度	60	相互拡散	299
焼結カム	168	接合開始温度	295	相対すべり	50
焼結接合	162	接合界面	36	相対すべり量	49
焼結ばめ	144, 170	接合強度	45, 56, 164, 172	相対密度	164
焼結部品	163, 174	接合強度試験法	31	塑性変形	296
衝突時間	103	接合強度比	57	塑性変形能	78
衝突速度	104	接合クリアランス	166	塑性流動	43
消耗電極式	207, 208	接合限界圧下率	54	塑性流動性	108
ショルダー	303	接合効率	32	塑性流動層	96
新 NMT 処理	35	接合材	8	**【た】**	
新機能付加	14	接合状態の評価法	30		
真　空	300	接合助材	10	耐摩耗	169
真空蒸着法	156	接合設計	15	多孔質	163, 176
真実接触面	182	接合特性	37	脱ろう	168
新生面	48	接合表面皮膜	298	タングステンイナートガス	
振動熱接合	109	接合・複合	1, 8	アーク溶接	212
【す】		接合面積	296	タングステン電極	212
		接合面の粗さ	296	炭酸ガスアーク溶接	214
垂下特性	211	接合面率	55, 56	単純シェービング接合	90
水素結合	279	接触角	278	弾性結合	12, 134
水素割れ	223	接触腐食	299	鍛　接	293
隙間ばめ	134	接　着	25, 43, 177, 277	炭素繊維強化プラスチック	
スクラッチブラッシング	59	接着缶	329		23
スタッド溶接	219	接着結合	280	断熱被膜	153
スパッター現象	215	接着剤	13, 177, 277, 350	**【ち】**	
スパッター蒸着法	157	接着接合	25		
スポット溶接	18, 180, 181,	接着継手	26	チタンクラッド銅複合材	87
	182, 186, 188	セメント	5	中間材の利用	64
スポット溶接換算打点	20	セルフシールドアーク溶接		中間ばめ	134
寸法精度	175		208, 216, 217	中空部品	301
【せ】		セルフピアスリベット		超音波	33, 194
			269, 350	超音波接合	110, 194
成形接合	95	船外機用フライホイール	75	超音波接合機	196
清浄化	295	前進側	304	超高真空環境	27
清浄化促進	299	せん断加工	109	超塑性	106
制振鋼板	340	せん断接合	130	超塑性現象	297
静水圧応力	73	せん断接合強度	91	超微粒子溶射	154
静水圧押出し	47, 82	線爆溶射	152	直接結合方式	10, 15
積層圧粉体	169	線膨張係数	165, 172, 282	**【つ】**	
積層曲げ	14	線膨張量	171		
積層容器成形	14	全率固溶型	300	通電時間	185

継　手	207			パンチ押込み量	74
継手形状	207	**【ね】**		パンチ面圧	74
継手効率	48	ねじ切り旋盤	6	半溶融圧接	111
ツール	303	ねじ締結	265	半溶融状態	110
		熱影響部	220, 314		
【て】		熱応力	143, 144	**【ひ】**	
ティグ溶接	212	熱加工影響部	314	光 CVD	161
締結力	139	熱可塑性樹脂	8, 320	光硬化型接着方式ファス	
抵抗発熱	181	熱間圧延	46	ナー	350
抵抗溶接	6, 147	熱間圧接	293	光造形法	320
定電圧特性	211	熱間押出し接合	81	非消耗電極式	207
低融点金属	191	熱硬化型一液ペースト状		ひずみ	46
鉄筋コンクリート	5	エポキシ接着剤	290	被着材	278
電気式溶射法	151	熱硬化性樹脂	8	引張接合強度	31
電気めっき法	361	熱交換器用クラッド材	352	引張せん断	31
電極-母材間距離	210	熱伝導	182	非鉄系クラッド複合板	351
電極ワイヤ	215	熱膨張差	299	非破壊検査	33
電磁加工回路	102	熱膨張量	173	被覆アーク溶接	216
電子ビーム	226	熱溶解積層法	320	日干し土器	3
電　食	20	熱容量	183	冷やしばめ	134, 139
電流密度	182,186	粘着テープ	13	ヒューム	215
				鋲　接	13
【と】		**【は】**		表面活性化	27
銅クラッドアルミニウム線	86	ハイブリッド	16	表面活性化接合	26
銅合金	165	ハイブリッド型	322	表面処理	148, 280
同種材接合	148	爆発圧延	99	表面積拡大比	49
銅被覆鋼線	83	爆発圧接	293	表面張力	278
銅被覆超電導線	86	爆発圧着	95	表面被覆法	148
銅溶浸接合	164, 165	爆発溶射	151	表面皮膜	298
ドライプロセス	346, 348	爆　薬	95		
ドライ法	148	剥離強度	31	**【ふ】**	
		バットシーム溶接	185	ファスナー接合	24
【な】		はめあい	134	ファンデルワールス結合	279
内硬外軟複合材	83	バ　リ	25	フィラー材	176
ナゲット	181, 184, 186	張出しかしめ	126	フィルム	25
鉛含有はんだ	248	張出し接合	131	フィルム状熱硬化型接着剤	
鉛フリーはんだ	248	バーリングかしめ	126		286
難加工性材料	2	バルジ接合	110	不活性ガス	212, 300
		パルス溶接	215	複機能化	14
【に】		半自動溶接	208	複機能体	2
二重巻締	336	はんだ	248	複　合	8
二相分離型	299	はんだ缶	329	複合カムシャフト	70
2段シェービング接合	90	はんだ付	247	複合材料	8

索引

複合則 9
複合体 8
副部材 8
ふっ素樹脂被覆 2
フライホイール式 192
ブラインドリベット 268
プラスチック 7
プラスチック被覆 2
プラズマ CVD 161
プラズマ溶射 151
プラズマ溶接 217
フラックス 216
フラックスコアード溶接
　ワイヤ 217
フラッシュ溶接 180, 184
フランジ 111
フランジ部品植込み接合法
71
フリップチップボンディング
359
プリプレグ 13
プルーム 232
フレーム溶射 149
プロジェクション溶接 183
プローブ 303
ブローホール 175
分子間力 279
粉末床溶融結合法 321
粉末冶金 163, 170, 178
分　離 8

【へ】

ベークライト 7
ペースト 25
ペースト印刷法 359
ヘミング結合 117
ヘミングプレス 124
変形接合 189
変形抵抗 47, 53
変形抵抗比 83
変形能 46

【ほ】

放電電流 103
母材部 314
ボ　ス 111
ホットワイヤティグ法 212
ボール搭載法 360
ボルト締めランジュバン型
　電歪振動子 195
ボルト・ナット 6
ポロシティ 234
ホーロー処理 2
ボンド部 220

【ま】

マグ（MAG）溶接 214
曲　げ 44
曲げかしめ 126
曲げ剛性 342
曲げ接合強度 31
摩擦圧接 192, 293
マルチマテリアル化 337, 350

【み】

ミグ（MIG）溶接 214
密着促進 294, 297

【む】

無潤滑切削 48

【め】

面接合 111

【も】

毛細管力 177
木製ねじ 5
モータコア 177

【や】

焼ばめ 134, 139, 143

【ゆ】

有機接着剤 29

融　合 9
遊星圧延機 65, 66
融　接 43

【よ】

予穴あけ形式 13
陽極化処理 59
溶　射 2, 148
溶射材料 152
溶射被膜特性 153
溶製鋼 173, 174
溶　接 43, 175
溶接缶 329
溶接機 183
溶接金属部 220
溶接欠陥 221
溶接残留応力 223
溶接助材法 12
溶接電源特性 210
溶接電流 185, 186
溶接変形 223, 224
溶接法 6
溶接ロボット 182
要素締結法 12
溶融境界部 220
より合せ締結 128

【ら】

ラミネート化粧金属板 337
ラミネート材 334

【り】

リベット結合 267
リベット・ファスナー 350
リモートレーザ 19
硫化物 299
流動結合法 10
流動成形 109

【れ】

冷間圧接 98, 189, 293
冷間深絞りプレス成形 342
レーザ 226

レーザ焼結法	321	ろう材	166, 167, 248	**【わ】**	
レーザ蒸着法	156	ろう接	247		
レーザブレージング	19	ろう付	12, 24, 166, 247	ワイヤブラッシング	59
レーザ溶接	18, 176	ロケットの推力可変噴射器		ワイヤボンディング	357
【ろ】			301		
ろ う	248				

【A】		**【H】**		**【S】**	
AM	319	HAZ	220	SPF/DB	106, 108
【C】		HIP	178, 179	SPR	19
				STEM−EDX	33
CFRP	19	**【I】**		**【T】**	
CVD	148, 155, 160	IT 基本公差等級	175		
【E】		**【M】**		TAB	359
				TFS	330
EN/EP 比率	213	MAG 溶接	214	TIG 溶接	212
【F】		MIG 溶接	19, 214	TLP 接合	294
		MOCVD	161	**【W】**	
FEW	19	**【N】**		WSE	21
FRM	8				
FRP	7	NMT	34	**【X】**	
【G】		NMT 処理	34	X 線 C T	33
		【P】		**【Y】**	
GFRP	19	PVD	148, 155	Young−Dupre の式	279
		PZT	195		

接合・複合── ものづくりを革新する接合技術のすべて──
Joining and Complex
── In-depth Technology of Joining, Innovating Creative Manufacturing ──
Ⓒ 一般社団法人 日本塑性加工学会　2018

2018 年 4 月 26 日　初版第 1 刷発行

検印省略

編　者	一般社団法人 日 本 塑 性 加 工 学 会
発 行 者	株式会社　コ ロ ナ 社 代 表 者　牛 来 真 也
印 刷 所	萩原印刷株式会社
製 本 所	有限会社　愛千製本所

112-0011　東京都文京区千石 4-46-10
発 行 所　株式会社 コ ロ ナ 社
CORONA PUBLISHING CO., LTD.
Tokyo Japan
振替 00140-8-14844・電話(03)3941-3131(代)
ホームページ　http://www.coronasha.co.jp

ISBN 978-4-339-04378-5　C3353　Printed in Japan　　　　　（高橋）

本書のコピー，スキャン，デジタル化等の無断複製・転載は著作権法上での例外を除き禁じられています。
購入者以外の第三者による本書の電子データ化及び電子書籍化は，いかなる場合も認めていません。
落丁・乱丁はお取替えいたします。

塑性加工全般を網羅した！

塑性加工便覧

CD-ROM付

日本塑性加工学会 編

B5判/1 194頁/本体36 000円/上製・箱入り

──────────── 編集機構 ────────────

■ **出版部会 部会長** 近藤　一義
■ **出版部会 幹　事** 石川　孝司
■ **執 筆 責 任 者** 青木　　勇　　小豆島　明　　阿髙　松男　　池　　　浩
　（五十音順）
　　　　　　　　　　井関日出男　　上野　恵尉　　上野　　隆　　遠藤　順一
　　　　　　　　　　川井　謙一　　木内　　學　　後藤　　學　　早乙女康典
　　　　　　　　　　田中　繁一　　団野　　敦　　中村　　保　　根岸　秀明
　　　　　　　　　　林　　　央　　福岡新五郎　　淵澤　定克　　益居　　健
　　　　　　　　　　松岡　信一　　真鍋　健一　　三木　武司　　水沼　　晋
　　　　　　　　　　村川　正夫

> 塑性加工分野の学問・技術に関する膨大かつ貴重な資料を，学会の分科会で活躍
> 中の研究者，技術者から選定した執筆者が，機能的かつ利便性に富むものとして
> 役立て，さらにその先を読み解く資料へとつながる役割を持つように記述した。

主要目次

1．総　　　　　論	12．ロ ー ル 成 形
2．圧　　　　　延	13．チューブフォーミング
3．押　出　　し	14．高エネルギー速度加工法
4．引 抜 き 加 工	15．プラスチックの成形加工
5．鍛　　　　　造	16．粉　　　　　末
6．転　　　　　造	17．接 合 ・ 複 合
7．せ　ん　　断	18．新加工・特殊加工
8．板 材 成 形	19．加 工 システム
9．曲　　　　　げ	20．塑性加工の理論
10．矯　　　　　正	21．材 料 の 特 性
11．ス ピ ニ ン グ	22．塑性加工のトライボロジー

定価は本体価格+税です。
定価は変更されることがありますのでご了承下さい。

図書目録進呈◆

機械系教科書シリーズ

(各巻A5判，欠番は品切です)

■編集委員長　木本恭司
■幹　　事　平井三友
■編集委員　青木　繁・阪部俊也・丸茂榮佑

配本順	書名	著者		頁	本体
1. (12回)	機械工学概論	木本　恭司	編著	236	2800円
2. (1回)	機械系の電気工学	深野　あづさ	著	188	2400円
3. (20回)	機械工作法(増補)	平井三友・和田任弘・本田昇久 他	共著	208	2500円
4. (3回)	機械設計法	朝比奈奎一・黒田孝二・三田純義 他	共著	264	3400円
5. (4回)	システム工学	古川正志・浜井健司 他	共著	216	2700円
6. (5回)	材料学	久保井徳洋・樫原恵蔵	共著	218	2600円
7. (6回)	問題解決のための Cプログラミング	佐藤次男・中村理一郎	共著	218	2600円
8. (7回)	計測工学	前田良昭・木村一郎・押田至啓	共著	220	2700円
9. (8回)	機械系の工業英語	牧野州秀・水谷雅之 他	共著	210	2500円
10. (10回)	機械系の電子回路	高橋晴俊・阪部俊也 他	共著	184	2300円
11. (9回)	工業熱力学	丸茂榮佑・木本恭司	共著	254	3000円
12. (11回)	数値計算法	藪忠司・伊藤司	共著	170	2200円
13. (13回)	熱エネルギー・環境保全の工学	井田民男・木山恭二 他	共著	240	2900円
15. (15回)	流体の力学	坂本雅彦・坂口光雅 他	共著	208	2500円
16. (16回)	精密加工学	田口勝・村山剛 他	共著	200	2400円
17. (30回)	工業力学(改訂版)	吉村靖夫・米内山誠	共著	240	2800円
18. (18回)	機械力学	青　木　　繁	著	190	2400円
19. (29回)	材料力学(改訂版)	中　島　正貴	著	216	2700円
20. (21回)	熱機関工学	越智敏明・老固智潔 他	共著	206	2600円
21. (22回)	自動制御	阪田隆弘・飯田賢一 他	共著	176	2300円
22. (23回)	ロボット工学	早川恭弘・大矢松野 他	共著	208	2600円
23. (24回)	機構学	重松洋一	著	202	2600円
24. (25回)	流体機械工学	小池勝	著	172	2300円
25. (26回)	伝熱工学	丸茂榮佑・矢尾匡永 他	共著	232	3000円
26. (27回)	材料強度学	境田彰芳	編著	200	2600円
27. (28回)	生産工学 —ものづくりマネジメント工学—	本位田光重・皆川健多郎 他	共著	176	2300円
28.	CAD／CAM	望月　達也	著		

定価は本体価格+税です。
定価は変更されることがありますのでご了承下さい。

図書目録進呈◆

機械系 大学講義シリーズ

（各巻A5判，欠番は品切です）

■編集委員長 藤井澄二
■編 集 委 員 臼井英治・大路清嗣・大橋秀雄・岡村弘之
黒崎晏夫・下郷太郎・田島清瀬・得丸英勝

配本順			頁	本体
1.（21回）	材 料 力 学	西谷弘信著	190	2300円
3.（3回）	弾 性 学	阿部・関根共著	174	2300円
5.（27回）	材 料 強 度	大路・中井共著	222	2800円
6.（6回）	機 械 材 料 学	須藤 一著	198	2500円
9.（17回）	コンピュータ機械工学	矢川・金山共著	170	2000円
10.（5回）	機 械 力 学	三輪・坂田共著	210	2300円
11.（24回）	振 動 学	下郷・田島共著	204	2500円
12.（26回）	改訂 機 構 学	安田仁彦著	244	2800円
13.（18回）	流体力学の基礎（1）	中林・伊藤・鬼頭共著	186	2200円
14.（19回）	流体力学の基礎（2）	中林・伊藤・鬼頭共著	196	2300円
15.（16回）	流 体 機 械 の 基 礎	井上・鎌田共著	232	2500円
17.（13回）	工 業 熱 力 学（1）	伊藤・山下共著	240	2700円
18.（20回）	工 業 熱 力 学（2）	伊藤猛宏著	302	3300円
19.（7回）	燃 焼 工 学	大竹・藤原共著	226	2700円
20.（28回）	伝 熱 工 学	黒崎・佐藤共著	218	3000円
21.（14回）	蒸 気 原 動 機	谷口・工藤共著	228	2700円
22.	原子力エネルギー工学	有冨・齊藤共著		
23.（23回）	改訂 内 燃 機 関	廣安・實諸・大山共著	240	3000円
24.（11回）	溶 融 加 工 学	大中・荒木共著	268	3000円
25.（25回）	工 作 機 械 工 学（改訂版）	伊東・森脇共著	254	2800円
27.（4回）	機 械 加 工 学	中島・鳴瀧共著	242	2800円
28.（12回）	生 産 工 学	岩田・中沢共著	210	2500円
29.（10回）	制 御 工 学	須田信英著	268	2800円
30.	計 測 工 学	山本・宮城・臼田高辻・榊原共著		
31.（22回）	シ ス テ ム 工 学	足立・酒井髙橋・飯國共著	224	2700円

定価は本体価格+税です。
定価は変更されることがありますのでご了承下さい。

||||||||||||||||||||||||||||||||||||| 図書目録進呈◆

機械系コアテキストシリーズ

(各巻A5判)

■ 編集委員長　金子 成彦
■ 編集委員　大森 浩充・鹿園 直毅・渋谷 陽二・新野 秀憲・村上 存（五十音順）

材料と構造分野

	配本順						頁	本体
A-1	（第1回）	**材　料　力　学**	渋谷 陽二／中谷 彰宏 共著	348	**3900円**

運動と振動分野

B-1		**機　械　力　学**	吉村 卓也／松村 雄一 共著		
B-2		**振　動　波　動　学**	金子 成武／姫野 彦洋 共著		

エネルギーと流れ分野

C-1		**熱　　力　　学**	片岡 憲一／吉田 憲司 共著	180	**2300円**
C-2		**流　体　力　学**	鈴木 康方／関谷 直樹／彭 國義／松島 均／沖田 浩平 共著		近刊
C-3		**エネルギー変換工学**	鹿園 直毅 著		

情報と計測・制御分野

D-1		**メカトロニクスのための計測システム**	中澤 和夫 著	
D-2		**ダイナミカルシステムのモデリングと制御**	髙橋 正樹 著	

設計と生産・管理分野

E-1		**機械加工学基礎**	松村 弘隆／笹原 弘之 共著	近刊
E-2		**機械設計工学**	村上 存／草加 浩平／柳澤 秀吉 共著	

定価は本体価格＋税です。
定価は変更されることがありますのでご了承下さい。

‖‖‖‖‖‖‖‖‖‖‖‖‖‖‖‖‖‖‖‖‖‖‖‖　図書目録進呈◆

技術英語・学術論文書き方関連書籍

Wordによる論文・技術文書・レポート作成術
－Word 2013/2010/2007 対応－
神谷幸宏 著
A5／138頁／本体1,800円／並製

技術レポート作成と発表の基礎技法
野中謙一郎・渡邉力夫・島野健仁郎・京相雅樹・白木尚人 共著
A5／160頁／本体2,000円／並製

マスターしておきたい　技術英語の基本
－決定版－
Richard Cowell・余　　錦華 共著
A5／220頁／本体2,500円／並製

科学英語の書き方とプレゼンテーション
日本機械学会 編／石田幸男 編著
A5／184頁／本体2,200円／並製

続 科学英語の書き方とプレゼンテーション
－スライド・スピーチ・メールの実際－
日本機械学会 編／石田幸男 編著
A5／176頁／本体2,200円／並製

いざ国際舞台へ！
理工系英語論文と口頭発表の実際
富山真知子・富山　健 共著
A5／176頁／本体2,200円／並製

知的な科学・技術文章の書き方
－実験リポート作成から学術論文構築まで－
中島利勝・塚本真也 共著
A5／244頁／本体1,900円／並製
`日本工学教育協会賞（著作賞）受賞`

知的な科学・技術文章の徹底演習
塚本真也 著
`工学教育賞（日本工学教育協会）受賞`
A5／206頁／本体1,800円／並製

科学技術英語論文の徹底添削
－ライティングレベルに対応した添削指導－
絹川麻理・塚本真也 共著
A5／200頁／本体2,400円／並製

定価は本体価格＋税です。
定価は変更されることがありますのでご了承下さい。

図書目録進呈◆

新塑性加工技術シリーズ

(各巻A5判)

■日本塑性加工学会 編

	配本順		(執筆代表)	頁	本体
1.		塑性加工の計算力学 —塑性力学の基礎からシミュレーションまで—	湯川伸樹		
2.	(2回)	金属材料 —加工技術者のための金属学の基礎と応用—	瀬沼武秀	204	2800円
3.		プロセス・トライボロジー —塑性加工の摩擦・潤滑・摩耗のすべて—	中村保		
4.	(1回)	せん断加工 —プレス切断加工の基礎と活用技術—	古閑伸裕	266	3800円
5.	(3回)	プラスチックの加工技術 —材料・機械系技術者の必携版—	松岡信一	304	4200円
6.	(4回)	引抜き —棒線から管までのすべて—	齋藤賢一	358	5200円
7.	(5回)	衝撃塑性加工 —衝撃エネルギーを利用した高度成形技術—	山下実	254	3700円
8.	(6回)	接合・複合 —ものづくりを革新する接合技術のすべて—	山崎栄一	394	5800円
		鍛造 —目指すは高機能ネットシェイプ—	北村憲彦		
		圧延 —ロールによる板・棒線・管・形材の製造—	宇都宮裕		
		板材のプレス成形 —曲げ・絞りの基礎と応用—	高橋進		
		回転成形 —転造とスピニングの基礎と応用—	川井謙一		
		押出し —基礎から高機能付加成形まで—	星野倫彦		
		チューブフォーミング —軽量化と高機能化の管材二次加工—	栗山幸久		
		矯正加工 —板・棒・線・形・管材矯正の基礎と応用—	前田恭志		
		粉末成形 —粉末加工による機能と形状のつくり込み—	磯西和夫		

定価は本体価格+税です。
定価は変更されることがありますのでご了承下さい。

図書目録進呈◆